重构网络

SDN架构与实现

杨泽卫 李呈 著

电子工业出版社.
Publishing House of Electronics Industry
北京·BEIJING

内 容 简 介

身处 SDN 发展浪潮，笔者真切地感受到了这场技术革命的到来。为了自我总结，也为了帮助他人，因此决定写这本书。

本书首先介绍了 SDN 的定义、SDN 出现的原因、SDN 发展的历史和标志性事件、SDN 南向协议、SDN 控制平面和数据平面等理论知识。然后进一步介绍了如何从零开始搭建 SDN 实验环境及 SDN 与网络虚拟化的结合等 SDN 应用案例内容。最后梳理了 SDN 对学术界和工业界产生的影响，探讨了我们该如何应对这场 SDN 变革。此外，附录中两篇拟人化的故事还从感性的角度对 SDN 进行了介绍。

本书适合 SDN 初学者和进阶者。希望本书的内容能够给读者带来一些帮助，成为 SDN 学习者相互讨论、学习的舞台。

图书在版编目（CIP）数据

重构网络：SDN 架构与实现 / 杨泽卫，李呈著. —北京：电子工业出版社，2017.4
ISBN 978-7-121-31042-3

Ⅰ. ①重… Ⅱ. ①杨… ②李… Ⅲ. ①计算机网络－网络结构－研究 Ⅳ. ①TP393.02

中国版本图书馆 CIP 数据核字（2017）第 044613 号

策划编辑：张春雨
责任编辑：徐津平
印　　刷：涿州市般润文化传播有限公司
装　　订：涿州市般润文化传播有限公司
出版发行：电子工业出版社
　　　　　北京市海淀区万寿路 173 信箱　　邮编　100036
开　　本：787×980　1/16　印张：16.75　　字数：307 千字
版　　次：2017 年 4 月第 1 版
印　　次：2025 年 1 月第 15 次印刷
定　　价：69.00 元

凡所购买电子工业出版社图书有缺损问题，请向购买书店调换。若书店售缺，请与本社发行部联系，联系及邮购电话：（010）88254888，88258888。

质量投诉请发邮件至 zlts@phei.com.cn，盗版侵权举报请发邮件至 dbqq@phei.com.cn。

本书咨询联系方式：010-51260888-819，faq@phei.com.cn

推荐序

如今，距离我的那本《深度解析 SDN》一书出版已经过去了三年时间，在这短短的三年中，SDN 领域发生了翻天覆地的变化。一大批 Startup 公司在这个领域崭露头角，甚至久已没有新鲜血液的交换芯片领域也出现了新的身影。各个传统巨头也纷纷推出了形态各异的 SDN 产品，不仅仅是网络设备商，还包括一些传统的 IT 厂商。更重要的是，以网络虚拟化、SDWAN 等为代表的典型 SDN 应用纷纷落地。SDN 时代已经到来！

但是对于很多人来说，很多问题仍然看不清楚，到底什么是 SDN？市场上那么多 SDN 产品，哪些是真的，哪些是假的？SDN 到底能够解决哪些传统网络解决不了的问题？SDN 能够全面取代传统网络吗？传统网络应该如何向 SDN 网络逐步迁移？哪些场景是适合 SDN 的典型场景？这些是每一个网络从业者和最终用户都非常关心的市场层面的问题。而在技术层面，同样有很多富有争议的问题。OpenDaylight 或者 ONOS，甚至是其他一个什么控制器，谁会胜出？OpenFlow 前途命运如何？标准南向接口是否是 SDN 应该追求的方向？控制是否真的应该完全从转发面分离？可编程的 P4 是网络未来的方向吗？是否应该有及是否会有真正的 SDN 交换芯片出现？

我跟本书作者杨泽卫和李呈都有数面之缘并都有过交流，也看过不少他们两个人写的文章，两个人都从不同的层面上对 SDN 做了不少卓有成效的研究和实践工作。他们能把工作学习过程中的所见所思所做总结出来，帮助读者来寻找上述问题的答案，不得不说是一件幸事。读者是否能找到所有的答案并不重要，甚至他们的观点是否全部都正确也并不重要，重要的是，读者可以从他们的工作中系统地学习 SDN 相关知识，并从中得到启发，引出更多的思考，这就是他们这本书最大的意义。

张卫峰

盛科网络 SDN 白牌交换机 CTO

前言

    SDN（Software-Defined Networking，软件定义网络）起源于斯坦福大学 Nick McKeown 教授的 Clean Slate 项目，其目标是重新定义网络体系结构（Reinvent the Internet），诞生至今已经快十年。作为一种新的网络体系结构，SDN 已经掀起了一场网络变革的技术浪潮，对网络学术界和工业界的发展都产生了巨大的冲击：OpenFlow 的论文至今已经被引用 4951 次；开源 SDN 控制器平台 OpenDaylight 已经发布了 5 个版本，拥有超过 600 多名开发者，完成了超过 30000 多次代码更新；开源社区 OSS（Open Source SDN）也已经发布了 20 多个来自开发者的开源 SDN 项目；传统网络设备厂商和运营商都在面向 SDN 重建自己的产品体系，大多数 SDN 初创公司都在各自领域交付成熟的产品方案。而作为学习者的我们，也需要做好准备，迎接这场技术变革。

    但是学习和研究 SDN 绝非易事。虽然我们每天都能接触到大量的 SDN 学习资料，但对于初入 SDN 领域的学生和工程师而言，仍然会不知所措。比如，关于 SDN 定义的描述就有多种解读：开源组织 ONF（开放网络基金会）的 Open SDN，业界厂商的 Vendor SDN，甚至还有 SDx（Software Defined Everything）的概念。这些概念哪一种才是正确的？此外，SDN 发展至今诞生了众多不同类型的开源项目：SDN 网络模拟器、SDN 软件交换机、网络虚拟化平台、SDN 控制器测试工具和 OpenFlow 交换机测试工具等。如何去学习它们？如果有一本书能提供清晰的 SDN 学习路线：梳理 SDN 的定义、SDN 发展历程、SDN 关键技术和典型应用案例，同时又介绍如何从零开始实践 SDN，这将会对 SDN 初学者入门和进阶者学习 SDN 提供有效的帮助。

带着这种想法，我们在一年多之前开始编写这本书。本以为依靠学习 SDN 过程中积累的知识和书写博客的经历，就可以轻而易举地完成本书，但事实却大相径庭。从 2015 年 7 月确定本书目录开始，我们每周至少进行一次沟通，直至 2016 年 5 月才陆续完成本书初稿。后续又花费了大量的时间修改初稿，有些章节甚至几经易稿，修改超过二十多次。面对 SDN 这样一个新的技术领域，我们非常谨慎地去选择合适的内容。在写作上，我们努力引用原始技术资料，并在此基础上进行剖析，得出观点和结论。我们希望本书不但能帮助入门者梳理 SDN 领域的知识体系，而且能帮助进阶者挖掘 SDN 领域更深层次的信息，在成为 SDN 专业人士之路上贡献我们的一臂之力。

本书包括 8 章内容和 2 个小故事。第 1 章从 SDN 最初的定义出发，讨论了 SDN 出现的原因，详细介绍了 SDN 的发展历史和标志性事件。第 2 章详细介绍了现有的 SDN 南向编程接口，它是决定 SDN 架构可编程能力的关键，也是当下 SDN 厂商方案竞争的一个焦点。第 3 章从发展历程、系统架构和使用方式 3 个方面详细介绍了 5 个典型的开源 SDN 控制器。第 4 章从 OpenFlow 数据平面开始，深入讨论了现有的 SDN 数据平面模型，并引出一个非常重要的 SDN 数据平面概念"通用可编程数据平面"。第 5 章介绍了从零开始实现 SDN 所需要掌握的诸多开源工具，帮助读者快速入门 SDN 实践。第 6 章讨论了现有的 SDN 应用案例，重点介绍了 SDN 在数据中心网络和 WAN 网络两个成熟市场的应用。第 7 章介绍了网络虚拟化的发展现状，以及 SDN 与网络虚拟化结合的相关产品。第 8 章作为本书最后一章，梳理了 SDN 对学术界和工业界产生的影响，讨论了我们应该如何应对 SDN 这场变革。书籍附录部分还有《我是一个 SDN 控制器》和《我是一个 SDN 交换机》2 篇拟人化的 SDN 文章供读者阅读。希望这 2 个小故事能让读者对 SDN 有感性的认识。

本书的 1、4、6、8 章由杨泽卫完成，2、3、5、7 章和 2 个技术故事由李呈完成。本书内容是我们学习 SDN 过程中的总结，其目标读者是 SDN 初学者和进阶学习者。我们相信：一本技术书籍的生命力更加体现在后期读者的反馈上，它不仅仅是手边的纸质手册，更像是一个互动交流的学习平台，一个可以让作者和读者一起探讨 SDN 的平台。此外，由于作者水平有限，在书籍内容的编写上难免会有疏漏，观点难免有失偏颇，也恳请读者批评指正。

我们衷心地感谢那些帮助我们完成本书的人们。首先我们要感谢对方，我们一起完成了一本技术书籍。在写作的过程中，我们有过观点探讨时的针锋相对，也有过迷茫懈怠时的相互鼓励，也正因为如此，才能顺利地完成这本书。其次我们要感谢本书的策划编辑张春雨先生，没有他的支持，也就没有本书的诞生。最后我们要感谢我们的家人和师长。感谢在本书写作过程中给予我们启发和帮助的人。谢谢你们！

杨泽卫、李呈

2017 年 2 月 5 日

读者服务

轻松注册成为博文视点社区用户（www.broadview.com.cn），您即可享受以下服务。

● **提交勘误**：您对书中内容的修改意见可在【提交勘误】处提交，若被采纳，将获赠博文视点社区积分（在您购买电子书时，积分可用来抵扣相应金额）。

● **与作者交流**：在页面下方【读者评论】处留下您的疑问或观点，与作者和其他读者一同学习交流。

页面入口：http://www.broadview.com.cn/31042

也可扫描下方二维码进入本书页面。

目录

第 1 章　SDN 重塑网络 1

1.1　SDN 是什么 1

1.2　为什么需要 SDN 4

1.3　网络可编程探索之路 6

1.4　SDN 发展历史 10

1.5　SDN 重塑网络 15

1.6　本章小结 16

参考资料 16

第 2 章　SDN 南向编程接口 21

2.1　SDN 南向编程接口简介 21

2.2　狭义 SDN 南向编程接口 23

2.3　广义 SDN 南向编程接口 30

2.3.1　OF-Config 31

2.3.2　OVSDB 34

2.3.3　NETCONF 36

2.3.4　OpFlex 38

2.3.5　XMPP 39

2.3.6　PCEP 40

2.4　完全可编程南向编程接口 41

2.4.1　POF 41

2.4.2　P4 46

2.5 SDN 南向编程接口标准之战 53

2.6 本章小结 55

参考资料 55

第 3 章 SDN 控制平面 57

3.1 SDN 控制平面简介 57

3.2 SDN 开源控制器 59

3.2.1 NOX/POX 59

3.2.2 Ryu 63

3.2.3 Floodlight 68

3.2.4 OpenDaylight 72

3.2.5 ONOS 78

3.3 选择 SDN 控制器 85

3.3.1 评价控制器的要素 85

3.3.2 选择正确的控制器 89

3.4 SDN 控制平面发展趋势 91

3.5 本章小结 96

参考资料 97

第 4 章 SDN 数据平面 99

4.1 SDN 数据平面简介 99

4.2 通用可编程转发模型 101

4.2.1 通用硬件模型 103

4.2.2 通用处理指令 112

4.2.3 小结 115

4.3 探索通用可编程数据平面 116

4.4 SDN 数据平面的发展趋势 120

4.4.1 发展历史 120

4.4.2 白盒交换机 123

4.5 本章小结 125

参考资料 126

第 5 章 从零开始实践 129

5.1 Mininet 实践 129

　　　5.1.1　Mininet 简介 130

　　　5.1.2　Mininet 系统架构 130

　　　5.1.3　Mininet 安装 132

　　　5.1.4　Mininet 示例 134

　　5.2　Open vSwitch 实践 140

　　　5.2.1　OVS 简介 141

　　　5.2.2　OVS 架构 141

　　　5.2.3　OVS 安装 142

　　　5.2.4　OVS 示例 144

　　5.3　Ryu 实践 150

　　　5.3.1　Ryu 简介 150

　　　5.3.2　Ryu 架构 151

　　　5.3.3　Ryu 安装 152

　　　5.3.4　Ryu 示例 153

　　5.4　网络虚拟化平台实践 162

　　　5.4.1　OpenVirteX 简介 162

　　　5.4.2　OpenVirteX 架构 163

　　　5.4.3　OpenVirteX 安装 164

　　　5.4.4　OpenVirteX 示例 165

　　　5.4.5　其他网络虚拟化产品 170

　　5.5　其他工具 170

　　　5.5.1　Cbench 简介 171

　　　5.5.2　OFTest 简介 173

　　　5.5.3　Wireshark 简介 174

　　　5.5.4　发包工具简介 175

　　5.6　本章小结 177

　　参考资料 177

第 6 章　SDN 应用案例 179

　　6.1　SDN 在数据中心网络的应用 179

　　　6.1.1　面临的问题 179

　　　6.1.2　现有商业方案 181

6.2　SDN 在 WAN 中的应用 187

    6.2.1　面临的问题 187

    6.2.2　现有商业方案 189

6.3　其他领域的应用 192

    6.3.1　SDN 在园区网中的应用 193

    6.3.2　SDN 在局域网中的应用 195

    6.3.3　SDN 在蜂窝网络中的应用 195

6.4　本章小结 197

参考资料 197

第 7 章　SDN 与网络虚拟化 200

7.1　网络虚拟化 200

    7.1.1　为什么需要虚拟化技术 201

    7.1.2　网络虚拟化 203

7.2　SDN 与网络虚拟化 208

    7.2.1　SDN 与网络虚拟化 208

    7.2.2　SDN 实现网络虚拟化 209

7.3　网络虚拟化产品 213

    7.3.1　开源产品 214

    7.3.2　商业产品 220

7.4　未来研究方向 223

7.5　本章小结 225

参考资料 225

第 8 章　SDN 浪潮 227

8.1　SDN 对学术界的影响 227

8.2　SDN 对工业界的影响 231

8.3　如何应对 SDN 的变革 234

8.4　SDN 浪潮 238

8.5　本章小结 238

参考资料 239

附录 A　我是一个 SDN 控制器 243

附录 B　我是一个 SDN 交换机 250

第 1 章

SDN 重塑网络

自 SDN（Software-Defined Networking，软件定义网络）诞生至今已经有七个年头了，无论在学术界还是产业界，SDN 都引起了广泛的关注。作为一种新的网络体系结构，SDN 将重塑网络行业的竞争格局。所以无论对于学术界的研究人员还是产业界的从业者而言，我们都需要做好准备，主动拥抱这场网络的变革。

1.1 SDN 是什么

有人认为，SDN 就是数控分离；有人认为，SDN 就是 OpenFlow；还有人认为只要支持软件编程控制的网络就是 SDN。不同的人对 SDN 有着不一样的理解，正如一千个人眼中有一千个哈姆雷特。为探究 SDN 的准确定义，我们将以 ONRC[1]（Open Networking Research Center，开放网络研究中心）和 ONF[2]（Open Networking Foundation，开放网络基金会）对 SDN 的定义为切入点，深入探讨 SDN 的本质，一层一层揭开 SDN 的神秘面纱，直到看清 SDN 的庐山真面目。

ONRC 是 SDN 创始人斯坦福大学教授 Nick McKeown[3]和加州大学伯克利分校教授 Scott Shenker[4]，以及大名鼎鼎的 Larry Peterson 教授[5]共同创建的研究架构。ONRC 对

SDN 的定义是："SDN 是一种逻辑集中控制的新网络架构，其关键属性包括：数据平面和控制平面分离；控制平面和数据平面之间有统一的开放接口 OpenFlow。"在 ONRC 的定义中，SDN 的特征表现为数据平面和控制平面分离，拥有逻辑集中式的控制平面，并通过统一而开放的南向接口来实现对网络的控制。ONRC 强调了"数控分离"，逻辑集中式控制和统一、开放的接口。

相比 ONRC 对 SDN 的定义，另一个重要的组织 ONF 对 SDN 定义做出了不同的描述。ONF 是 Nick McKeown 教授和 Scott Shenker 教授联合多家业界厂商发起的非营利性开放组织，其工作的主要内容是推动 SDN 的标准化和商业化进程。ONF 认为："SDN 是一种支持动态、弹性管理的新型网络体系结构，是实现高带宽、动态网络的理想架构。SDN 将网络的控制平面和数据平面解耦分离，抽象了数据平面网络资源，并支持通过统一的接口对网络直接进行编程控制"。相比之下，ONF 强调了 SDN 对网络资源的抽象能力和可编程能力。

本质上，这两个组织给出的 SDN 定义并没有太大的差别，都强调了 SDN 拥有数据平面和控制平面解耦分离的特点，也都强调了 SDN 支持通过软件编程对网络进行控制的能力。但是 ONRC 更强调数控分离和集中控制等表现形式，而 ONF 则强调抽象和可编程等功能。

从 ONRC 和 ONF 对 SDN 的定义中可以了解到：SDN 不仅重构了网络的系统功能，实现了数控分离，也对网络资源进行了抽象，建立了新的网络抽象模型。SDN 主要有如下三个特征。

（1）网络开放可编程：SDN 建立了新的网络抽象模型，为用户提供了一套完整的通用 API，使用户可以在控制器上编程实现对网络的配置、控制和管理，从而加快网络业务部署的进程。

（2）控制平面与数据平面的分离：此处的分离是指控制平面与数据平面的解耦合。控制平面和数据平面之间不再相互依赖，两者可以独立完成体系结构的演进，类似于计算机工业的 Wintel 模式，双方只需要遵循统一的开放接口进行通信即可。控制平面与数据平面的分离是 SDN 架构区别于传统网络体系结构的重要标志，是网络获得更多可编程能力的架构基础。

（3）逻辑上的集中控制：主要是指对分布式网络状态的集中统一管理。在 SDN 架构中，控制器会担负起收集和管理所有网络状态信息的重任。逻辑集中控制为软件编程定义网络功能提供了架构基础，也为网络自动化管理提供了可能。

因此，只要符合以上三个特征的网络都可以称之为软件定义网络。在这三个特征中，控制平面和数据平面分离为逻辑集中控制创造了条件，逻辑集中控制为开放可编程控制提供了架构基础，而网络开放可编程才是 SDN 的核心特征。

一般来说，SDN 网络体系结构主要包括 SDN 网络应用、北向接口、SDN 控制器、南向接口和 SDN 数据平面共五部分，如图 1-1 所示。

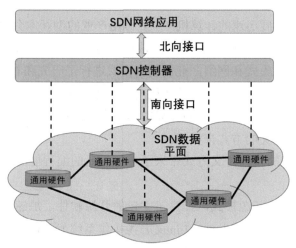

图 1-1　SDN 体系架构图

SDN 网络应用层实现了对应的网络功能应用。这些应用程序通过调用 SDN 控制器的北向接口，实现对网络数据平面设备的配置、管理和控制。

北向接口是 SDN 控制器与网络应用之间的开放接口，它为 SDN 应用提供通用的开放编程接口。

SDN 控制器是 SDN 的大脑，也称作网络操作系统。控制器不仅要通过北向接口给上层网络应用提供不同层次的可编程能力，还要通过南向接口对 SDN 数据平面进行统一配置、管理和控制。

南向接口是 SDN 控制器与数据平面之间的开放接口。SDN 控制器通过南向接口对数据平面进行编程控制，实现数据平面的转发等网络行为。

SDN 数据平面包括基于软件实现的和基于硬件实现的数据平面设备。数据平面设备通过南向接口接收来自控制器的指令，并按照这些指令完成特定的网络数据处理。同时，SDN 数据平面设备也可以通过南向接口给控制器反馈网络配置和运行时的状态信息。

1.2 为什么需要 SDN

了解了 SDN 的定义之后，读者不禁要问："SDN 为什么会出现？是什么原因使得学术界提出 SDN？而我们又为什么需要 SDN？"这些问题也正是笔者最近两年在推广 SDN 方案时，听到最多的疑问。问题的答案是：我们需要拥有更多可编程能力的网络，来支持快速增长的网络业务需求。

众所周知，相比发展迅速的计算机产业，网络产业的创新十分缓慢。每一个创新都需要等待数年才能完成技术标准化。为了解决这个问题，SDN 创始人 Nick McKeown 教授对计算机产业的创新模式和网络产业的创新模式进行了研究和对比。在分析了计算机产业的创新模式之后，他总结出支撑计算机产业快速创新的如下三个因素。

（1）计算机工业找到了一个面向计算的通用硬件底层：通用处理器，使得计算机的功能可以通过软件定义的方式来实现。

（2）计算机功能的软件定义方式带来了更加灵活的编程能力，使得软件应用的种类得到爆炸式的增长。

（3）计算机软件的开源模式，催生了大量的开源软件，加速了软件开发的进程，推动了整个计算机产业的快速发展，Linux 开源操作系统就是最好的证明。

相比之下，传统的网络设备与上世纪 60 年代的 IBM 大型机类似，网络设备硬件、操作系统和网络应用三部分紧耦合在一起组成一个封闭的系统。这三部分相互依赖，通常隶属于同一家网络设备厂商，每一部分的创新和演进都要求其余部分做出同样的升级。这样的架构严重阻碍了网络创新进程的开展。如果网络产业能像当今计算机产业一样，也具备通用硬件底层、软件定义功能和开源模式三要素，一定能获得更快的创新速度，最终像计算机产业一样取得空前的发展。

正是在这种思路的影响下，McKeown 教授团队提出了一个新的网络体系结构：SDN。在 SDN 架构中，网络的控制平面与数据平面相分离，数据平面将变得更加通用化，变得与计算机通用硬件底层类似，不再需要具体实现各种网络协议的控制逻辑，而只需要接收控制平面的操作指令并执行即可。网络设备的控制逻辑转而由软件实现的 SDN 控制器和 SDN 应用来定义，从而实现网络功能的软件定义化。随着开源 SDN 控制器和开源 SDN 开放接口的出现，网络体系结构也拥有了通用底层硬件、支持软件定义和开源模式三个要素。从传统网络体系结构到 SDN 网络体系结构的演进关系如图 1-2 所示。

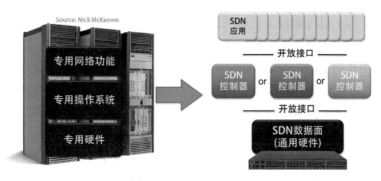

图 1-2　传统网络架构向 SDN 架构演进示意图

　　所以可以看出，Nick McKeown 教授在分析计算机产业创新模式的基础上，对传统网络系统的三部分功能模块进行了重新划分，在每层之间建立统一的开放接口，从而形成类似计算机架构的 SDN 体系结构。

　　除了从 Nick McKeown 教授的思路去理解为什么 SDN 会出现以外，还可以从另外一位 SDN 创始者 Shenker 教授的观点中顺藤摸瓜，进一步了解为什么 SDN 会出现。

　　"为了让系统更好地工作，早期需要管理复杂性而后期需要提取简单性"是由美国学者唐·诺曼提出的系统设计理念。在这个理念的启发下，Shenker 教授对现阶段的网络系统进行了分析，并得出了结论：网络发展了这么多年，仍然处于"管理复杂性"阶段，越来越多的网络新协议和新算法使得网络控制平面变得越来越复杂。但是现在的网络用户却对网络的易用性有更高的要求，希望网络具有更多的可编程能力，从而自动化、智能化网络管理。所以对于当下的网络而言，当务之急是如何解决从"管理复杂性"阶段转变到"提取简单性"阶段的问题。

　　Shenker 教授以计算机软件编程为例进行分析。编程语言发展初期，程序员必须处理所有底层硬件细节，整个编程方式处于"管理复杂性"阶段；后来出现的高级编程语言对底层硬件细节进行了抽象，提出了操作系统、文件系统和面向对象等抽象概念，使得编程变得更加容易。从计算机软件编程的发展中可以看出，"抽象"是完成这个转变的关键。

　　而对于网络而言，现有的分层协议可以看作一种数据平面抽象模型，但是控制平面依然只是网络功能和网络协议的堆砌，缺少合适的抽象模型。所以，网络需要建立控制平面的抽象模型。

　　而在 SDN 架构中，SDN 控制平面、数据平面通用抽象模型和全局网络状态视图三种抽象模型实现了包括控制平面抽象在内的网络抽象架构。SDN 控制平面抽象模型支持用户在控制平面上进行编程去控制网络，而无须关心数据平面的实现细节；SDN 数据平面通用抽象模型将不同协议的匹配表整合起来，形成多字段匹配表，解决了网络协议堆砌问题；集中式的 SDN 控制平面也可以统计网络状态信息，提供描述网络状态的抽象模型。因此，通过进一步的抽象，SDN 可以使网络从"管理复杂性"阶段到"提取简单性"阶段转变，满足网络用户对易用性的需求，使网络管理更加简单，更加自动化和智能。这也是为什么需要 SDN 的原因之一。

对比两位 SDN 创始人的观点：Nick McKeown 教授从"系统功能重构[6]（Refactoring Functionality）"的角度来分析、解决当下的网络问题，而 Scott Shenker 教授却从"重新定义抽象[7]（Redefining Abstractions）"的角度来尝试解决现有的网络问题。归根结底，这两种思路从不同的角度阐述了当下网络需要更多可编程能力的事实，而这也正是为什么需要 SDN 的真正原因。虽然两位教授的思路不同，但殊途同归，有异曲同工之妙。

1.3 网络可编程探索之路

前文提到，SDN 出现的真正原因是因为人们需要具备更多可编程能力的网络。但在探索网络可编程的道路上并非一帆风顺，人们在提出 SDN 之前，早已进行了大量的探索。为了让读者全面了解 SDN 诞生的始末，此处将继续介绍探索网络可编程道路上的一系列研究成果。

谈到可编程，首先映入脑海的是计算机软件编程，而说起网络可编程，相信业界很多工程师的认识还停留在配置网络设备的阶段。传统的交换机、路由器和防火墙等网络设备给用户预留了简单的命令行接口或图形用户界面，方便用户进行简单的配置和操作，比如配置端口 IP 地址和划分 VLAN。但这种手工配置的模式效率低下，严重影响了网络业务的部署进度。即使后来出现了新的网络配置工具，如简单网络管理协议（SNMP，Simple Network Management Protocol）和 NETCONF（Network Configuration Protocol）等新的网络配置协议，也都无法从根本上解决网络部署效率低的问题。

这种"网络设备可配置"是一种非常初级的网络编程方式。这种初级的编程方式虽然能给网络用户提供一定的配置和管理能力，但是随着网络规模和网络需求的发展，这种网络编程方式体现出诸多不足之处。当网络工程师需要配置数千台设备，实施各种复杂的安全、接入和控制策略时，常常需要耗时几小时或几天，甚至更长的时间，操作繁杂且容易出错。然而，随着互联网的发展，新业务的诞生越来越快，这就要求网络支持业务快速部署上线，而通过人工配置的方式显然无法满足业务发展的要求。所以，网络还需要更多的可编程能力，从而实现快速的自动化业务部署，满足当下日新月异的网络新需求。

为了获取更多的网络可编程能力，早期诞生了许多相关的研究成果，其中主要的研究成果是 Active Networking[8]。Active Networking 允许网络用户向某些网络节点发送携带用户指令的数据包，这些网络节点按照用户指令完成网络数据的处理，从而实现用户对网络的编程控制。由于技术和商业等方面的诸多原因，Active Networking 虽然在学术界引发了持续的关注，但是，Active Networking 却忽视了工业界的需求，没有找到合适的应用场景，所以最终没有获得工业界的认可和支持，只能以失败告终。

不过，Active Networking 给后来者留下了一系列启发性的经验[9]。首先，在 Active Networking 基础上，学术界做出了大量开创性的研究成果，可见网络可编程能力的提升加速了网络领域的创新。其次，Active Networking 侧重于从网络数据平面上提升网络可编程能力。后来的 SDN 架构以数据平面接口为切入点去提升网络可编程能力的设计，正是这种思路的延续。

在网络可编程发展中期，随着网络用户产生越来越多的流量工程需求，网络急需更多的网络可编程能力来解决新业务快速部署的问题。但是网络设备却是一个封闭的系统，其控制平面和数据平面是紧耦合的，如图 1-3 所示。传统网络设备的硬件、操作系统和网络应用相互依赖，任何的创新和演进都需要同时升级所有部分。用户如果需要尝试某种新的网络功能，需要先向网络设备厂商提需求，然后等待厂商更新和升级对应的产品，最终需要在厂商的指导和帮助下才能实现这些网络功能，其周期非常漫长。所以，如何打破设备厂商锁定的局面，成为网络可编程发展中期需要解决的重要问题。

为打破网络设备厂商垄断，获取更多的网络可编程能力，就需要将网络设备的控制平面与数据平面进行分离，通过开放的接口来实现网络的控制，如图 1-4 所示。这种数控分离带来的好处是显而易见的：控制平面和数据平面之间不再相互依赖，双方只需要遵循统一的开放接口，就可以独立完成体系结构的演进；控制平面可以建立更高级别的抽象编程模型，可以摆脱传统网络控制平面的功能堆砌方式，摆脱了多解决一个问题就需要多一个网络协议的尴尬；数据平面也可以更加通用化，实现网络数据平面功能的软件定义，从而为用户提供更多的网络可编程能力。

最早尝试数控分离思路的是 IETF 工作组的 ForCES[10]（Forwarding and Control Element Separation）框架，在这个框架中已经出现了 SDN 的雏形。ForCES 定义了一个新的数据平面开放接口，使用户可以通过分离的控制平面定义数据平面的网络处理行为，从而获得更多的网络可编程能力。贝尔实验室的 Lakshman 等基于 ForCES API 实现了 The SoftRouter 架构[11]，其采用完全分离的路由器控制平面对数据平面进行控制。但不幸的是，由于出现时机不成熟，颠覆式的 ForCES 并没有获得业界主流路由器厂商的认可和支持。

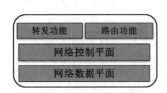

图 1-3　传统网络设备

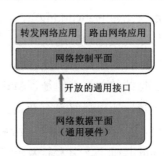

图 1-4　控制平面与数据平面的分离

随后的 RCP[12]（Routing Control Platform）架构吸取了 ForCES 的经验教训，并没有定义新的数据平面编程接口，而是采用现有的标准控制平面协议（BGP 边界网关协议）实现控制平面对数据平面转发规则的安装。在 RCP 架构之后，4D[13]（Decision-Dissemination-Discovery-Data Plane）架构将网络系统重新划分为四部分：逻辑上集中控制的决策平面（Decision）、安装数据包处理规则的扩展平面（Dissemination）、收集网络拓扑和流量测量的发现平面（Discovery）及按照配置规则完成网络数据处理的数据平面（Data Plane）。4D 架构进一步将紧耦合的网络系统进行了更加细致的划分，使得后来的 SDN 可以将注意力集中在控制平面和管理面上。

在 4D 架构的基础上，Nick McKeown 教授的 The McKeown Group 先后实现了 SANE[14]（Secure Architecture for the Networked Enterprise）和 Ethane[15]架构。在 Ethane 架构中，网络管理员可以通过集中式的网络控制器编程实现基于网络流的安全接入策略，并将这些安全策略装载到数据平面设备中，从而实现对网络的编程控制。最早的 Ethane 部署项目实现了 1 个包括集中式控制器、19 个 Ethane 型交换机和 300 多个主机的真实网络，搭建了 SDN 网络的雏形。

在 Ethane 架构的基础上，第一个 SDN 控制平面和数据平面之间的开放接口 OpenFlow 诞生了，并迅速发展成为当下 SDN 最主要的南向接口标准。OpenFlow 的出现，打开了传统网络设备这个相对封闭的黑盒子，标志着控制平面与数据平面分离的真正实现。在 OpenFlow 的冲击下，思科和 Juniper 等传统网络设备厂商也尝试给用户提供更多的开放接口，让网络设备具备更强的可编程能力。网络芯片巨头博通也提出了 OF-DPA（OpenFlow

Data Plane Abstract）框架[16]，给网络数据平面设备提供了更多的开放可编程能力。

所以不管从技术架构还是产业进程上来看，数控分离都是实现网络完全开放可编程不可或缺的前提。但是如果不对开放接口进行抽象，就相当于采用汇编语言进行计算机程序开发，是一种非常低层次的编程，与网络用户的可编程需求还有很大差距。

随着 SDN 控制器（也称网络操作系统）的出现，实现了对网络编程能力的高度抽象，带来了更加高级的网络可编程能力，网络可编程发展进入了中后期。SDN 控制器给用户提供开放、通用的网络编程接口，让用户拥有高级抽象的软件定义网络的能力，可以采用如 Java 等高级编程语言轻松地开发网络应用程序。而网络数据平面只需支持统一的开放接口，可以接收 SDN 控制器的编程指令即可。

然而，OpenFlow Switch 作为一种新的 SDN 数据平面可编程模型，还存在很多不足，比如缺乏足够的数据平面可编程能力。而这些不足，尤其是数据平面可编程能力的缺失已经严重制约了网络可编程能力的发展。因此，为了提供更充足的可编程能力，学术界和工业界在提升数据平面可编程能力方面做了更多的尝试，比如通用可编程数据平面的研究。随着通用可编程数据平面的逐步完善，网络领域的创新将会加速，上层应用的创新和发展也将得到推动，这势必会给业界带来新一轮的变革。此外，NPL（Networking Programming Languages）和网络语言编译器领域的进展也让 SDN 架构朝着计算机高级软件编程框架的方向发展，从而为网络用户提供更丰富的可编程能力。

回顾网络可编程的发展历程，从早期网络设备的简单配置接口开始，到逐步出现通用的网络配置协议，再到控制平面与数据平面的分离，直至 OpenFlow 的出现，网络的可编程能力不断得到提升。而 SDN 控制器和 NPL 的出现，则将网络开放可编程的发展推向了高潮。网络可编程发展史如图 1-5 所示。

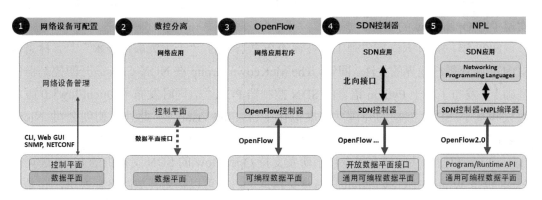

图 1-5　网络可编程能力演进史

1.4 SDN 发展历史

传统网络体系结构走过了这几十年，层出不穷的新网络需求对网络提出了挑战，通过添加新的网络协议对网络打补丁的方式，已经让整个网络系统臃肿不堪。相比这种渐进式的改进思路，也许重新定义网络体系结构才是正确的选择。所以斯坦福大学 The McKeown Group 团队在 Clean Slate[17]项目中提出了 SDN，该项目的目标是重新定义网络体系结构（Reinvent the Internet）。

The McKeown Group[18]是 Nick McKeown 教授领导的一个未来网络研究团队，回顾 SDN 的发展历史，他们不仅提出了 SDN 的理念和架构，也推动了 SDN 的发展，让 SDN 获得了学术界和工业界的广泛认可。

2006 年，The McKeown Group 的 Martin Casado[19]博士等在 RCP 和 4D 网络架构的基础上，实现了一种面向企业网安全的网络架构 SANE，提出了一个逻辑上集中控制的企业安全解决方案。

2007 年，Martin Casado 等在 SANE 的基础上实现了面向企业网管理的 Ethane 项目，其论文在当年的 ACM SIGCOMM 会议上引起了学术界的关注。Ethane 不仅是 SDN 架构的雏形，也是 OpenFlow 的前身。同年，Nick McKeown 教授、Scott Shenker 教授和 Martin Casado 博士在硅谷一起创办了 Nicira Networks[20]，这是 SDN 历史上第一个初创公司，是 SDN 从学术圈走向工业界的标志。

2008 年，Nick McKeown、Scott Shenker、Larry Peterson 和普林斯顿大学的 Jennifer Rexford[21]教授等一起发表了介绍 OpenFlow 的论文[22]，标志着 OpenFlow 的诞生。同年，The McKeown Group 发布了第一个开源 SDN 控制器 NOX-Classic[23]，也实现了基于开放创新平台 NetFPGA 的 OpenFlow 交换机[24]。同年，惠普和思科的商用交换机也分别实现了对 OpenFlow 的支持。

2009 年，SDN 入选麻省理工科技评论杂志当年的 "十大突破性技术"[25]，标志着 SDN 开始获得产业界的关注。同年，The McKeown Group 在 NOX-Classic 开源控制器的基础上，发布了基于 Python 语言的 SDN 控制器 POX[26]，同时发布了 OpenFlow1.0 版本协议和基于 SDN 架构的开源网络虚拟化平台 FlowVisor[27]。此外，初创公司 Nicira Networks 发布了面向网络虚拟化应用的开源交换机软件 Open vSwitch[28]。两位华人 James Liao 和杜林共同创办了专注于研发支持 OpenFlow 的 SDN 交换机的 Pica8 公司。Pica8 也是 White Box Switching（白盒交换理念，也可以称为开放网络交换机，它是网络交换机硬件和操作系统解耦合的结果）理念的主要推动者之一。

2010 年，The McKeown Group 发布了开源 SDN 网络模拟平台 Mininet[29]。Mininet 的诞生降低了部署 SDN 实验的难度，使用者可以在个人电脑中轻松创建 SDN 网络环境。同年，Google 研究人员发布了第一个分布式 SDN 控制器 Onix[30]，这也是 Google 在后续发布的 SDN 应用案例中一直在使用的控制平面软件。此外，Nick McKeown 教授的博士生 David Erickson 等人发布了基于 Java 语言的开源 SDN 控制器 Beacon[31]，Beacon 也是后来赫赫有名的开源控制器 Floodlight[32]和 OpenDaylight[33]的前身。与此同时，普林斯顿大学的 Jennifer Rexford 团队也开始对 SDN 的研究发力[34]。

同年，Nick McKeown 教授的博士生 Guido Appenzeller[35]等创办了继 Nicira 之后的第二个 SDN 初创公司 Big Switch[36]，其主要产品包括 SDN 控制器和开放的 SDN 交换机操作系统，其也是 White Box Switching 理念的推动者之一。此外，前思科员工 JR Rivers[37]等创办了公司 Cumulus Networks[38]，其主要产品是基于 Linux 的开放交换机操作系统，可以通过授权模式安装到多种交换机上。Cumulus Networks 公司也是 White Box Switching 理念的主要推动者之一。这些 SDN 数据平面初创公司的出现，标志着 White Box Switching 理念正式进入公众视野。

2011 年 3 月，Nick McKeown 教授和 Scott Shenker 教授联合 Facebook、Google、Microsoft、Verizon、DT、Yahoo、NTT 发起了一个非盈利性组织：开放网络基金会 ONF，其致力于推动 SDN 产业化和标准化的工作。ONF 的诞生标志着 SDN 正式得到产业界的认可。同时，他们也发起了一个开放网络峰会 ONS[39]（Open Networking Summit），致力于 SDN 应用和部署案例的交流推广。同年，Nick McKeown 教授和 Scott Shenker 教授联合 Larry Peterson 创建了开放网络研究中心 ONRC。学术界开始出现 SDN 应用编程领域的研究，比如普林斯顿大学 Jennifer Rexford 团队的 Frenetic[40]和耶鲁大学的 Nettle[41]。从 2007 年 Ethane 论文发表到 2011 年 ONF 建立，我们称之为 SDN 发展初期，其重大事件见表 1-1。

表 1-1　SDN前期标志性事件

时　间	事　件	影　响　力
2007 年	Ethane 项目论文发表	SDN 架构的雏形，论文发表获得了学术圈的关注
2007 年	第一个初创公司 Nicira 诞生	SDN 走向工业界
2008 年	OpenFlow 论文发表	OpenFlow 获得广泛关注
2008 年	第一个开源控制器 NOX 诞生	SDN 系统实验得以部署

时　　间	事　　件	影　响　力
2009 年	SDN 被 MIT Technology View 评为十大突破性技术之一	SDN 的诞生
2009 年	OpenFlow 协议规范 1.0 发布	OpenFlow 走进大众视野
2010 年	Big Switch 和 Cumulus 诞生	SDN 初创公司开始增加
2011 年	ONF 成立	SDN 获得工业界的广泛关注

　　2012 年是 SDN 发展史上重要的转折年。先是 Google 在第二届 ONS 会议上介绍了 SDN 在数据中心骨干网之间的实际部署案例（后来称为 B4），然后，7 月份 VMware 宣布以 12.6 亿美金的天价收购 SDN 初创公司 Nicira[42]，12 月份 Juniper 宣布收购成立一年的 SDN 初创公司 Contrail[43]。而此前半推半就的思科也发布了 SDN 产品战略 ONE[44]（Open Networking Environment）。同年，爱立信员工 Dominique 等创办了 SDN 初创公司 NoviFlow[45]，其主打产品是基于网络处理器的 OpenFlow 网络设备。网络芯片厂商盛科也发布了 SDN 交换机 V330[46]，盛科是国内较早关注和拥抱 SDN 的厂商之一。SDN 控制器方面，初创公司 Big Switch 也发布了基于 Java 的开源 SDN 控制器 Floodlight，日本 NTT 公司发布了基于 Python 语言的开源 SDN 控制器 Ryu[47]。此外，Nick McKeown、Scott Shenker 和 Larry Peterson 在 ONRC 的基础上又成立了 ON.LAB，致力于 SDN 开源工具和平台的研发。这一系列标志性事件表明 SDN 在产业界已经在大踏步前进。第一届 HotSDN 研讨会[48]的召开，证明了 SDN 领域的研究已经得到学术圈的广泛认可。但就在此时，The McKeown Group 的研究方向已经悄然转向 SDN 系统部署的调试和测试领域[49]。

　　2013 年是业界全面转向 SDN 的一年。当年 4 月，Linux 基金会联合思科、IBM、英特尔等传统 IT 厂商创立了开源项目 OpenDaylight，目标是推出一个通用的企业级 SDN 控制平台，此举标志着传统巨头对 SDN 的高度认可。11 月份思科宣布以 8.63 亿美金收购 SDN 初创公司 Insieme，随后发布了以应用为中心的基础设施[50]（Application Centric Infrastructure，ACI）产品方案。ACI 是思科的 SDN 应对策略，其诞生向外界传达着思科对 SDN 的战略态度。而虚拟化领域的巨头 VMware 则在 VMworld 2013 上发布了基于 SDN 的下一代网络虚拟化平台 NSX[51]，标志着这个计算虚拟化领域的巨头已经发起了进军网络界的号角。也正因为这两个 SDN 产品的发布，思科和 VMware 这两位合作多年的老伙伴基本告别了往昔，进入剑拔弩张的竞争状态。

　　此外，云服务供应商微软也在自己的数据中心网络中应用了 SDN，并发表了论文介绍了自己的 SDN WAN 应用案例[52]。而运营商代表 AT&T 发布了一个 Domain 2.0 计划[53]：到 2020 年，将会把网络的 SDN 化程度提升到 75%。AT&T 的这个计划向业界传递了一个明显的信号：我们要全力推进网络 SDN 化了。而在当年的 ONS 大会上，芯片厂商盛科的 V350 交换机凭借芯片创新技术一举夺得首届 SDN Idol 大奖[54]。

这一年，The McKeown Group 的四位博士 David Erickson、Brandon Heller[55]、Peyman Kazemian[56]和 Nikhil Handigol[57]创办了 SDN 初创公司 Forward Networks[58]，致力于将计算机领域的成功经验引入网络领域。博士学生 Glen Gibb[59]等则创办了 SDN 初创公司 Barefoot Networks[60]，随后发布了面向 SDN 的网络芯片[61]。Google 研究人员详细介绍了 SDN 在数据中心骨干网之间的应用案例 B4[62]，这个应用案例一直被业界津津乐道，是 SDN 领域的经典案例之一。在业界对 SDN 还持观望态度时，Google 用事实证明了 SDN 相比传统网络的优势，坚定了业界推进和部署 SDN 的决心。B4 方案发布之后，无论是运营商还是设备商，都从观望转变为主动拥抱 SDN。面对新技术的发展浪潮，如果不随着浪潮前进，也许就会被淹死，即使网络界巨头思科也不得不做出应对措施。在科研领域，普林斯顿大学 Jennifer Rexford 团队在 Frenetic 的基础上发布了基于 Python 语言的 Pyretic[63]，这种高级网络编程语言可以实现网络应用建模，加快网络应用程序的开发速度。华为研究人员宋浩宇等人发表了介绍 POF[64]（Protocol-Oblivious Forwarding）的论文，将 SDN 数据平面的可编程性研究推向了新的高度。

2014 年，是 SDN 数据平面产品爆发的一年。Facebook 在 OCP（Open Computer Project）项目中开放发布自己的 Wedge[65]交换机设计细节。Juniper 发布了支持 OCP 项目数据中心交换机的 Junos 操作系统，同时计划发布 White Box 交换机。戴尔与交换机操作系统厂商 Cumulus 计划联合推出支持 SDN 的 White Box 交换机。SDN 初创公司 Big Switch 则重新将产品战略专注在 White Box Switching 上。惠普也发布了两款 White Box 交换机，充分拥抱 White Box Switching 理念。网络芯片巨头博通公司发布了兼容 OpenFlow 协议的 OF-DPA 框架，使得采用其网络芯片的设备厂商能更好地支持 SDN。这一系列事件表明 White Box Switching 已经获得了产业界的高度认可。

同年，ON.LAB 发布了面向运营商应用的开源 SDN 控制器平台 ONOS[66]和新的开源网络虚拟化平台 OpenVirteX[67]（FlowVisor 的替代品）。在网络芯片领域，Cavium 公司宣布以 0.75 亿美金收购 SDN 初创公司 Xpliant[68]，显示了其进入 SDN 芯片领域的决心。The McKeown Group 发布了高级编程语言框架 P4[69]（Programming Protocol-Independent Packet Processors），这种协议无关的高级编程语言框架，专注于数据平面可编程，是未来 SDN 数据平面研究的重要方向之一。

2015 年，众多的 SDN 应用和部署案例在 ONS 得到展示，标志着 SDN 的部署速度逐步加快，同时开源成为 SDN 领域的主角。开放网络基金会 ONF 发布了一个开源 SDN 项目社区[70]，其中的 Atrium[71]是代表性项目。这个项目尝试建立一个将现有的 SDN 应用、SDN 控制器和 SDN 数据平面设备融合在一起的开放 SDN 系统框架。SDN 发展到 2015 年，众多成功的案例证明了其可行性和优势，尤其是在数据中心网络虚拟化领域。另外在 B4 应用案例的推动下，SD-WAN（Software Defined WAN，软件定义广域网）领域也出现了专业的解决方案公司[72]。此时，SDN 的应用场景已经不局限于数据中心网络、企业网和运营商网络等，SDN 也开始被应用于其他网络领域。2012 年到 2015 年，我们称之为 SDN 发展中期，其标志性事件见表 1-2。

表 1-2　SDN中期标志性事件

时　　间	事　　件	影　响　力
2012 年	Google 发布 SDN 应用案例	第一个 SDN 商用部署案例
2012 年	VMware 收购 Nicira	引发业界对 SDN 的广泛关注
2012 年	HotSDN 研讨会召开	SDN 科研成为网络领域的热点
2013 年	OpenDaylight 诞生	传统网络厂商对 SDN 的认可
2014 年	P4 的发布	开创了数据平面编程的先河
2015 年	SD-WAN 商用产品的出现	第二个 SDN 成熟应用市场出现

上述 SDN 发展历史和标志性事件总结起来如图 1-6 所示。曲线上方是推动 SDN 发展的开源组织和业界厂商，以及产业界的标志性事件。曲线下方是支撑 SDN 逐步成熟的关键技术，主要是 SDN 学术界的研究成果。这两部分内容组成了一部完整的 SDN 演进史。

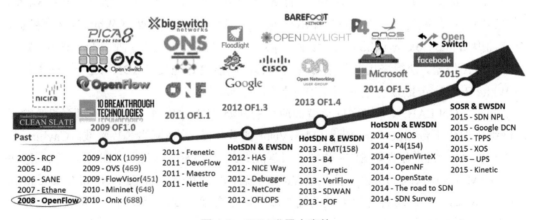

图 1-6　SDN 发展大事件

可以看出，学术界对 SDN 的关注度变化呈现出一个类似抛物线的趋势。早期只有斯坦福大学的研究团队在推动 SDN，到 2012 年之后，计算机网络顶级会议 ACM SIGCOMM 连续三年组织了针对 SDN 领域的 HotSDN 研讨会，学术界对 SDN 的关注和贡献都达到了顶峰。此后随着 SDN 新技术方向已经逐步成熟，学术界的贡献产出相对趋缓。

而网络产业界对 SDN 的关注度在持续增长。从早期的各种开源组织、开源项目和初创公司开始，到连续四届的开放网络峰会、业界巨头的战略大转变，整个网络产业都为之沸腾。越来越多的应用场景和部署案例表明，SDN 终将给网络生态圈带来一场影响深远的变革。

1.5 SDN 重塑网络

无论从商业上还是从技术上来看，传统网络体系结构的成功已经超越了所有人最大胆的想象。但是随着服务器虚拟化、数据中心和云计算的出现，特别是移动终端内容的井喷式发展，使得适用于"客户端-服务器"计算模型的静态分层协议网络体系结构已经臃肿不堪，无法满足如今企业数据中心、园区网络和运营商网络的动态需求。这些新的需求让学术界和产业界终于认识到传统网络体系结构需要实质性的改变，而过去所遵循的技术架构，恰恰成为今天技术创新的负担，甚至成为网络应对挑战和机遇的阻碍。

于是，下一代网络体系结构 SDN 诞生了，它主张应该脱离现有体系结构的束缚，从当前的各种应用需求出发重新定义网络体系架构。

纵观前文内容，我们清楚地认识到：用户对网络可编程能力的持续追求，促使了 SDN 的诞生，而 SDN 也反过来大大地促进了网络可编程的发展，极大地提升了网络可编程能力。我们可以清楚地看到，SDN 正在学术界和工业界掀起变革的巨浪。2008 年介绍 OpenFlow 的学术论文已经被引用 4790 次，并且这个数字还在持续增长；开源 SDN 控制器 OpenDaylight 和 ONOS 已经发布了多个版本，拥有众多的社区开发人员；业界所有的网络设备厂商、云服务供应商和网络运营商都在大踏步追赶 SDN 前进的浪潮；大多数 SDN 初创公司也已经完成了多轮融资，其产品也占据着一定的市场份额。

所以我们有理由相信：SDN 必将引发一场变革，重塑整个网络生态圈。

1.6 本章小结

本章从 SDN 的定义开始介绍，然后顺藤摸瓜，引出为什么需要 SDN 的讨论，进而介绍了网络可编程探索的发展之路。此外，本章后半部分还从学术界和工业界两个方面对 SDN 的发展进行了介绍，并得出 SDN 将重构网络的结论。希望本章内容能帮助读者更全面地理解 SDN，从而更加客观而理性地看待 SDN 的发展。

参考资料

[1] Open Networking Research Center(ONRC), http://onrc.stanford.edu/.

[2] Open Networking Foundation (ONF), https://www.opennetworking.org/.

[3] Nick McKeown, http://yuba.stanford.edu/~nickm/.

[4] Scott Shenker, https://www.eecs.berkeley.edu/Faculty/Homepages/shenker.html.

[5] Larry Peterson, https://www.cs.princeton.edu/~llp/.

[6] Software-defined Networking, Nick McKeown Talk, 2009.

[7] The Future of Networking, and the Past of Protocols, Scott Shenker, 2011 ONS.

[8] Tennenhouse D L, Smith J M, Sincoskie W D, et al. A survey of active network research[J]. IEEE communications Magazine, 1997.

[9] Feamster N, Rexford J, Zegura E. The road to SDN[J]. Queue, 2013.

[10] ForCES, https://tools.ietf.org/html/rfc5810.

[11] Lakshman T V, Nandagopal T, Ramjee R, et al. The softrouter architecture[C]//Proc. ACM SIGCOMM Workshop on Hot Topics in Networking. 2004.

[12] Caesar M, Caldwell D, Feamster N, et al. Design and implementation of a routing control platform[C]//Proceedings of the 2nd conference on Symposium on Networked Systems Design & Implementation-Volume 2. 2005.

[13] Greenberg A, Hjalmtysson G, Maltz D A, et al. A clean slate 4D approach to network control and management[J]. ACM SIGCOMM Computer Communication Review, 2005.

[14] Casado M, Garfinkel T, Akella A, et al. SANE: A Protection Architecture for Enterprise Networks[C]//Usenix Security. 2006.

[15] Casado M, Freedman M J, Pettit J, et al. Ethane: taking control of the enterprise[C]//ACM SIGCOMM Computer Communication Review. 2007.

[16] OpenFlow Data Plane Abstraction, http://zh-cn.broadcom.com/products/ethernet-communication-and-switching/switching/of-dpa-software.

[17] The Stanford Clean Slate Program, http://cleanslate.stanford.edu/.

[18] The McKeown Group, http://yuba.stanford.edu/.

[19] Martin Casado, http://yuba.stanford.edu/~casado/.

[20] Nicira Networks, https://www.crunchbase.com/organization/nicira#/entity.

[21] Jennifer Rexford, http://www.cs.princeton.edu/~jrex/.

[22] McKeown N, Anderson T, Balakrishnan H, et al. OpenFlow: enabling innovation in campus networks[J]. ACM SIGCOMM Computer Communication Review, 2008.

[23] Gude N, Koponen T, Pettit J, et al. NOX: towards an operating system for networks[J]. ACM SIGCOMM Computer Communication Review, 2008.

[24] Naous J, Erickson D, Covington G A, et al. Implementing an OpenFlow switch on the NetFPGA platform[C]//Proceedings of the 4th ACM/IEEE Symposium on Architectures for Networking and Communications Systems. 2008.

[25] MIT Tech Review 10 Breakthrough Technologies : Software-defined Networking, http://www2.technologyreview.com/article/412194/tr10-software-defined-networking/.

[26] POX, https://github.com/noxrepo/pox.

[27] Sherwood R, Gibb G, Yap K K, et al. Flowvisor: A network virtualization layer[J]. OpenFlow Switch Consortium, Tech. Rep, 2009.

[28] Pfaff B, Pettit J, Amidon K, et al. Extending Networking into the Virtualization Layer[C]//Hotnets. 2009.

[29] Lantz B, Heller B, McKeown N. A network in a laptop: rapid prototyping for software-defined networks[C]//Proceedings of the 9th ACM SIGCOMM Workshop on Hot Topics in Networks. 2010.

[30] Koponen T, Casado M, Gude N, et al. Onix: A Distributed Control Platform for Large-scale Production Networks[C]//OSDI. 2010.

[31] Erickson D. The beacon openflow controller[C]//Proceedings of the second ACM SIGCOMM workshop on Hot topics in software defined networking. 2013.

[32] Floodlight OpenFlow Controller, http://www.projectfloodlight.org/floodlight/.

[33] OpenDaylight, https://www.opendaylight.org/.

[34] Yu M, Rexford J, Freedman M J, et al. Scalable flow-based networking with DIFANE[J]. ACM SIGCOMM Computer Communication Review, 2010.

[35] Guido Appenzeller, http://guido.appenzeller.net/.

[36] Big Switch, http://www.bigswitch.com/.

[37] JR Rivers, https://www.linkedin.com/in/jr-rivers-3723b73.

[38] Cumulus Networks, https://cumulusnetworks.com/.

[39] Open Networking Summit (ONS), http://opennetsummit.org/about/.

[40] Foster N, Harrison R, Freedman M J, et al. Frenetic: A network programming language[C]//ACM Sigplan Notices. 2011.

[41] Voellmy A, Hudak P. Nettle: Taking the sting out of programming network routers[C]//International Symposium on Practical Aspects of Declarative Languages. 2011.

[42] VMware to Acquire Nicira, https://www.vmware.com/company/news/releases/vmw-nicira-07-23-12.

[43] Juniper buys SDN startup for $176M, http://www.networkworld.com/article/2162133/ data-center/juniper-buys-sdn-startup-for--176m.html.

[44] Cisco ONE, http://www.cisco.com/c/en/us/products/software/one-software/index. html.

[45] NoviFlow, http://noviflow.com/.

[46] Centec Networks V330, http://www.centecnetworks.com/cn/SolutionList.asp?ID=42.

[47] Ryu SDN Framework, https://osrg.github.io/ryu/.

[48] Hot Topics in Software Defined Networking (HotSDN), http://conferences.sigcomm. org/sigcomm/2012/hotsdn.php.

[49] Making SDNs Work, http://yuba.stanford.edu/~nickm/talks/ONS_2012.ppt.

[50] Cisco ACI, http://www.cisco.com/c/en/us/solutions/data-center-virtualization/application-centric-infrastructure/index.html.

[51] VMware NSX, https://www.vmware.com/products/nsx.

[52] Hong C Y, Kandula S, Mahajan R, et al. Achieving high utilization with software-driven WAN[C]//ACM SIGCOMM Computer Communication Review. 2013.

[53] AT&T Domain2.0, https://www.att.com/Common/about_us/pdf/AT&T%20Domain% 202.0%20Vision%20White%20Paper.pdf.

[54] Centec Networks V350, http://www.centecnetworks.com/cn/SolutionList.asp? ID=43.

[55] Brandon Heller, https://www.linkedin.com/in/brandon-heller-5b45364.

[56] Peyman Kazemian, http://yuba.stanford.edu/~peyman/.

[57] Nikhil Handigol, http://yuba.stanford.edu/~nikhilh/.

[58] Forward Networks, https://www.forwardnetworks.com/about.html.

[59] Glen Gibb, http://yuba.stanford.edu/~grg/.

[60] Barefoot Networks, https://www.crunchbase.com/organization/barefoot-networks #/ entity.

[61] Bosshart P, Gibb G, Kim H S, et al. Forwarding metamorphosis: Fast programmable match-action processing in hardware for SDN[C]//ACM SIGCOMM Computer Communication Review. 2013.

[62] Jain S, Kumar A, Mandal S, et al. B4: Experience with a globally-deployed software defined WAN[J]. ACM SIGCOMM Computer Communication Review, 2013.

[63] Monsanto C, Reich J, Foster N, et al. Composing software defined networks[C] //Presented as part of the 10th USENIX Symposium on Networked Systems Design and Implementation (NSDI 13). 2013.

[64] Song H. Protocol-oblivious forwarding: Unleash the power of SDN through a future-proof forwarding plane[C]//Proceedings of the second ACM SIGCOMM workshop on Hot topics in software defined networking. 2013.

[65] Introducing "Wedge" and "FBOSS", https://code.facebook.com/posts/68138290 5244727/introducing-wedge-and-fboss-the-next-steps-toward-a-disaggregated-netw ork/.

[66] Berde P, Gerola M, Hart J, et al. ONOS: towards an open, distributed SDN OS[C]// Proceedings of the third workshop on Hot topics in software defined networking. 2014.

[67] Al-Shabibi A, De Leenheer M, Gerola M, et al. OpenVirteX: Make your virtual SDNs programmable[C]//Proceedings of the third workshop on Hot topics in software defined networking. 2014.

[68] Cavium to Acquire Switching and SDN Specialist Xpliant to Accelerate Deployment of Software Defined Networks, http://cavium.com/newsevents-Cavium-to-Acquire-Switching-and-SDN-Specialist-Xpliant-to-Accelerate-Deployment-of-Software-Defined-Networks.html.

[69] Bosshart P, Daly D, Gibb G, et al. P4: Programming protocol-independent packet processors[J]. ACM SIGCOMM Computer Communication Review, 2014.

[70] Open Source SDN, http://opensourcesdn.org/.

[71] Introducing Atrium, https://www.opennetworking.org/?p=1757&option=com_ wordpress& Itemid=316.

[72] 2015 Virtual Edge Landscape Report, https://www.sdxcentral.com/reports/sdn- vce-vcpe-sd-wan-report-2015/.

第 **2** 章

SDN 南向编程接口

本章将介绍 SDN 架构中的南向编程接口，其内容包括 SDN 南向编程接口简介、狭义 SDN 南向编程接口、广义 SDN 南向编程接口、完全可编程的南向编程接口和 SDN 南向编程接口标准之战。狭义 SDN 南向编程接口将以 OpenFlow 为例展开介绍；广义 SDN 南向编程接口将以 OVSDB 和 NETCONF 等为代表进行介绍；完全可编程的南向编程接口[1]将介绍 POF 和 P4；标准之战小节将介绍目前 SDN 南向编程接口的竞争关系和未来的发展趋势。希望本章内容能让读者初步了解 SDN 南向编程接口。

2.1 SDN 南向编程接口简介

在 SDN 架构中，网络的控制平面和数据平面相互分离，并通过南向编程接口进行通信，使得逻辑集中的控制器可以对分布式的数据平面进行编程控制。南向编程接口提供的可编程能力是当下 SDN 可编程能力的决定因素，所以南向编程接口标准是 SDN 最核心、最重要的接口标准之一。

---

[1] 把 POF 和 P4 分类到完全可编程的南向接口，是为了更好地进行技术对比。实际上，对 POF 的准确理解应该是一种升级版的 SDN 数据平面高级编程框架，P4 是一种数据平面高级编程语言。在本章 2.4 节会有详细介绍。

SDN 南向编程接口尝试为网络数据平面提供统一的、开放的和具有更多编程能力的接口，使得控制器可以基于这些接口对数据平面设备进行编程控制，指导网络流量的转发等行为。目前，SDN 南向编程接口的表现形式以协议为主。根据 SDN 南向编程接口提供的可编程能力可以将 SDN 南向编程接口分为狭义 SDN 南向编程接口和广义 SDN 南向编程接口两大类。

狭义的 SDN 南向编程接口提供了对数据平面编程的能力，可以指导数据平面设备的转发操作等网络行为，典型的 SDN 南向编程接口有 OpenFlow 协议等。基于 OpenFlow 协议，控制器可以通过下发流表项来对数据平面设备的网络数据处理逻辑进行编程，从而实现可编程定义的网络。所以，狭义 SDN 南向编程接口的关键在于是否能提供确切的数据平面可编程能力。

根据此定义，POF 架构和 P4 语言也可以放到狭义 SDN 南向编程接口部分进行介绍，但由于这两者比 SDN 南向编程接口有更通用的抽象能力，其能力范围已经超越了狭义 SDN 南向编程接口的定义，所以并不能简单地归类到狭义 SDN 南向编程接口。POF 不仅可以实现软件定义的网络数据处理，而且还可以实现软件定义的网络协议解析。即 POF 可以实现对数据平面协议解析过程和数据处理过程两部分的软件定义，拥有数据平面编程能力，支持协议无关的转发，所以可以理解成完全可编程的南向编程接口。而 OpenFlow 仅支持通过软件定义数据包的处理逻辑，无法对数据平面数据解析逻辑进行编程，所以当需要支持新网络协议时，就暴露出抽象能力不足的缺点。类似地，P4 是一个可对数据解析逻辑和数据处理逻辑编程的语言，其提供了对 SDN 数据平面的编程接口和能力，所以将其放在完全可编程南向编程接口部分介绍。

广义的 SDN 南向编程接口主要表现形式分为三种：第一种是仅具有对数据平面配置能力的南向编程接口协议；第二种是应用于广义 SDN，具有部分可编程能力的接口协议；第三种是本来就存在，其应用范围很广，不限于应用在 SDN 控制平面和数据平面之间传输控制信令的接口协议。

第一种网络设备配置类型协议的代表有 OF-Config、OVSDB 和 NET-CONF 等协议。目前，这些南向编程接口协议已经被 OpenDaylight 等许多 SDN 控制器支持。然而，它们只是能对网络设备的资源进行配置，无法指导数据交换。不过，这些协议应用于 SDN 控制器和数据交换设备之间，所以也属于 SDN 南向编程接口范畴。配置型南向编程接口是 OpenFlow 等狭义 SDN 南向编程接口的补充，完成对设备资源的配置。

第二种广义的 SDN 南向编程接口协议是应用于广义 SDN 架构的南向编程接口协议，

比如应用于 ACI 架构的 OpFlex 协议。在 ACI 架构中，数据平面设备依然保留了很多控制逻辑，甚至更智能，依然负责数据转发等功能，但支持远程控制器通过 OpFlex 协议来下发策略，指导数据转发设备去实现某一个网络策略。然而，OpFlex 是声明式控制（Declarative Control）的协议，其只传输网络策略，并不规定实现网络策略的具体方式，具体实现方式由底层设备实现。在这种情况下，OpFlex 具有可编程能力，但是仅拥有很弱的编程能力，无法做到更细致粒度的调度和控制，所以笔者将其归类到广义的 SDN 南向编程接口中。

第三种广义 SDN 南向编程接口协议是可应用于 SDN 的南向编程接口协议，其代表有 PCEP 和 XMPP。两者本质上都具有可编程能力，但均不是专门为 SDN 而设计的，而是本来就存在，只是被应用在 SDN 框架中。PCEP 最初被广泛用于 TE 领域，在 SDN 出现之后，经常被应用在 SDN 框架中，所以本章将其归类为广义 SDN 南向编程接口。而 XMPP 可被应用于许多场景，如网络聊天等，其被应用于 SDN 只是因为其功能适合携带南向数据。所以，本章将 XMPP 归类为广义 SDN 南向编程接口。

根据以上的分类，本章后续内容将依次介绍狭义的 SDN 南向编程接口、广义的 SDN 南向编程接口和完全可编程的 SDN 南向编程接口。目前为止，南向编程接口的标准尚未统一，而这个标准之战也正在愈演愈烈，所以本章末尾将介绍 SDN 南向编程接口标准竞争的现状，从而让读者对 SDN 南向编程接口有全面的了解。

2.2 狭义 SDN 南向编程接口

本节将以 OpenFlow 协议作为代表介绍狭义的 SDN 南向编程接口，其内容包括 OpenFlow 协议的简介、原理和发展趋势。注意，OpenFlow 不仅仅是一种南向接口协议，它还包涵了一种新的网络数据平面处理模型，有关网络数据平面处理模型的详细内容将在第 4 章详细介绍。

OpenFlow 简介部分将简要介绍 OpenFlow 协议的发展简史；原理部分将介绍 OpenFlow 协议的大体框架；发展趋势部分将介绍 OpenFlow 未来的发展趋势等相关内容。本章将仅介绍 OpenFlow 协议的简要原理，关于 OpenFlow 的具体介绍将在第 4 章"SDN 数据平面"部分进行介绍。

OpenFlow 简介

2008 年 3 月 14 日, Nick McKeown 教授等在论文 *Enabling Innovation in Campus Networks* 中提出了 OpenFlow 协议, 从而使得这个从斯坦福大学 Clean Slate 项目中孵化出来的协议走向世界。论文首先分析了技术的发展对网络可编程的需求, 然后介绍了 OpenFlow 的原理, 包括 OpenFlow 交换机和 OpenFlow 控制器的设计。OpenFlow 是第一个 SDN 控制平面和数据平面之间交互的通信接口, 也是目前最流行的 SDN 南向编程接口协议。

2009 年 OpenFlow1.0 版本协议标准正式发布, OpenFlow 正式进入工业界的视野。2011 年 3 月, Google 等企业联合成立了开放网络基金会 (ONF, Open Networking Foundation)。ONF 的成立是 OpenFlow 发展史上的一个重要的里程碑事件, 标志着 OpenFlow 协议开始了工业标准规范化的道路。另一个标志性事件是 Nicira 公司在 2012 年 7 月被 VMware 以 12.6 亿美元收购, 这个重磅消息给了业界一剂强心剂, 提高了业界对 OpenFlow 的期望, 使得越来越多的企业开始投资 OpenFlow 的研究和部署。

OpenFlow 原理

在 OpenFlow1.0 版本规范中定义了 OpenFlow 交换机、流表和 OpenFlow 通道, 其架构示意图如图 2-1 所示。相比 1.0 版本, OpenFlow1.3 版本新增了组表和 Meter 表两种新表。

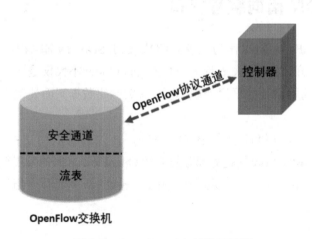

图 2-1　OpenFlow1.0 架构示意图

OpenFlow 交换机

OpenFlow 交换机可以分成流表和安全通道两部分。顾名思义，流表就是用于存放流表项的表。在 OpenFlow 协议规范中，控制器可以给交换机下发流表项来指导交换机处理匹配流表项的数据包。安全通道是用于和控制器通信的安全连接。安全通道可以直接建立在 TCP 之上，也可以基于 TLS 加密之后的 Socket 建立。

在 OpenFlow 交换机和控制器连接的初始化阶段，需要将自身支持的特性和端口描述等信息上报给控制器。当数据包从入端口进入交换机且匹配流表项失败时，就会将数据包放在 Packet-in 报文中上报到控制器。控制器接收到 Packet-in 报文之后，可以选择下发流表项和下发 Packet-out 报文等方式来告知交换机如何处理这个数据流。因此，在 OpenFlow 的协议架构中，交换机成为了策略的执行者，而网络的相关策略需要由控制器下发。随着 OpenFlow 协议的发展，OpenFlow 又新增了组表和 Meter 表两种表，所以支持高版本协议的 OpenFlow 交换机中存在流表、组表和 Meter 表三种表。

目前，支持 OpenFlow 协议的设备分为 OpenFlow 交换机和支持 OpenFlow 协议的交换机两种。前者只有 OpenFlow 协议栈，而后者拥有 OpenFlow 协议栈和传统的网络协议栈，可以支持两种运行模式。

OpenFlow 表

在 OpenFlow1.0 版本规范中仅定义了流表这样一种 OpenFlow 表，发展到 1.3 版本规范时，则新增了组表和 Meter 表两种表。

1. 流表

流表（Flow Table）是交换机用于存储流表项的表。在 OpenFlow1.0 版本中仅有一张流表，即单流表。由于单流表可以支持的程序逻辑太简单，无法满足复杂的业务逻辑，所以在 OpenFlow1.1 版本规范中就提出了多级流表的概念。多级流表将数据包的处理逻辑划分为多个子逻辑，并由多张流表分别来匹配和处理，从而使得数据包的处理变成了一条流水线。多级流表的设计使得流表项聚合成为可能，节省了流表空间，也提高了编程处理逻辑的灵活性。

每一条流表项由匹配域、指令集和计数器三个主要部分及其他部分组成，如图 2-2 所示。其中匹配域用于区分不同的数据流。网络数据包进入交换机之后会匹配流表中的流表项，匹配到同一条流表的数据包被称为数据流，即 Data Flow，简称 Flow。数据包匹配成功之后，需要执行相关的指令，用于完成数据的处理。计数器部分则记录了匹配该流表的数据包的数目和字节数等相关数目。其他部分将在第 4 章进行介绍。

匹配域	优先级	计数器	指令	计时器	Cookie

图 2-2　流表结构示意图

2. 组表

组表（Group Table）是 OpenFlow1.1 版本规范中提出的，顾名思义，其用于定义一组动作，且这组动作可被多条流表项共同使用，从而实现组播、负载均衡、容灾备份和聚合等功能，其结构如图 2-3 所示。比如，交换机需要将发送到端口 1 的数据都弹出 VLAN 标签，那么可以创建一个"All"类型的动作桶（Action Buckets），然后将弹出 VLAN 动作和转发到端口 1 动作放入其中。如此一来，所有需要转发到端口 1 的流表项的动作集就只需跳转到对应的组表项，然后执行组表项内全部动作桶的动作即可。组表的存在降低了流表项的逻辑复杂度，也减少了流表存储空间。

组表号	类型	计数器	动作桶

图 2-3　组表结构示意图

3. Meter 表

Meter 表（Meter Table）用于计量和限速，其结构示意图如图 2-4 所示。Meter 表项可以针对流制定对应的限速等规则，从而实现丰富的 QoS 功能。Meter 表和端口队列不同，Meter 表项是面向流的，而不是面向端口的，所以更细致、更灵活。

计量表号	计量带	计数器

图 2-4　Meter 表结构示意图

OpenFlow 通道

OpenFlow 通道是控制器和交换机通信的通道，通道中转发的数据为 OpenFlow 消息/报文。OpenFlow 的报文分为 Controller-to-Switch、Asynchronous 和 Symmetric 三大类。Controller-to-Switch 类型的报文主要由控制器初始化并发送给交换机，Asynchronous 类型的报文是交换机异步上报给控制器的报文，而 Symmetric 类报文则是无须等待对方请求、双方都可以任意发送的报文。

1. Controller-to-Switch 报文

Controller-to-Switch 是由控制器初始化并下发给交换机的报文类型，其可能会要求交换机回复对应的报文，此类型报文包含的主要报文类型介绍如下。

- Features：Features 类型的报文分为 Request 和 Reply 两种，其中控制器可以主动初始化并发送 Feature_Request 报文，请求交换机回复其特性信息，其报文只有数据报头，没有消息体（Body）。交换机在收到 Features_Request 报文之后，将通过 Features_Reply 报文回复交换机的特性和交换机端口的特性信息。通常，控制器会在交换机的 OpenFlow 连接建立完成之后马上发送一个请求报文来获取交换机的特征信息。

- Configuration：其包含请求、回复和设置三种报文。控制器可以设置和请求交换机的配置信息，交换机则需执行配置和回复配置报文。
- Modify-State：修改状态型报文由控制器下发，用于修改交换机的流表、组表、Meter 表及端口状态。
- Read-State：读取状态信息由控制器发出，用于获取交换机的状态信息，包括流表、组表、Meter Table 及端口的统计信息。
- Packet-out：Packet-out 类型报文由控制器发出，用于将数据包发送到交换机的指定端口。Packet-out 报文一般用于响应 Packet-in 报文的处理，经常跟随在 Flow-mod 报文之后，用于指挥交换机将缓存数据发送或直接发送数据。Packet-out 必须携带一个 Buffer_id 来定位缓存在交换机上的数据，当 Buffer_id 为-1 时，表明该数据包没有被交换机缓存。此外，Packet-out 还需要携带指导数据处理的动作集，如果动作集为空则交换机会将数据包丢弃。
- Barrier：Barriers Request/Reply 用于确保操作顺序执行。控制器可以向交换机发送 Request 报文。交换机接收到 Request 报文之后，将 Request 报文之前所有的报文处理完成之后，处理 Barrier Request 请求：回复控制器一个 Barrier Reply 报文，其报文 ID 和请求报文一致，告知控制器在 Barrier Request 报文之前到来的报文已经处理完成。Barrier 类型的报文类似于设置一个障碍或者触发器，用来告知控制 Barrier 之前的动作均已执行，其通常用来确保动作执行顺序，保持策略一致性。
- Role-Request：此类型报文用于控制器请求其自身在交换机端的角色，也可以用于设置控制器的角色。一般用于交换机与多控制器有连接的场景。
- Asynchronous-Configuration：异步配置报文可以用来设置异步报文的过滤器，从而使得在多控制器场景下，控制器可以选择性过滤异步报文，只接收感兴趣的报文。一般在 OpenFlow 连接建立完成之后进行设置。

2．Asynchronous 报文

Asynchronous 报文是由交换机异步发送给控制器的报文，无须等待控制器请求。交换机通过异步报文告知控制器新数据包的到达和交换机状态的改变。主要的异步报文类型描述如下。

- Packet-in：将数据包发送给控制器。在支持单流表的 OpenFlow 协议版本中，触发 Packet-in 的原因可能是流表项的动作指导，也可能是因为匹配不到流表项。但在高版本的多级流表设计下，将默认下发一条 Table-Miss 流表项，其匹配域均为空，任何报文都能匹配成功。Table-Miss 的作用是将匹配其他流表失败的数据发送给控制器。若交换机配置信息中指示将数据包缓存在交换机中，则 Packet-in 报文还将携带着指定长度的数据包数据及其在交换机上缓存的 Buffer_id，携带的数据包默认长度是 128 字节。若交换机不缓存数据包，则由 Packet-in 报文携带全部数据并发送给控制器。Packet-in 报文通常会触发 Packet-out 报文或者 Flow-mod 报文。
- Flow-Removed：当 OFPFF_SEND_FLOW_REM 标志位被置位时，交换机将会在流表项失效时通知控制器流表项被移除的消息。触发流表项失效的原因可以是控制器主动删除或者流表项超时。
- Port-status：当端口配置或者状态发生变化时，用于告知控制器端口状态发生改变。
- Role-status：当控制器的角色发生变化时，交换机告知控制器其角色变化。
- Controller-Status：当 OpenFlow 连接发生变化时，告知控制器这个变化。
- Flow-monitor：告知控制器流表的改变。控制器可以设置一系列监视器来追踪流表的变化。

3．Symmetric 报文

Symmetric 可以由控制器和交换机双方任意一方发送，无须得到对方的许可或者邀请。主要类型的介绍如下。

- Hello：Hello 报文用于交换机和控制器之间的 OpenFlow 通道建立初期，用于协商版本等内容。
- Echo：Echo Request/Reply 可以由交换机和控制器任意一方发出。每个 Request 报文都需要一个 Reply 报文回复。其主要用于保持连接的活性，但同时也支持携带消息内容，可用于时延或带宽测试。
- Error：错误报文用于交换机或控制器，告知对方错误。一般而言，多被用于交换机告知控制器请求发生的错误。
- Experimenter：实验报文是提供 OpenFlow 报文功能范围之外功能的标准方式，可以用于实验场景。

由于本章旨在介绍南向编程接口，所以更多 OpenFlow 报文细节的内容此处不再赘述，敬请读者阅读 OpenFlow 协议标准。

OpenFlow 通信流程

理解一个协议最好的办法就是学习它的通信流程。为了帮助读者更好地理解 OpenFlow 协议，此处将对 OpenFlow 通信流程进行简单介绍，其通信流程图如图 2-5 所示。

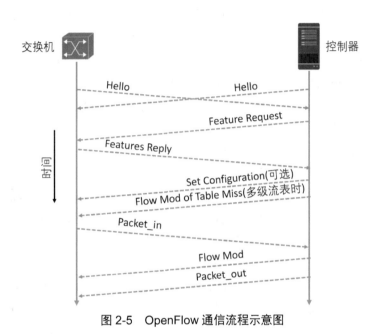

图 2-5　OpenFlow 通信流程示意图

当交换机和控制器建立完 Socket 通信之后，会相互发送 Hello 报文，用于协商协议版本。完成协议版本协商之后，控制器会向交换机下发 Features Request 报文，交换机则需回复 Feature Reply 报文。控制器根据交换机支持的特性，可以完成交换机的相关配置。配置完成之后，进入正常通信状态。如果 OpenFlow 版本支持多级流表，控制器还需要下发 Table-Miss 流表项到交换机。

当数据包匹配流表失败或者匹配到 Table-Miss 时，交换机将其 Packet-in 到控制器，控制器根据控制逻辑可选择回复 Packet-out 或者下发 Flow-mod 指导交换机处理数据流。如果配置了 Flow-Removed 标志位，则当流表项过期时，交换机将向控制器回复 Flow-Removed 报文。

其他异步报文的发生则可以发生在任意时刻。为保持 OpenFlow 连接的活性，控制器应周期性地向交换机发送 Echo 报文。其他多控制器相关报文、组表和 Meter 表相关的内容不再赘述，读者可以阅读 OpenFlow 协议标准。

OpenFlow 发展趋势

自 OpenFlow1.0 版本发布以来，最新版本已经更新到 OpenFlow1.5 版。目前业界支持的稳定版本是 1.0 和 1.3 版，而随着技术的发展，1.3 版将成为支持最广泛的稳定版本。

OpenFlow 协议作为 SDN 第一个南向接口协议，自 1.0 版发布以来就得到了业界的广泛关注。随着 ONF 的成立，OpenFlow 协议正式进入标准化进程。而随着工业界越来越多的设备厂商开始推出支持 OpenFlow 的商用交换机，OpenFlow 协议在产业界的落地和推广进入了加速期。

在 OpenFlow 应用方面，Google 为工业界树立了一个榜样。Google 使用基于 OpenFlow 协议的 SDN 架构来优化其数据中心之间 WAN 的流量，并结合其三年的运行数据，总结发表了论文 *B4: Experience with a globally-deployed software defined WAN*[1]。到目前为止，这一真实的案例始终是 OpenFlow 可行性的重要证明之一。此外，OpenFlow 目前已经被运营商等采用并部署到各种各样的业务场景，其中数据中心网络、广域网和园区网等场景是 OpenFlow 部署的典型场景。

虽然 OpenFlow 并不是部署 SDN 必需的协议，但是在和其他 SDN 南向编程接口（协议）竞争的过程中，OpenFlow 依然占据绝对优势。在当下的学术界中，OpenFlow 是事实上的开放标准。而在工业界中，除了某些巨头依然拒绝采用 OpenFlow 协议，其他厂商的绝大部分 SDN 产品都支持 OpenFlow 协议。短期内，尚未出现一种可以和 OpenFlow 竞争的南向编程接口协议，所以笔者认为，OpenFlow 将在未来成为 SDN 南向编程接口事实上的开源标准，而其他南向编程接口标准将与 OpenFlow 共存。

2.3 广义 SDN 南向编程接口

上文介绍了狭义的 SDN 南向编程接口，为了更好地理解 SDN 南向编程接口，还需要对广义的 SDN 南向编程接口进行介绍，所以本节将以 OF-Config、OVSDB、NETCONF、XMPP、PCEP 和 OpFlex 协议为例介绍广义的 SDN 南向编程接口。

2.3.1 OF–Config

在 OpenFlow 协议的规范中，控制器需要和配置完成的交换机进行通信。而交换机在正常工作之前，需要对其功能、特性及资源进行配置才能正常工作。而这些配置超出了 OpenFlow 协议规范的范围，理应由其他的配置协议来完成。OF-Config（OpenFlow Management and Configuration Protocol）协议[2] 就是一种 OpenFlow 交换机配置协议。OF-Config 由 ONF 于 2012 年 1 月提出，目前已经演化到 1.2 版本。OF-Config 协议与 OpenFlow 及 OpenFlow Switch 之间的关系如图 2-6 所示。

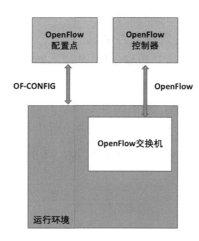

图 2-6　OF-Config 与 OpenFlow 及 OpenFlow Switch 之间的关系图

作为一种交换机配置协议，OF-Config 的主要功能包括进行交换机连接的控制器信息、端口和队列等资源的配置及端口等资源的状态修改等。为满足实际网络运维的要求，OF-Config 支持通过配置点对多个交换机进行配置，也支持多个配置点对同一个交换机进行配置。此外，作为一个配置协议，OF-Config 也要求连接必须是安全可靠的。

为了满足 OpenFlow 版本更新的需求及协议的可拓展要求，OF-Config 采用 XML 来描述其数据结构。此外，在 OF-Config 的初始规范中也规定了采用 NETCONF 协议作为其传输协议。由于 OF-Config 协议没有和数据交换和路由等模块直接相关，所以相比于对实时性要求高的OpenFlow等南向编程接口协议而言，OF-Config 协议对实时性要求并不高。

OF-Config 协议主要分为 Server 和 Client 两部分，其中 Server 运行在 OpenFlow 交换机端，而 Client 运行在 OpenFlow 配置点上。本质上，OpenFlow 配置点就是一个普通的通信节点，其可以是独立的服务器，也可以是部署了控制器的服务器。通过 OpenFlow

配置点上的客户端程序可以实现远程配置交换机的相关特性,比如连接的控制器信息及端口和队列等相关配置。最新的 1.2 版本的 OF-Config 协议支持 OpenFlow1.3 版本的交换机配置,其支持的配置内容如下。

- 配置 datapath(在 OF-Config 协议中称为 OpenFlow 逻辑交换机)连接的控制器信息,支持配置多个控制器信息,实现容灾备份。
- 配置交换机的端口和队列,完成资源的分配。
- 远程改变端口的状态及特性。
- 完成 OpenFlow 交换机与 OpenFlow 控制器之间安全链接的证书配置。
- 发现 OpenFlow 逻辑交换机的能力。
- 配置 VXLAN、NV-GRE 等隧道协议。

OF-Config 采用 XML 来描述其数据结构,其核心数据结构的 UML 图如图 2-7 [2] 所示。其中,OpenFlow 交换机是由 OpenFlow 逻辑交换机类实例化出来的一个实体,用于与 OpenFlow 配置节点通信,并由配置节点对其属性进行配置。OpenFlow 逻辑交换机是指对 OpenFlow 交换机实体的逻辑描述,用于指导物理交换机进行相关动作,也是与 OpenFlow 控制器通信的实体。OpenFlow 逻辑交换机拥有包括端口、队列、流表等资源。

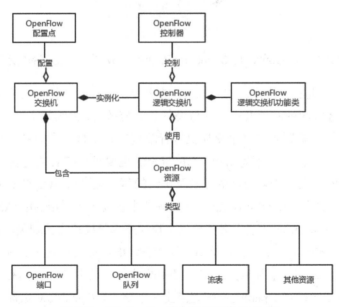

图 2-7　OF-Config 核心数据结构 UML 图

作为 OpenFlow 的伴侣协议，OF-Config 很好地填补了 OpenFlow 协议规范之外的内容。在 OpenFlow 协议的 SDN 框架中，需要如 OF-Config 这样的配置协议来完成交换机的配置工作，包括配置控制器信息等内容。当交换机和控制器建立连接之后，将通过 OpenFlow 协议来传递信息。从面向对象的角度考虑，OpenFlow 协议是控制器指导交换机进行数据转发的协议，其规范的范围理应仅包括指导交换机对数据流进行操作，而不包括对交换机的资源进行配置。所以交换机配置部分的工作应该由 OF-Config 等配置协议来完成。

OF-Config 协议是对 OpenFlow 协议的补充，其设计动机、设计目的和实现方式等都不一样。但值得注意的是，OpenFlow 逻辑交换机的某些属性均可以通过 OpenFlow 协议和 OF-Config 协议来进行配置，所以两个协议也有重叠的功能。OpenFlow 和 OF-Config 的设计动机等的对比见表 2-1。

表 2-1　OpenFlow 与 OF-Config 的差异

	OpenFlow	**OF-Config**
设计动机	通过修改流表项等规则来指导 OpenFlow 交换机对网络数据包进行修改和转发等动作	通过远端的配置点来对多个 OpenFlow 交换机进行配置，简化网络运维工作
传输	通过 TCP、TSL 或者 SSL 来传输 OpenFlow 报文	通过 XML 来描述网络配置数据，并通过 NETCONF 来传输
协议终结点	OpenFlow 控制器(代理或者中间层在交换机看来就是控制器)； OpenFlow 交换机/datapath	OF-Config 配置点； 支持 OpenFlow 的交换机
使用案例	OpenFlow 控制器下发一条流表项指导交换机将从端口 1 进入的数据包丢弃	通过 OF-Config 配置点将某个 OpenFlow 交换机连接到指定的控制器

自 2012 年发布 OF-Config1.0 版之后，为支持 OpenFlow 协议的新版本特性，OF-Config 协议也不断更新协议内容。至 2014 年为止，OF-Config 已更新到 1.2 版本，其支持 OpenFlow1.3 版本协议的新特性，且到目前为止尚无版本更新。

随着 SDN 的发展，OpenFlow 不再是唯一的，也不再是必须的选项。但是无论选择哪一种南向编程接口协议，都需要通过交换机配置协议，所以相比 OpenFlow 而言，OF-Config 似乎更有生命力。因此 OF-Config 在 SDN 发展的很长一段时间内，将拥有稳定的技术市场，这个趋势和 OpenFlow 的发展有很大的关系。

2.3.2　OVSDB

OVSDB（The Open vSwitch Database Management Protocol，OVS 的数据库管理协议）[3]是由 SDN 初创公司 Nicira 开发的专门用于 Open vSwitch（以下简称 OVS）的管理和配置的协议。OVSDB 与 OF-Config 类似，都是 OpenFlow 交换机配置协议，但两者的区别在于：OVSDB 仅用于 OVS 的配置和管理，而 OF-Config 可以用于所有支持 OpenFlow 的软件或者硬件的交换机。

OVSDB 协议的架构也和 OF-Config 类似，同样分为 Server 端和 Client 端，具体如图 2-8 所示。Server 端对应的是 ovsdb-server 进程，而 Client 则运行在远端的配置节点上。配置节点可以是部署控制器的服务器，也可以是其他的任意终端。从图 2-8 中可知，OVS 可以由 ovsdb-server、ovs-vswitchd 和 Forwarding-Path 三个主要模块组成。其中，ovsdb-server 进程负责存储 OVS 相关数据并对接 OVSDB 接口；ovs-vswitchd 进程提供 OpenFlow 接口，用于和控制器相连；Forwarding Path 模块则负责数据转发相关行为。通过 OVSDB 协议可以完成 OVS 实例的配置和管理，其主要支持的动作如下。

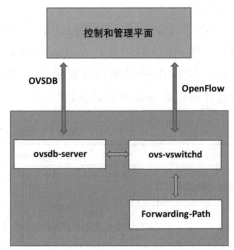

图 2-8　OVS 与 OVSDB、OpenFlow 的关系图

- 创建、修改和删除 datapath，也即网桥。
- 配置 datapath 需要连接的控制器信息，包括主控制器和备份控制器。
- 配置 OVSDB 服务器需要连接的管理端。
- 创建、修改和删除 datapath 上的端口。
- 创建、修改和删除 datapath 上的隧道接口。
- 创建、修改和删除队列。
- 配置 QoS 策略。
- 收集统计信息。

OVSDB 协议采用 JSON 进行数据编码，并通过 RPC 来实现数据库的各种操作。其支持的 RPC 方法及其介绍如下。

- List Databases：获取 OVSDB 能访问的所有数据库。
- Get Schema：获取某个数据库的描述信息。
- Transact：按照顺序执行动作集。
- Cancel：取消指定 ID 的动作，属于 JSON-RPC 消息，无回复报文。
- Monitor：监视指定数据库的动态。
- Update Notification：由服务器发出的更新通知。
- Monitor Cancellation：取消监视。
- Lock Operations：获取某数据库的锁操作。
- Locked Notification：获得锁的通知。
- Stolen Notification：请求从其他锁拥有者处获取数据锁。
- Echo：用于保持通信活性。

通过以上的 RPC 方法就可以实现对 OVS 的配置。为了满足多配置节点协作的要求，OVSDB 设计了 LOCK 等操作，从而保证数据读写的顺序，保证数据一致性。以上的 RPC 方法中最重要的一个动作是 Transact。一般的，Transact 动作会携带一系列的数据库操作指令，从而对数据库的具体数据项进行操作，具体的操作包含如下动作。

- Insert：往表中插入数据。
- Select ：从表中筛选数据项。
- Update：更新表项。
- Mutate：对数据库中的数据进行运算。
- Delete ：删除数据库内容。
- Wait：等待条件成立执行动作。
- Commit：提交数据持久化请求。
- Abort：取消某操作。
- Comment：评价，为操作添加必要说明。
- Assert：断言操作，如管理端不拥有数据修改锁则取消操作。

随着虚拟机及 Docker 等虚拟化技术在数据中心及实验环境中越来越普及，OVS 作为虚拟机和 Docker 与物理网络通信的关键节点越来越重要。面对成千上万需要配置的 OVS，需要自动化的配置方式来提高配置效率。OVSDB 支持通过配置节点对多 OVS 进行配置，可以提高交换机的配置效率。因此专门用于配置 OVS 的配置协议 OVSDB，在未来将得到更多的关注。

2.3.3 NETCONF

NETCONF[4] 是由 IETF（Internet Engineering Task Force）的 NETCONF 小组于 2006 年 12 月提出的基于 XML 的网络配置和管理协议。在 NETCONF 之前提出的 SNMP 的设计目的是实现网络设备的配置，但是由于 SNMP 在网络配置方面能力较差，所以在实际应用中常被用于网络监控而非网络配置。为了弥补 SNMP 的不足，IETF 提出了基于 XML 的 NETCONF 协议，其具有很强的数据描述能力和良好的可拓展性。由于 NETCONF 在网络配置方面的高效，NETCONF 成为了许多网络设备的配置协议，促进了网络设备自动化配置的发展。也正因为它高效的优点，NETCONF 也被 OpenDaylight 等多种 SDN 控制器支持。

NETCONF 支持对网络设备配置信息的写入、修改和删除等操作，其数据采用 XML 格式描述，其操作是通过 RPC（Remote Procedure Call）来实现的，整体报文通过传输层协议进行传输。NETCONF 协议层次图如图 2-9[4] 所示，其中包括如下四个子层。

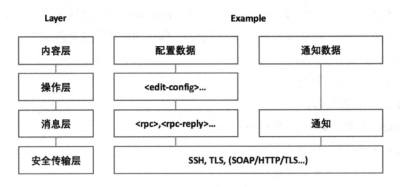

图 2-9　NETCONF 协议层次图

（1）内容层：包含配置数据和通知数据等具体的数据内容。

（2）操作层：定义了 edit-config、get-config、delete-config 和 copy-config 等操作，实现数据库操作。

（3）消息层：提供 RPC 接口，用于实现远程调用和通知。

（4）安全传输层：提供安全、可靠传输的安全传输层。在 NETCONF 标准中并没有规定采用什么样的传输协议，所以可以采用 SSH、TLS 或 SOAP 等其他协议作为传输协议。

作为一个网络配置协议，NETCONF 协议最突出的优点是定义了一系列完整的操作动作。这些动作都可以通过 RPC 来执行，从而完成网络设备配置。除了这些基本的操作以外，还可以通过 NETCONF 的 Capabilities 来拓展新的内容，所以 NETCONF 具有很好的可拓展性，可以满足多种具体需求。具体的操作及其简要描述见表 2-2。

表 2-2　NETCONF操作简介

具 体 操 作	简 要 描 述
\<get>	获取运行态的配置信息和设备的状态信息
\<get-config>	获取部分或全部的配置信息
\<edit-config>	对配置信息进行增加、删除和覆盖等修改操作
\<copy-config>	复制完整的配置数据库到其他的配置数据库
\<delete-config>	删除配置数据
\<lock>	对设备的配置数据库加锁
\<unlock>	释放加锁数据库上的锁
\<close-session>	发起 NETCONF 会话的终止请求
\<kill-session>	强制关闭 NETCONF 的会话通信

NETCONF 虽然是多个 SDN 控制器支持的南向编程接口协议之一，但它无法指导交换机进行数据转发处理，它的定位依然还是网络设备配置协议，与 OF-Config 和 OVSDB 类似。对于传统设备而言，使用 NETCONF 等协议进行配置之后即可开始工作，无须 OpenFlow 等其他协议来控制数据转发逻辑。而对于 SDN 设备，不仅需要 NETCONF 这类配置协议来配置，还需要 OpenFlow 等协议来指导交换机的数据交换等功能。

由于 NETCONF 支持通过远端变成实现设备的编程配置，所以 NETCONF 是一种广义的 SDN 南向编程接口协议。NETCONF 提供的可编程配置能力使得控制器可以实现自动化的设备配置，这满足了 SDN 可编程的特点。但 NETCONF 具有的可编程能力过于简单，只支持设备配置，而不支持软件定义数据转发，所以 NETCONF 属于广义 SDN 的范畴。

在 SDN 的发展过程中，大多数控制器都会支持 NETCONF 协议。究其原因，一方面，NETCONF 协议使得网络设备厂商们在保障产品核心功能依然绑定在硬件的条件下，实现软件定义的配置，从而实现了广义的 SDN。此举回避了直接使用 OpenFlow 交换机的问题，避免网络设备领域重新洗牌。另一方面，对于服务提供商而言，大量的传统设备依然需要管理，部署 SDN 的同时也需要保障已有设备的可用性，所以采用 NETCONF 是两全其美的方案。基于以上两方面的考虑，因为使用 NETCONF 能统一管理和配置 SDN 设备和传统网络设备，所以许多控制器如 OpenDaylight 等都支持 NETCONF 协议。

2.3.4 OpFlex

OpFlex [5] 是思科提出的一个可拓展 SDN 南向编程接口协议，用于控制器和数据平面设备之间交换网络策略。自 SDN 出现之后，其数控分离的设计使得交换机趋向于白盒（White Box）化，严重冲击了传统设备厂商的市场地位。为了应对这一趋势，网络设备厂商领域的领头羊思科推出了 ACI（Application Centric Infrastructure），即以应用为中心的基础设施。ACI 的技术重点在底层的硬件设施，而不在控制平面，但 ACI 支持软件定义数据平面的策略，所以 ACI 也是一种广义的 SDN 实现方式。在 ACI 架构中可以通过集中式的 APIC（Application Policy Infrastructure Controller）来给数据平面设备下发策略，实现面向应用的策略控制。APIC 和数据平面设备之间的南向编程接口协议就是采用了 OpFlex。2014 年 4 月，OpFlex 的第一版草案被提交到了 IETF，开始了标准化进程。在标准化期间得到了微软、IBM、F5 和 Citrix 等企业的支持，并于 2015 年 10 月开始了第三版的标准化草案修改。

OpFlex 可以基于 XML 或者 Json 来实现，并通过 RPC 来实现协议操作。OpFlex 的架构如图 2-10 所示。目前 OpenDaylight（ODL）已经支持 OpFlex 协议，数据平面的交换设备如 OVS 在部署 OpFlex 代理之后也可以支持 OpFlex。在 OpFlex 协议中，协议的服务端是逻辑集中式的 PR（Policy Repository），客户端为分布式的交换设备或四到七层的网络设备，称为 PE（Policy Element）。在 ACI 中，PR 可以部署在 APIC 上，也可以部署在其他网络设备上。PR 用于解析 PE 的策略请求及给 PE 下发策略信息，而 PE 是执行策略的实体，其是软件交换机或者支持 OpFlex 的硬件交换机。

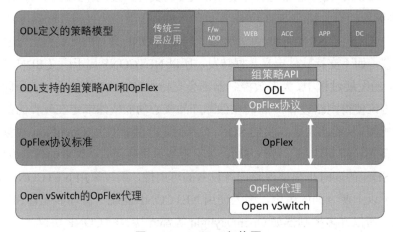

图 2-10　OpFlex 架构图

思科的官方文件中描述到 OpFlex 协议是一种声明式控制（Declarative Control）协议，而 OpenFlow 则是一种命令式的控制（Imperative Control）协议。声明式控制只通知对象要达到一种要求的状态，但是并没有规定其通过指定的方式去达到这个状态。在 ACI 中，APIC 只下发相应的网络策略，而如何实现这一策略，还需要智能的网络设备来具体实现。然而对于 OpenFlow 而言，需要精确地告知交换机具体的动作，才能完成数据的处理。ACI 的这种设计不仅使得 ACI 实现了软件定义的网络框架，也保障了 ACI 依然以底层智能设备为中心，从而既迎合了 SDN 的发展趋势又巧妙地保留了技术壁垒，进而使得思科依然可以在其领先领域来面对 SDN 的冲击。从市场反响上看，OpFlex 的反响还不错，目前 ACI 的市场占有率仅次于采用 OpenFlow 协议的 NSX，位居第二。

本质上，OpFlex 是一种 SDN 南向编程接口协议，但是其具有的可编程能力不强，且采用 OpFlex 实现的 ACI 架构是一种广义的 SDN 架构，其数据平面依然具有非常完善的控制能力，架构的重点依然还是底层的智能设备，所以 OpFlex 协议提供的编程接口只能归类为广义的 SDN 南向编程接口的范畴。但采用 OpFlex 不失为一种明智的选择。由于分布式数据平面设备强大的功能，加上 OpFlex 的策略控制，可以使得用户在采用 SDN 方案时最大程度地兼容现有资产，实现统一的 SDN 管理，同时也实现了平滑的 SDN 网络改造。因此短期之内，由思科主推的 OpFlex 依然是一个具有竞争力的协议，其 ACI 架构依然具有十分强劲的市场竞争力。

2.3.5　XMPP

XMPP（Extensible Messaging and Presence Protocol）[6]是一种以 XML 为基础的开放式即时通讯协议，其因为被 Google Talk 使用而被大众所接触。XMPP 由于其自身具有良好的可拓展性，从而可以被灵活应用到即时通讯、网络设备管理等多种场合。比如，Arista 公司就采用了 XMPP 来管理网络设备。XMPP 也被开源控制器 OpenContrail[7]采用作为南向编程接口协议，从而逐渐被应用到 SDN 领域。

然而，XMPP 和 OpenFlow 协议不同，它并不是专门为 SDN 设计的。正如 Python 和 Java 语言经常被用来开发 SDN 控制器，但是它们和 SDN 并没有必然关系。XMPP 因其良好的可拓展性，被采用到网络管理领域，而随着 SDN 控制器 OpenContrail 将其采用为南向编程接口协议，XMPP 逐渐成为广义 SDN 南向编程接口协议的一种。

采用 XMPP 的优点在于可以统一管理传统设备和 SDN 设备。用户的网络中可能存在大量的传统设备，采用兼容性和拓展性更好的 XMPP 可以统一管理 SDN 网络和现有的网络，从而保护用户的已有资产，这是采用 XMPP 作为南向编程接口协议的最大优势之一。

不过作为一个南向编程接口协议，XMPP 的功能粒度还很粗，没有达到 OpenFlow 的细粒度。所以，XMPP 目前可以作为一个 OpenFlow 的补充协议，或者用于 SDN 和传统网络混合组网的管理。考虑到 XMPP 良好的可拓展性和安全性能等技术因素及 Juniper、Arista 等企业的推动，相信 XMPP 可以发展成为广义 SDN 南向编程接口的标准之一。

由于 XMPP 在 SDN 控制器中支持较少，也并非专门为 SDN 而设计的协议，所以本章不对其进行赘述。

2.3.6　PCEP

PCEP（Path Computation Element Communication Protocol）[8]是由 IETF 提出的路径计算单元通信协议，常为流量工程（Traffic Engineering）提供路径计算服务。PCEP 的设计具有很好的弹性和可拓展性，易于拓展，因此适用于多种网络场景。

在 PCEP 协议架构中，定义了 PCC（Path Computation Client）和 PCE（Path Computation Element），其框架如图 2-11 所示。PCC 和 PCE 的部署位置都很灵活。PCC 可以是一台交换路由设备，也可以和 NMS（Network Manager System）部署在同一台服务器中。同样地，PCE 可部署于专门的服务器中，也可以和 NMS 部署在一台服务器中。PCC 节点用于发起路径计算的请求，以及执行路径计算的结果。PCE 是远端的 PCEP 服务端，用于接收 PCC 的路径请求，然后将计算结果回复给 PCC，从而指导路由器等转发设备进行数据转发行为。在 PCEP 架构中，PCE 和 PCE 也可以相互通信，从而实现水平架构或者层级式多 PCE 系统，提升系统的可用性。虽然 PCEP 没有使得数据平面和控制平面完全分离，但是 PCEP 把路径计算的控制逻辑从转发设备中抽离到远端，实现了部分数据平面和控制平面的分离。通过远端服务器的软件编程，可以指导底层路由或转发设备实现数据的转发和路由，所以 PCEP 是一种广义的 SDN 南向编程接口协议。

PCEP 仅定义了 PCC 和 PCE 的通信标准，如建立连接、发起路径计算请求和回复路径结果等内容。计算路径所需的网络信息的收集需要通过其他的渠道获取。所以 IETF 的 PCEP 工作组又把 OSPF、IS-IS 等标准拓展了一遍，添加了 OSPF 的 PCEP 拓展和 IS-IS 的 PCEP 拓展等多个标准，使得目前的路由协议可以支持收集网络信息，并将信息写入到 TED（Traffic Engineering Database）中。当 PCE 计算路径时，可通过读取 TED 中的网络信息去计算符合要求的最优路径。

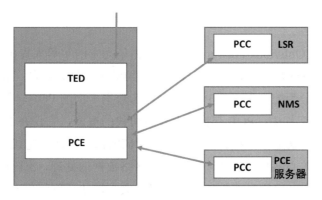

图 2-11　PCEP 架构图

PCEP 支持多种设备，也被多种路由协议支持，因此 PCEP 在 TE 领域得到了广泛的应用。PCEP 协议实现的架构也是一种 SDN，将 OpenFlow 和 PCEP 协议结合使用可以实现 OpenFlow 网络和传统网络的统一管理和调度。PCEP 的 SDN 应用实例可以参考华为和腾讯共同完成的腾讯数据中心互联方案，该方案就采用了 PCEP 协议来部署数据中心的流量工程。但本质上，PCEP 只能用于 TE 场景，其可编程能力还不完善，也并非专门为 SDN 设计的，所以 PCEP 只能算是一种广义的 SDN 协议。

2.4　完全可编程南向编程接口

本节将以华为提出的 POF 框架和 Nick 教授等人提出的 P4 语言为例介绍完全可编程南向编程接口。在 POF 部分将着重介绍其作为一种升级版南向接口协议方面的内容，也可以看作 OpenFlow2.0。而在 P4 部分则强调它作为一种网络编程语言所给 SDN 数据平面带来的更灵活的可编程能力。

2.4.1　POF

本小节将介绍华为提出的 POF 协议，内容包括 POF 的简介、原理、原型与应用场景及发展趋势四部分内容。

简介

POF（Protocol Oblivious Forwarding）[9]是由华为宋浩宇等人提出的 SDN 南向编程接口协议，是一种 SDN 实现方式，中文意思为协议无关转发。与 OpenFlow 相似，在 POF 定义的架构中分为控制平面的 POF 控制器和数据平面的 POF 转发元件（Forwarding Element）。在 POF 架构中，POF 交换机并没有协议的概念，它仅在 POF 控制器的指导下通过 {offset,length} 来定位数据、匹配并执行对应的操作，从而完成数据处理。此举使得交换机可以在不关心网络协议的情况下完成网络数据的处理，使得在支持新协议时无须对交换机进行升级，仅需升级控制平面即可，大大加快了网络创新的进程。

原理

读到这里，读者可能有些疑问：OpenFlow 有什么缺点？为什么会提出 POF？POF 相比 OpenFlow 有什么优点呢？接下来的内容将拨开 POF 的层层迷雾，揭开 POF 的庐山真面目。

OpenFlow1.0 版本协议只有 12 个匹配域，被业界认为无法适应复杂网络应用场景的需求。为了支持多场景的需求，随着 OpenFlow 版本的推进，OpenFlow1.3 版本已经发展到了 40 个匹配域，可支持大部分的协议字段。然而随着技术的发展，还会有更多的协议需要支持，所以这个增长趋势不会停止。不断增多的匹配域，使得 OpenFlow 协议越来越复杂，也使得 OpenFlow 交换机的设计与实现越来越复杂。而不稳定的协议内容让 OpenFlow 无法被广泛支持，因为设备厂家需要不断地开发新的交换机来支持新协议，而且运营商等网络所有者也会担心协议版本不稳定带来的设备不兼容问题。

除此之外，OpenFlow 实现的 SDN 还有两个明显的不足：首先，OpenFlow 依然只能在现有支持的转发逻辑上添加对应流表项来指导数据包的转发，而无法对交换机的转发逻辑进行编程和修改；其次，OpenFlow 基本是无状态的，其无法维护网络状态并主动做出动作。这两个主要的缺陷将会带来如下的不良后果。

（1）目前，OpenFlow 所实现的数据平面和控制平面分离得不够彻底。数据平面的交换机设备依然需要掌握协议的语义等控制信息才能完成数据匹配。当交换机支持的协议增多时，支持特定协议的指令会大规模增长，从而增加了交换机的设计难度。

（2）在当前的交换机中，只能按照固定协议逻辑去处理数据，很难去对数据包进行额外修改或者增加一些辅助信息，也更难支持新协议的运行测试。所以，目前的新协议在交换机不支持的情况下都是通过 Overlay 的形式来实现的，这就必须对数据进行封装和解封装，这种实现方式既增加了数据解析的难度和压力，也带来了过长的报头，降低了数据传输效率。

（3）在给 OpenFlow 添加新协议特性时，需要重写控制器和交换机两端的协议栈。而且在最麻烦的情况下，还需要重新设计交换机的芯片和硬件才能支持新特性。虽然最新版本的 OpenFlow 已经支持 40 多个匹配域，但这些匹配域大多是基于以太网的协议族字段，还存在许多其他网络的协议，以及未来的一些新生协议需要支持。所以，每增加一个新的协议或特性都会带来很大的开发量，增加了支持新协议的成本。而 OpenFlow 不稳定的协议版本，也阻碍了 OpenFlow 的推广。

（4）交换机目前匮乏的描述能力使得转发平面的可编程能力受到很大的限制，最明显的一点就是交换机无法描述有状态的逻辑并主动采取动作。由于 OpenFlow 缺乏足够的能力去维持网络状态，所以 OpenFlow 交换机基本无法自主实现有状态的操作。与状态相关的信息均由控制器维护，交换机只能受控制器指导去执行操作，而无法在满足条件时主动采取动作。这种完全需要控制器来指挥的机制让数据平面过度依赖控制平面，带来了 SDN 在可拓展性和性能上的问题。

针对上面的问题，华为提出了 POF 解决方案。POF 通过 {offset,length} 来定位数据，所有协议相关的内容由控制器来描述，而交换机仅需通过通用的指令集来完成数据操作即可，从而实现了协议无关转发。细心的读者应该发现协议的操作无非就是增加、修改和删除对应的字段/标签，这些操作可以通过通用的指令集来实现，比如 Add Field 就可以添加所有的字段，而具体的字段只有控制器了解，交换机并不掌握这个信息。因此在支持新字段或新协议时，只需在控制器端添加对应的协议处理逻辑即可，交换机无须做任何修改，所以网络设备能轻易地支持新字段或协议，从而大大加速了网络创新的进度。

POF 的设计思想与 PC（Personal Computer，个人电脑）的设计思想类似，所以其架构和 PC 的架构也类似，两者的对比如图 2-12 [9]所示。POF 转发设备无须关心具体的协议语义，只需关心底层的数据操作即可，正如 CPU 并不知道执行的运算是一个语音相关的运算还是图形处理一样，它只知道执行了 "+" 操作。控制器正如 PC 中的操作系统，为上层业务提供丰富的业务接口，调用

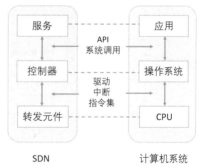

图 2-12　POF 与 PC 架构对比

下层提供的通用指令集，并完成两者的翻译工作。

通过使用通用指令集来实现协议无关转发的设计使得交换机具备完全的可编程能力。控制器可以通过南向编程接口对交换机进行编程，包括协议解析逻辑的编程以及数据流处理规则的编程。另外，使用通用指令集的交换机很自然地就能互联互通[9]。当网络中需要支持新的协议时，仅需通过控制器进行编程就可以实现，这大大缩短了网络创新周期。而对于运营商或者服务提供商而言，在添加新网络服务时不再需要联系厂商，也无须购买新的交换设备。

针对 OpenFlow 无状态的缺陷，POF 设计了相关指令使得 POF 交换机可以维护简单的状态机。在条件满足时，POF 交换机可以主动地创建、修改和删除流表等操作。在主动执行指令之后，交换机需要异步通知控制器发生的改变，从而实现数据的同步。笔者认为支持状态机是 POF 设计的又一个亮点。因为目前 OpenFlow 几乎无法实现与状态相关的操作，而在网络安全等重要领域，维护网络状态是实现网络安全的必要手段。当然，为了实现状态机的维护，必然需要付出一些性能或者成本代价。

原型与应用场景

为了验证 POF 的可行性，华为团队基于 Floodlight 开源控制器开发了 POF 控制器，其架构模块图如图 2-13[9]所示。在数据平面，分别基于华为硬件核心路由器和软件交换机，实现了两个 POF 交换机模型去验证 POF 的可行性，其功能架构如图 2-14[9]所示。

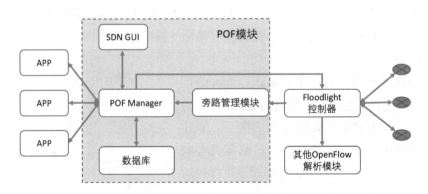

图 2-13　POF 控制器架构模块图

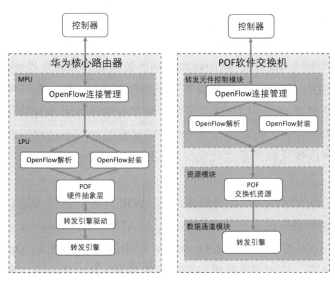

图 2-14 POF 硬件交换机(左)，POF 软件交换机(右)

在 POF 的论文中还介绍了转发性能测试的结果，其可以在 40G 的线卡测试中达到 48Mpps 的速率，虽然丢失了 20%的性能，但是依然支持 80 Bytes 的线速转发。

由于 POF 支持协议无关转发，所以 POF 可以部署在任意的网络中，包括一些非以太网络。此外，POF 的协议无关转发特性使得 POF 可以完美地支持 Named Data Network（NDN）和 Content-Centric Network （CCN） 等未来网络架构。POF 转发设备支持状态机的特性使得转发设备可以实现更多的智能，可在网络安全等领域有所作为。

发展趋势

POF 最大的创新点在于采用了{offset, length}来取代原来 OpenFlow 的协议字段描述，从而实现了协议无关。但 DPI（深度包检测）领域早就采用了{offset, length}来定位协议字段，所以这个思路并非首创。但 POF 将这个思想应用到 SDN 中，实现了对 OpenFlow 抽象能力的拓展。

虽然 POF 可以实现更灵活的数据操作，但相比之下，其控制流程就要复杂得多。而且，为了实现 POF，还需要定义一套通用指令集，实现复杂的指令调度，其难度可想而知。所以， POF 还处于技术探索阶段，还需要不断探索发展。首先，为了实现 POF 的平滑过渡，POF 应满足与 OpenFlow 兼容的需求。目前，OpenFlow 设备已经存在一些，如果能让 POF 成为 OpenFlow 的一种服务，则可以平滑地从 OpenFlow 过渡到 POF。当然，POF 转发设备也需要逐步实现。初期需要尝试在现有的芯片上支持 POF 的指令集，让 POF 的指令集作为一个方法去调用，从而在现有芯片上支持 POF。之后再设计和生产支持 POF 指令集的专用芯片，从而换取更高的数据处理和转发性能。

POF 赋予了 SDN 新的定义，带来具有完全编程能力的 SDN，是一种颠覆式的技术，其发展进程注定是艰难的。一门技术的发展，除了受限于技术本身的技术缺陷以外，更多会受到商业因素的左右。性能不足是 POF 目前面临的一个技术问题，但是性能问题总是可以通过不断地优化和产品迭代来解决，所以阻碍 POF 发展的更多是来自商业方面的影响。

首先，无论是对于网络用户还是设备厂商，POF 是否能够带来足够的商业利益？如果不能，POF 将逐渐消失在历史的长河中，正如 ATM（Asynchronous Transfer Mode）一样。其次，POF 带来的变革甚至比 OpenFlow 带来的变革更彻底。OpenFlow 使得控制平面和转发平面分离，封闭的交换机成为开放的 White Box Switch，降低了交换机市场的准入门槛，已经影响到了当下交换机领域巨头的利益。当新技术对现有商业格局产生冲击时，它必定会受到来自巨头的强大压力，所以很难推广和发展。所以不难想象，OpenFlow 的推广并不顺利，而 POF 面临的难题比 OpenFlow 有过之而无不及，所以同样可以想象，POF 的推广将会遇到多少阻力。

POF 的发展及推广势必会打破现有的行业生态，而目前生态中的既得利益者自然不欢迎这个改变，而提出 POF 的华为在这个生态中也处于领先地位。目前为止，POF 的发展最终会对华为产生怎样的影响还不得而知。目前看来，POF 自从发表论文以来并没有取得很大的进展。不过，从华为美国研究所的研究人员处得知 POF 项目还在继续推进，未来将有新产品推出。

随着技术的发展，POF 技术方面的缺陷将得到解决。随着技术问题的解决、成本的降低，作为网络设备购买方的服务提供商应该会更加倾向于采购可编程能力更强的设备。从长远角度来看，POF 也降低了设备的采购成本和运营成本。目前，POF 已经支持和 P4 的整合，成为了一个更加有前途的解决方案，从而成为真正具有完全可编程能力的 SDN。

2.4.2　P4

面对 OpenFlow 存在的可编程能力不足的问题，除了华为公司提出的 POF 以外，学术界也提出了颠覆性的 P4。本小节将介绍由 Nick McKeown 和 Jennifer Rexford 教授等人提出的 P4(Programming protocol-independent packet processors)[10]，具体内容包括 P4 的"简介""原理"和"发展趋势"。

简介

P4 是由 Pat Bosshart 等人提出来的"协议无关数据包处理编程语言"。P4 语言定义了一系列的语法，也开发出了 P4 的编译器，支持对 P4 转发模型的协议解析过程和转发过程进行编程定义，实现了真正意义上的协议无关可编程网络数据平面。

P4 论文作者列表中有斯坦福大学的 Nick McKeown 教授和普林斯顿大学的 Jennifer Rexford 教授两位网络领域的先驱。Nick 教授是 SDN 的提出者之一，一直引领着 SDN 学术界的发展；而 Jennifer 教授也发表了 4D [11] 等诸多重要的 SDN 相关论文，同时提出了网络编程语言 Frenetic [12]。两位教授也是 P4 组织的主要推动者。此外，Nick 教授的初创公司 Barefoot 已经推出了支持 P4 的商业芯片：Tofino [13]，P4 开始进入工业化推广阶段。本质上，P4 不是 OpenFlow2.0 [14]，虽然 P4 和 OpenFlow 都关注开放网络，但是 P4 所关注的是另外一种网络需求：数据平面的可编程。

原理

与 POF 提出的目的类似，P4 提出的目的也是为了解决 OpenFlow 编程能力不足及其设计本身所存在的可拓展性差的难题。OpenFlow 只能在已经固化的交换机数据处理逻辑之上，通过流表项指导数据流处理，而无法重新定义交换机处理数据的逻辑，从而灵活支持新协议，这是 OpenFlow 所欠缺的编程能力。此外，自 OpenFlow1.0 发布以来，其版本目前已经演进到 1.5 版，支持的匹配域的个数从 1.0 版本的 12 个变为 1.3 版本的 40 个，最后到 1.5 版本的 45 个匹配域，其匹配域数目随着新版本支持特性的更新而不断增加。每增加一个匹配域就需要重新编写控制器和交换机两端的协议栈及交换机的数据包处理逻辑，这无疑增加了交换机设计的难度，也严重影响了 OpenFlow 协议的版本稳定性，影响 OpenFlow 的推广。

为了解决 OpenFlow 编程能力不足的问题，Nick 教授等人提出了 P4 高级编程语言。P4 的优点主要有如下三点。

（1）可灵活定义转发设备数据处理流程，且可以做到转发无中断的重配置。OpenFlow 所拥有的能力仅是在已经固化的交换机数据处理逻辑之上，通过流表项指导数据流处理，而无法重新定义交换机协议解析和数据处理等逻辑，但 P4 编程语言具有对交换机的协议解析流程和数据处理流程进行编程的能力。

（2）转发设备协议无关转发。交换设备无须关注协议语法语义等内容，就可以完成数据处理。由于 P4 可以自定义数据处理逻辑，所以可以通过控制器对转发设备编程实现协议处理逻辑。即可以通过软件来定义交换机支持的协议功能，包括数据包的解析流程、匹配所需的表、需要执行的动作列表等内容。在完成协议处理逻辑定义后，P4 支持下发对应的匹配和动作表项去指导交换机进行数据的处理和转发。

（3）设备无关性。正如采用 C 语言或者 Python 语言写上层应用代码时并不需要关心 CPU 的相关信息一样，使用 P4 语言进行网络编程同样无须关心底层设备的具体信息。P4 的编译器会将通用的 P4 语言处理逻辑编译成设备相关的指令并写入转发设备，从而完成转发设备的配置和编程。

P4 的抽象转发模型如图 2-15 [10] 所示，其中的解析器是可编程协议解析器，可实现自定义的数据解析流程。数据包在完成解析之后需要经过和 OpenFlow 流水线类似的 Match-Action（匹配-动作）流水线，其流水线支持串行和并行两种操作。P4 设计的匹配过程分为入端口流水线和出端口流水线两个分离的数据处理流水线。与 OpenFlow 相比，P4 的设计有如下三个优点：可编程的协议解析模块，而不像 OpenFlow 交换机的固定解析逻辑；支持并行和串行执行 Match-Action 操作，而 OpenFlow 仅支持串行操作；支持协议无关的转发。

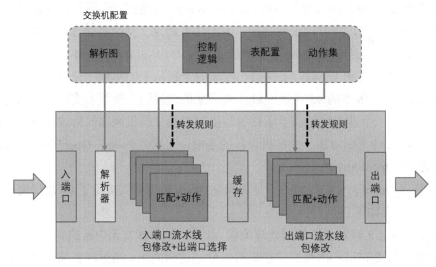

图 2-15　P4 转发设备模型

从 P4 抽象转发模型中可以了解到交换机的工作流程，可以分为数据包解析和数据包转发操作两个子流程。P4 支持定义数据包解析过程和数据转发过程。在定义交换机处理逻辑时，首先需要定义数据包解析器的工作流程，然后再定义数据包转发的控制逻辑。定义解析器时需要定义数据报文格式，以及不同协议之间的跳转关系，从而定义完整的数据包解析流程。完成解析器定义之后，需要定义转发控制逻辑，内容包括用于存储转发规则的匹配表的定义及转发表之间的依赖关系的定义。这些控制逻辑代码通过 P4 的编译器编译成 TDG（Table Dependency Graph），然后写入到交换机中。TDG 用于描述匹配表之间的依赖关系，定义了交换机处理数据的流水线。

图 2-16 就是一个 L2/L3 交换机 TDG 的例子。从图中可以看出，从解析器模块解析出来的数据先经过了虚拟路由标识（Virtual Routing Identification）表，再经过路由表，基于匹配的结果，将数据包跳转到二层交换表或者三层接口表进行处理，最后还要经过接入控制表的处理，从而完成数据包的处理。

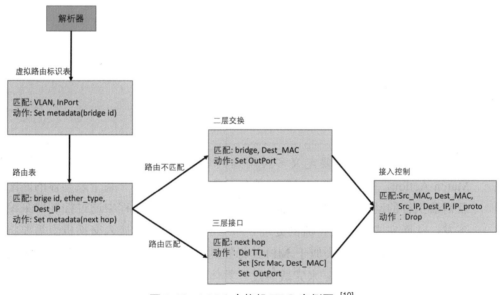

图 2-16　L2/L3 交换机 TDG 实例图 [10]

每一个 P4 程序包含如下 5 个关键组件：Header、Parser、Table、Action 和 Control Programs，其具体介绍如下。

- Header（报头）：数据包的处理都需要根据报头的字段内容来决定其操作。所以，P4 中也需要定义对应的报头，报头本质上就是有序排列的协议字段序列。报头的描述由有序的字段名称和对应的字段长度组成，标准的以太网协议域示例如下。

```
header ethernet {
    fields {
        dst_addr : 48;        // 位数 48bits
        src_addr : 48;
        ethertype : 16;
        }
}
```

- Parser（解析器）：在定义了报头之后，还需要定义报头协议字段之间的关系，以及数据包解析流程。比如 ethernet 的 ethertype=0x0800 时应该跳转到 IPv4 的 Header 进行后续解析，示例代码如下所示。所有的解析均从 start 状态开始，并在 stop 状态或者错误之后结束。解析器将字节流的信息解析为对应的网络协议字段，用于后续的流表项匹配和动作执行。

```
parser start {
    ethernet;
}
parser ethernet {
    switch(ethertype)
    { case 0x8100: vlan;
      case 0x9100: vlan;
      case 0x800: ipv4;
      //其他情况
    }
}
```

- Table（表）：P4 中需要定义多种用途的表来存储匹配表项。其表的格式为 Match-Action，即匹配域和对应的执行动作。P4 语言定义某个表具体的匹配域及需要执行的动作。而具体的流表项需要在网络运行过程中通过控制器来编程下发，从而完成对应数据流的处理。举个例子，比如在接入交换机上需要将对应 VLAN 的数据添加类似于 MPLS 标签的自定义标签 mtag，从而使数据在交换网络中通过匹配 mtag 来完成转发。具体示例如下，其中，reads 的作用是读取匹配域的值，匹配类型为精确匹配；actions 为匹配成功之后执行的动作，此处为添加 mTag 标签；而 max_size 则描述匹配表的最大表项容量。

```
table mTag_table {
    reads {
        ethernet.dst_addr : exact;
        vlan.vid : exact;
```

```
        }
   actions {

          add_mTag;
   }
   max_size : 20000;
}
```

- Action（动作）：与 OpenFlow 的动作类似，不过 P4 的动作是抽象程度更高的协议无关动作。P4 定义了一套协议无关的原始指令集，基于这个指令集可以实现复杂的协议操作。P4 支持的原始指令集包括 set_field、add_header 和 checksum 等为数不多的指令。复杂的动作将通过这些原始指令集组合去实现，调用这些指令时所需的参数可以是数据包匹配过程中产生的 metadata。添加 mTag 的动作示例如下。

```
action add_mTag(up1, up2, down1, down2, egr_spec) {
   add_header(mTag);              // 复制 VLAN 的以太类型到 mTag
          copy_field(mTag.ethertype, vlan.ethertype);       // 设置 VLAN 的以太类型
   set_field(mTag.up1, up1);
   set_field(mTag.up2, up2);
   set_field(mTag.down1, down1);
   set_field(mTag.down2, down2);

   //设置目的出端口
   set_field(metadata.egress_spec, egr_spec);
}
```

- Control Program（控制程序）：控制程序决定了数据包处理的流程，即数据包在不同匹配表中的跳转关系。当表和动作被定义和实现之后，还需要控制程序来确定不同表之间的控制流。P4 的控制流包括用于数据处理的表，判决条件及条件成立时所需采取的操作等组件。以 mTag 的处理为例，其过程如图 2-17[10]所示。

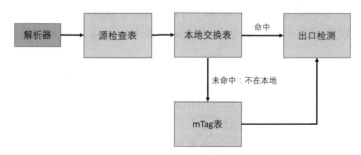

图 2-17　mTag 处理流程图

以上是关于 P4 语言程序五个必要的关键组件介绍。

完成一个 P4 语言程序之后，需要通过 P4 的编译器将程序编译并写入到交换机中，其主要分为数据解析逻辑的编译写入和控制流程的编译写入。数据解析部分用于将网络字节流解析为对应的协议报文，并将报文送到接下来的控制流程中进行匹配和处理。控制流程的编译和写入主要分为两步：第一步需要将 P4 的程序编译，然后生成设备无关的 TDG（Table Dependency Graph）；第二步根据特定的底层转发设备的资源和能力，将 TDG 映射到转发设备的资源上。

目前，P4 支持在多种转发设备上使用，包括软件交换机、拥有 RAM 和 TCAM 存储设备的硬件交换机、支持并行表的交换机，也支持在流水线最后才执行动作的交换机及拥有少量表资源的交换机。

发展趋势

OpenFlow 协议的设计使得 OpenFlow 无法对转发设备的数据解析和处理流程进行编程，缺乏足够的编程能力。此外，由于 OpenFlow 的匹配项均是协议相关的，使得每增加一个匹配域均需要对协议栈及交换机处理流程进行重新开发。重新开发交换机的周期过长，阻碍了网络创新的进程。此外，这样的设计也导致 OpenFlow 协议版本难以稳定，推广难度大。服务提供商在建设网络基础设施时，需要考虑支持 OpenFlow 的版本，也要考虑设备对 OpenFlow 新版本的兼容和升级等问题，这些问题是阻碍 OpenFlow 大规模商用的主要原因之一。针对 OpenFlow 的缺陷，P4 很好地解决了这些难题。

P4 语言支持对交换机转发处理逻辑进行编程定义，从而使得在支持新协议时无须购买新设备，只需通过控制器编程更新交换机的处理逻辑即可。这种创新解决了 OpenFlow 编程能力不足、版本不稳定的问题。此外，由于 P4 可以编程定义交换机处理逻辑，从而使得交换机可以支持任意协议的转发，进而使得底层交换机更加通用化，适用范围更广，更容易降低设备采购成本。而且作为一门编程语言，P4 支持设备无关特性，使得 P4 可以应用在不同厂家生产的转发设备上，消除了服务提供商被网络设备厂家绑定的顾虑。

自 P4 诞生以来，得到了业界的关注和认可，目前正处于快速发展的过程中。作为一门数据平面编程语言，其大大简化了网络编程的难度，同时也改善了目前 OpenFlow 可编程能力不足的问题。目前，P4 组织已经有了非常多的成员，其中包括 AT&T、思科、华为、Intel、腾讯和微软等企业，以及斯坦福大学、普林斯顿大学、康奈尔大学和北京邮电大学等多家学术机构。此外，在 P4 发展的过程中，已经被多种转发设备支持，比如应用最广泛的软件交换机 Open vSwitch 及华为的 POF 交换机。转发设备的支持是 P4 继续发展的强大保障，也是 P4 商业发展的前提。2016 年，Nick McKeown 教授的创业公司 Barefoot 计划推出了基于 P4 语言的芯片：Tofino[13]。这预示着 P4 将给网络行业带来一场声势浩大的变革。

P4 的设计和华为提出的 POF 十分相似，只不过侧重点和实现方式不同。POF 通过 {offset,length} 来确定待匹配数据，强调协议无关，而 P4 不仅有底层高度抽象的协议无关指令集，更侧重于网络数据平面编程语言的建模。同样作为开创式的技术，由美国 Nick 教授等业界先驱提出的 P4 明显要比由华为提出的 POF 受到了更多的关注，业界对 P4 的认同也比 POF 要高，这是一个很有趣的现象。

P4 和 POF 的相同之处在于：作为完全可编程的 SDN 南向编程接口，数据平面设备的支持是两者要面临的大问题，也是急需解决的技术难题。而商业因素方面，两者皆会打破目前的网络界的生态平衡。选择赶上这个技术发展的浪潮，还是固守已有的行业市场，是网络厂商面临的艰难选择。完全可编程 SDN 南向编程接口的出现，将加快网络从硬件转向软件的速度，从而使得依靠硬件技术壁垒占据市场有利地位的传统巨头优势锐减。虽然巨头的决策将很大程度上影响这些创新技术的发展，但是技术必然朝着更好的方向发展，无论是 P4 还是 POF 都会给网络带来更强大的可编程能力，正如 SDN 的出现一样，是必然的发展趋势，是不可阻挡的。

2.5　SDN 南向编程接口标准之战

俗语有云：一流企业做标准，二流企业做服务，三流企业做产品。且不讨论这句话是否十分准确，但是，标准在行业中的地位是毋庸置疑的。当某种标准成为实际意义上的标准之后，其他采用这个标准生产设备的厂家就需要向专利拥有者缴纳专利授权费等高昂的费用。无线领域的高通公司就是典型的例子，许多手机厂商在生产手机时都采用了高通的技术，所以不得不向高通缴纳高额的专利使用费。即使无须缴纳专利使用费，行业的发展也将深受标准拥有者的控制，所以可以通过各种竞争手段来获得更多的利益。所以，标准对于一个行业而言是极为重要的。在 SDN 发展的道路上，标准之战早已打响，尤其是南向编程接口的标准之战已经处于白热化阶段。哪个接口标准将成为最后的行业标准，将在很大程度上影响到网络产业的布局。

OpenFlow 作为第一个 SDN 南向编程接口协议，也是目前最流行的 SDN 南向编程接口标准之一。自 OpenFlow 从斯坦福的白皮书中走出来之后，便成为了 ONF 的宠儿，从而走上了标准化的道路。目前，OpenFlow 版本依然在持续更新，已经有 1.0 和 1.3 两个稳定版本得到业界厂商的支持。OpenFlow 是一个开放的南向编程接口协议，采用 OpenFlow 协议的交换机无须向任何组织缴纳专利使用费。这也是 ONF 的初衷：实现开放的网络，推动网络创新的进程。

许多读者在早期学习 SDN 时就会接触到 OpenFlow，也许会错误地认为 OpenFlow 就是 SDN，但 OpenFlow 只是实现 SDN 架构的一种方式，SDN 还有许多种采用其他协议实现的形式。所以，SDN 不等于 OpenFlow，而是包含 OpenFlow。

在 SDN 产品的市场占有率调查中，采用 OpenFlow 的 NSX 独占鳌头，而紧跟其后的是思科的 ACI，其采用的南向编程接口协议是 OpFlex。然而，与其称之为南向编程接口标准的竞争，不如称之为两种 SDN 架构之间的竞争。如果思科的 ACI 能够在数据中心 SDN 解决方案市场中长时间占据有利地位，那么 OpFlex 不失为一种有竞争力的南向编程接口协议。但目前为止，OpenFlow 依然是 SDN 领域使用最广泛，也最受认可的南向编程接口协议。

NETCONF、OF-Config 和 OVSDB 等南向编程接口协议均不会对 OpenFlow 形成竞争，而是成为 OpenFlow 的补充。OpenFlow 协议并不包括交换机的配置，而这些正是用于配置交换机的协议。一个交换机往往会支持多种配置协议，所以这些配置协议一般会同时得到转发设备的支持。不过，这些协议适用的范围也存在差异。NETCONF 在传统交换机和 OpenFlow 交换机中都可以被支持，可以作为统一的配置协议；OF-Config 作为 OpenFlow 的补充协议，可以配置支持 OpenFlow 的物理交换机和软件交换机；而 OVSDB 可以用于 OVS 的配置。配置协议弥补了 OpenFlow 等狭义 SDN 南向编程接口规范之外的内容，是不可或缺的。

放眼未来，POF 和 P4 将成为 SDN 下一阶段"完全可编程网络"领域里面的有力竞争者。POF 的协议无关转发和有状态处理逻辑将成为下一阶段 SDN 研究的主要方向之一。如果 POF 能在性能和性价比上做得更好，那么将是一种非常具有竞争力的 SDN 南向编程接口和框架。

P4 的协议无关转发和网络数据平面编程能力将带来具有更好可编程能力的 SDN 框架，所以 P4 在网络可编程能力方面将比 OpenFlow 更具有竞争优势。此外，P4 作为一门网络编程语言，简化了网络编程的难度。而且，P4 和 OpenFlow 的提出者和推广者均为 Nick 教授等学术界先驱，支持 P4 的芯片也将于年底推出，由此可以相信 P4 会带来一场更加深刻的网络变革。

随着 SDN 的发展，SDN 南向编程接口的标准之战将会愈演愈烈。以主张通用 SDN 数据平面的 OpenFlow 和厂家私有协议之间必然会产生激烈的市场竞争，而更超前的 POF 和 P4 可能会成为未来的赢家。最终市场会形成稳定的 7/2/1 模型。而占 7 成份额的南向编程接口标准也许是 OpenFlow，也许是尚未出现的新技术，让我们拭目以待。

2.6　本章小结

本章首先介绍了 SDN 的概念，然后按照南向编程接口的特性，将现有南向编程接口进行了详细的分类，并选取其中的典型来进行介绍，其内容包括狭义 SDN 南向编程接口、广义 SDN 南向编程接口和完全可编程南向编程接口。本章的最后部分还对 SDN 南向编程接口的发展现状进行了分析，介绍了 SDN 南向编程接口标准之战等内容。希望本章内容能够帮助读者梳理 SDN 南向编程接口的内容，从而对 SDN 南向编程接口有清晰的认识。

参考资料

[1] Jain S, Kumar A, Mandal S, et al. B4: Experience with a globally-deployed software defined WAN[C]//ACM SIGCOMM Computer Communication Review. 2013.

[2] OF-Config 1.2:OpenFlow Management and Configuration Protocol Open Networking Foundation, https://www.opennetworking.org/images/stories/downloads/sdn-resources/onf-specifications/openflow-config/of-config-1.2.pdf.

[3] Pfaff B, Davie B. The Open vSwitch Database Management Protocol[J]. 2013.

[4] Enns R, Bjorklund M, Schoenwaelder J. NETCONF configuration protocol[J]. Network, 2011.

[5] Smith M, Dvorkin M, Laribi Y, et al. OpFlex control protocol[J]. IETF, 2014.

[6] Saint-Andre P. Extensible messaging and presence protocol (XMPP): Core[J]. 2011.

[7] OpenContrial project, http://www.opencontrail.org/.

[8] Vasseur J P, Le Roux J L. Path computation element (PCE) communication protocol (PCEP)[J]. 2009.

[9] Song H. Protocol-oblivious forwarding: Unleash the power of SDN through a future-proof forwarding plane[C]//Proceedings of the second ACM SIGCOMM workshop on Hot topics in software defined networking. 2013.

[10] Bosshart P, Daly D, Gibb G, et al. P4: Programming protocol-independent packet processors[J]. ACM SIGCOMM Computer Communication Review, 2014.

[11] Greenberg A, Hjalmtysson G, Maltz D A, et al. A clean slate 4D approach to network control and management[J]. ACM SIGCOMM Computer Communication Review, 2005.

[12] Foster N, Harrison R, Freedman M J, et al. Frenetic: A network programming language[C]//ACM SIGPLAN Notices. 2011.

[13] Barefoot Networks' New Chips Will Transform the Tech Industry, http:// www. wired.com/2016/06/barefoot-networks-new-chips-will-transform-tech-industry/.

[14] Clarifying the differences of P4 and OpenFlow, http://p4.org/p4/clarifying-the-differences-between-p4-and-openflow/.

第 **3** 章

SDN 控制平面

前面章节已经介绍了 SDN 的历史起源及南向协议，相信读者已经对 SDN 有了基本的了解。本章将介绍 SDN 的控制平面，内容包括 SDN 控制平面简介、SDN 开源控制器简介、如何选择合适的 SDN 控制器及 SDN 控制平面的发展趋势。在 3.2 节"SDN 开源控制器"中，将以目前主流的开源控制器为代表，介绍控制器的架构和安装入门等内容，希望让 SDN 初学者对 SDN 开源控制器有初步的了解。面对如此众多的控制器，如何去评价和选择合适的控制器，是学习研究和部署 SDN 的第一步。所以，本章将介绍如何去评价控制器并帮助读者选择合适的控制器。最后，3.4 节"SDN 控制平面发展趋势"将介绍 SDN 控制平面的历史、发展现状及对未来发展趋势的预测。希望通过本章内容的学习，让读者对 SDN 控制平面有相对全面的认识。

3.1 SDN 控制平面简介

SDN 是一种控制平面与数据平面分离的集中式控制网络架构[1]，其网络架构 1.1 版本如图 3-1 所示。SDN 的控制平面是 SDN 的大脑，指挥数据平面的转发等网络行为。控制平面提供了网络可编程能力，使得开发者可以在控制平面上开发网络应用，并直接部署到数据平面，指导数据平面的数据交换等业务。在传统网络中，由于网络是分布式的，所以在增加新业务时需要逐个节点配置部署，其业务部署周期十分漫长。而 SDN 的集中控制，使得编程自动化部署成为可能，从而缩短了网络业务部署的周期，加快了网络业务的多样化和个性化。

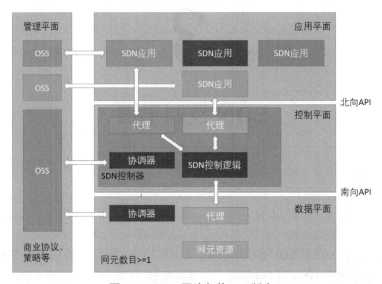

图 3-1　SDN 网络架构 1.1 版本

控制平面可根据功能逻辑划分为南向接口层、控制核心层、北向接口层和应用层。其中南向接口层是关于南向协议的相关实现；控制核心层是控制器的核心，主要提供网络资源的管理、事件系统等服务；北向接口层包含了面向应用的编程接口，主要为上层应用提供 SDN 编程接口服务；而应用层是网络应用服务的相关实现。

控制器的发展速度非常迅速，在控制平面的发展过程中，已经出现了多个控制器。在 SDN 控制平面的各个时期都出现了一些典型的控制器，比如 SDN 发展初期时出现的 NOX 和 POX[2]，后来出现的性能更好、体验更好的 OpenFlow 控制器 Ryu[3]和 Floodlight[4]，以及现在正流行的网络操作系统级别的控制平台 OpenDaylight[5]和 ONOS[6]。随着 SDN 网络规模的逐渐增大，对控制器的要求也越来越高，所以控制器也从单实例发展成多控制器集群。此外，面向更大网络要求的分级分域控制平面也会逐渐面世，目前已经有多篇论文提出了相关的方案。

3.2 SDN 开源控制器

SDN 控制器是 SDN 网络的重要组成部分，是 SDN 的大脑。SDN 控制器的性能，将直接影响网络的性能，所以推动控制器平面的发展将大大促进 SDN 的发展。自 SDN 发展以来，许多组织推出了不同特色的控制器，比如适合科研应用的 POX/NOX、RYU 和 Floodlight 及适合工程实践使用的 OpenDaylight 和 ONOS。如何选择一个合适的控制器取决于使用 SDN 的目的，比如科研工作者建议使用 Ryu、Floodlight 等控制器，而较大型的 OpenDaylight 和 ONOS 则更适合工程部署。为了让读者进一步了解开源控制器，本节将选取 NOX/POX、Ryu、Floodlight、OpenDaylight 和 ONOS 等典型的开源控制器进行介绍。

3.2.1 NOX/POX

本小节将介绍世界上第一个 SDN 控制器 NOX 及其兄弟版本 POX，具体包括 NOX / POX 的发展历程、架构与特性等内容。发展历程部分将介绍 NOX/POX 的诞生及当下 NOX/POX 在 SDN 控制器竞争中的处境；架构与特性部分将简要介绍 NOX/POX 的系统架构；最后入门与资源部分将介绍如何下载和安装 POX。

发展历程

NOX[7]是 SDN 发展史上的第一个控制器。NOX 由初创公司 Nicira 开发，并于 2008 年开源发布，它的开发者包括 Nick McKeown、Martin Casado 等 SDN 提出者。发布 NOX 的 SDN 初创公司 Nicira 于 2012 年被 VMware 以 12.6 亿美元收购，这个收购事件是 SDN 发展史上的重要里程碑。作为世界上第一个 SDN 控制器，NOX 在 SDN 发展初期得到了广泛的使用。但由于 NOX 使用的开发语言为 C++，对开发人员的要求较高，所以开发成本较高。为了解决这一问题，Nicira 公司推出了 NOX 的兄弟版本控制器 POX。POX 基于 Python 语言开发，代码相对简单，适合初学者使用，所以 POX 很快就成为了 SDN 发展初期最受欢迎的控制器之一。后来，由于 POX 本身的性能问题，被之后出现的性能更好、代码质量更高的 Ryu 和 Floodlight 挤下了历史舞台，逐渐被边缘化。随着时间的推移，NOX/POX 的社区活跃度逐渐下降，基本成为过去式。目前看来，NOX/POX 已经成为 SDN 控制器发展史上的一座里程碑，一去不返。

架构与特性

NOX 的底层使用 C++编写，支持 OpenFlow1.0 协议，提供 C++版本的 OpenFlow1.0 的 API，具有高性能的异步网络 I/O。NOX 架构图 [8]如图 3-2 所示，其架构可大致分为核心层和外围组件两部分，其中核心层包括事件分发、异步 I/O、文件 I/O 和 OpenFlow 接口等模块。OpenFlow 接口模块向上层提供了支持 OpenFlow 的接口，以便开发者使用。

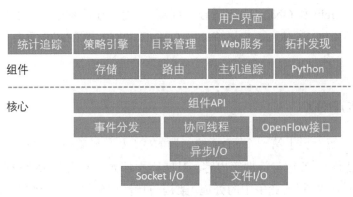

图 3-2　NOX 架构图

开发者利用 NOX/POX 核心层提供的 API 可以开发和注册不同业务逻辑的组件。组件内部的网络业务逻辑基于 OpenFlow 的 API 进行开发。目前，NOX/POX 已经能够提供存储、路由、主机追踪及拓扑发现等组件供用户学习和使用。

由于采用 C++开发难度太高，会影响了网络业务开发的效率，所以 Nicira 公司于 2011 年推出了 NOX 的增强版 POX。POX 使用 Python 语言编写，是一款绿色的软件，无须安装，下载即可使用。由于 Python 语言支持多平台，所以 POX 支持在 Linux、Mac OS 和 Windows 等系统使用。

在功能方面，POX 的核心部分和 NOX 的核心部分一致。此外，POX 还提供了基于 Python 语言的 OpenFlow API 及如 Topology Discovery 等可复用的基础模块。POX 也可以使用 NOX 的 GUI 和虚拟化工具。性能方面，POX 要优于 NOX，尤其是在使用 PyPy 运行的情况下。

学习 SDN 控制器，需要了解其代码结构及其组件的功能。为了方便读者了解 POX 的详情，笔者将部分 POX 组件的简要介绍进行了列举，详情见表 3-1。

表 3-1 POX组件功能表

组 件 名 称	功 能 介 绍
datapath.switch	定义了软件的 OpenFlow 交换机相关的数据结构
forwarding.l2_learning	简单的二层交换应用
forwarding.l2_multi	基于网络拓扑信息的最短路径二层交换应用
forwarding.l3_learning	三层交换，增加了 ARP 处理逻辑
host_tracker.host_tracker	主机位置与配置追踪
info.*	信息显示的相关组件
lib.graph.*	使用 Networkx 定义的图相关存储内容
lib.packet.*	定义了网络报文的解封装和处理逻辑
lib.revent	事件系统的定义
log	日志相关
messenger.*	定义了与外部进程通信的消息系统
openflow.libopenflow_01	OpenFlow1.0 库类的定义
openflow.spanning_tree	生成树策略
openflow.discovery	拓扑发现模块
openflow.topology	连接 OpenFlow 和 Topology
topology	拓扑模块
web.webcore	Web 服务模块
pox.core	POX 的核心模块

POX 控制器最大的特点是简单和绿色，代码结构十分简单，初学者很容易上手，且无须安装即可使用。初学者学习 POX 并不需要完全学习所有的代码，只需要阅读 Forwarding 目录下的简单例子便可学会使用它的 API。由于 Python 语言简单高效，所以 POX 应用的开发效率很高，适合用于快速开发和功能验证的科研场景。当然，POX 也有缺点。POX 代码简单，所以缺少的模块也比较多，功能不够全面。另一方面，相比 Ryu 的封装性，POX 代码稍显凌乱，代码结构不够优秀，可拓展性不足。由于 POX 性能上的不足，所以在 SDN 发展的道路上，逐渐被边缘化，在 SDN 控制器的竞争中逐渐处于下风。

入门与资源

POX 代码可在 GitHub 上下载，下载网址为 https://github.com/noxrepo/pox。同理，NOX 同样也可以在对应的网址下载，下载网址为 https://github.com/noxrepo/nox。由于 NOX 已经太过久远，安装也十分复杂，目前基本已经没有人在使用了，所以此处仅介绍 POX 的安装与入门。

下载源码

```
$ git clone https://github.com/noxrepo/pox.git
```

运行 POX

```
$ cd pox
$ ./pox.py forwarding.l2_learning py
```

进入 pox 目录之后，运行 pox.py，则可以启动 POX 控制器。在启动时也可以继续启动其他应用组件，比如上面例子的命令就启动了转发目录下的二层学习应用，其启动界面如图 3-3 所示。"py"参数表示打开命令行模式，允许用户输入命令来实现一些基本的操作。若不指定监听端口，POX 将会默认监听 6633 端口。其他更多的启动参数，可以通过"-help"来查看，比如"-verbose"可查看详细的调试信息。进入命令行模式之后，可输入命令来实现下发流表等操作。

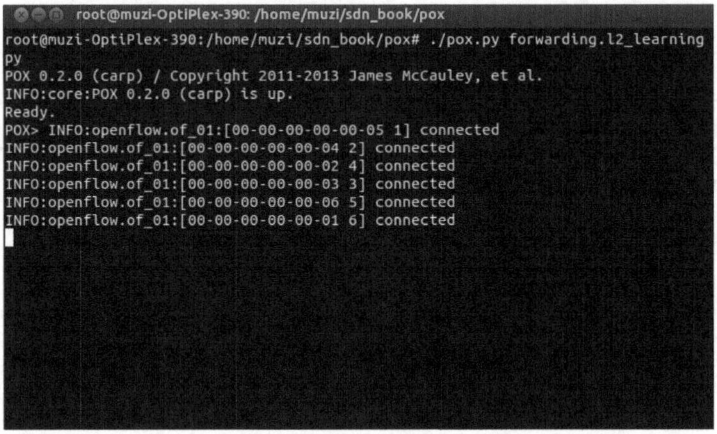

图 3-3　POX 启动界面图

为了方便使用者讨论学习，POX 控制器的开发组织也维护了一个官方网站和开发者邮件列表供学习者使用。NOX/POX 的官网为 http://www.noxrepo.org/，邮件列表为 pox-dev@lists.noxrepo.org。

此外，POX 的开发者还创建了一个 POX 的 Wiki 页面，其内容包含了 POX 的详细介绍及常见的使用方法，链接为 https://openflow.stanford.edu/display/ONL/POX+Wiki，此 Wiki 是学习 POX 最好的材料之一。读者也可以通过谷歌查找更多有针对性的解决方案，这些资源大多来自个人博客及某些 SDN 的门户网站，如 SDN 的中文门户网站 SDNLAB。

3.2.2　Ryu

面对 NOX 和 POX 的不足，公司都纷纷展开 SDN 控制器的研发，NTT 公司就推出了 SDN 控制器 Ryu。本小节将介绍 Ryu 的发展历程、架构与特性，以及入门与资源。在发展历程部分，将介绍 Ryu 的诞生背景和发展过程；在架构与特性部分将介绍 Ryu 的整体架构及其丰富特性；最后入门与资源部分将讲述 Ryu 控制器的初级使用，并介绍邮件列表、社区和 Ryu_book 等学习资源。

发展历程

Ryu 是由日本 NTT 公司在 2012 年推出的开源 SDN 控制器，其名字在日文中的意思是"Flow"和"Dragon（龙）"的意思，Flow 与 OpenFlow 相对应，而"龙"的含义则是一种美好的希望，所以 Ryu 的标志是一条绿色的龙。Ryu 基于 Python 语言开发，代码风格优美，模块清晰，可拓展性很强。此外，Ryu 使用了 OpenStack 的 Oslo 库，整体代码风格迎合 OpenStack，并开发了 OpenStack 的 plugin，所以 Ryu 可以和 OpenStack 整合部署。

作为一个开源控制器，Ryu 的开源社区目前依然活跃，版本迭代也十分迅速，是一个充满活力的 SDN 控制框架。自推出以来，Ryu 不断迭代新版本，目前已经迭代到 4.7+版本。作为一个简单易用的轻量级 SDN 控制器，Ryu 得到了 SDN 初学者的青睐，成为目前主流的控制器之一。此外，Ryu 也得到了一些交换机厂商的认可，比如被 Pica8 采用作为交换机内嵌的默认控制器。在校园网等小型的网络中，Ryu 也有一些部署案例。

架构与特性

Ryu 代码模块化风格明显，其整体架构与其他 SDN 控制器类似，大致可以分为控制层和应用层，其架构[9]如图 3-4 所示。控制层主要包含协议解析、事件系统、基本的网络报文库类和内建应用等模块，而应用层则是基于控制层提供的 API 编写的网络应用，以及支持 Ryu 和其他系统协同工作的组件和模块。Ryu 通过南向接口与数据平面的设备进行通信，通过北向接口完成应用层和控制层的通信。面向北向，Ryu 提供了 REST API 和 RPC 等接口，允许外界的进程与 Ryu 进行通信。因此实验人员可以在 OpenStack 或者其他程序上与 Ryu 通信，进而控制 SDN 网络。

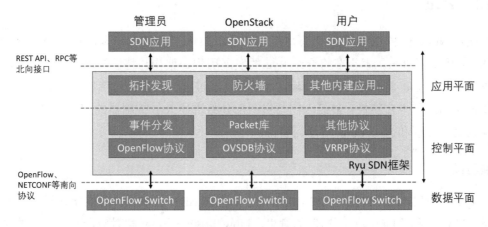

图 3-4　Ryu 架构图

Ryu 是一个特性丰富的 SDN 控制器。南向协议方面，不仅支持从 1.0 到 1.5 版本 OpenFlow 协议的特性及 Nicira 公司的拓展，还支持如 OF-Config、OVSDB、VRRP 和 NET-CONF 等其他南向协议。北向方面，Ryu 可以作为 OpenStack 的插件，也支持和开源入侵检测系统 Snort [10]协同合作。此外，Ryu 也支持使用 Zookeeper 来实现高可用性（High Availability）的目标。在内建应用方面，Ryu 源码中已经包含了许多基础的应用，比如简单的二层交换、路由、最短路径和简单的防火墙。

Ryu 代码风格优美，模块之间逻辑清晰，是初学者的最佳选择。为帮助读者进一步了解 Ryu 的内部模块，笔者整理了部分重要的 Ryu 组件及其功能，详情见表 3-2。

表 3-2　Ryu 组件功能表

组 件 名 称	功 能 介 绍
base.app_manager	Ryu 的组件（模块）调度中心
cmd.*	Ryu 的命令解析相关模块
controller.controller	定义了 OpenFlowController 类，描述了控制器的行为，包括连接管理等行为
controller.ofp_event	完成了 OpenFlow 报文到事件的转换，定义了 OpenFlow 的事件类型
controller.ofp_handler	OpenFlow 报文处理的基础模块，包括握手等报文处理
lib.*	报文相关的定义，包括 TCP/IP 等报文的定义及其他的协议报文定义
ofproto.ofproto_vx_x	定义了 OpenFlow 协议不同版本的静态参数及报文封装的格式
ofproto.ofproto_vx_x_parser	定义了 OpenFlow 报文的类及其解析函数和报文的序列化函数等内容
topology.*	定义了拓扑相关的事件和数据结构，向外提供对应的 API
app.gui_topology.gui_topology	拓扑实现的 GUI 模块
app.rest	定义了基础的 REST API 接口
app.ofp_rest	定义了 OpenFlow 相关的 REST API
app.simple_swicth	简单的二层交换应用

从上表中可以看出 Ryu 已经提供了丰富的组件。基于当前的组件，Ryu 已经可以实现许多基础的网络应用。此外，app 目录下的示例应用也是初学者学习的优秀范例，为在 Ryu 控制器上开发 SDN 应用程序提供了指导。目前，Ryu 提供的基础组件可为复杂业务逻辑的上层应用提供数据支撑，如 topology 目录下的 switch 模块/组件可以提供网络的拓扑等信息，为网络感知、负载均衡等应用提供数据支撑。

入门与资源

Ryu 的安装方式有多种，可以通过 Pip 安装或通过编译源码安装。通过 Pip 安装非常简单，仅需在终端输入 pip install ryu 命令即可完成。若选择源码安装，则需从官方 Github：https://github.com/osrg/ryu 上下载源码，然后按照以下步骤进行安装。采用源码安装时，请先更新 apt，安装 git、pip 等常用的软件，并将其更新到最新版本，然后再安装相关依赖，以确保依赖包的版本满足要求。如果所需软件已是最新版本，可跳过此步骤。Ryu 的安装过程比较麻烦，需要读者查看安装信息进行逐步安装。

预安装

```
$ sudo apt-get update
$ sudo apt-get install git
```

```
$ sudo apt-get install python-pip
$ sudo pip install --upgrade pip six
```

下载源码

```
$ git clone https://github.com/osrg/ryu.git
```

安装 Ryu

```
$ cd ryu
$ sudo pip install -r tools/pip-requires
$ sudo python setup.py install
```

为了安装 Ryu，还需要安装 python-eventlet、python-routes、python-webob 和 python-paramiko 等依赖包，可以通过 pip install 命令将写在 tools/pip-requires 里面的依赖安装，也可以使用如下命令逐个安装。同理，测试所需依赖写在了 test-requires 文件，可以通过 pip install -r tools/test-requires 来安装。

```
$ sudo apt-get install python-eventlet python-routes python-webob python-paramiko
```

如果安装过程中遇到如下的常见问题，可通过以下命令来安装所需的依赖库，然后再重新安装并运行 Ryu。

（1）setuptools 模块未安装。

```
$ curl https://bitbucket.org/pypa/setuptools/raw/bootstrap/ez_setup.py | python
```

（2）如果出现 The 'webob>=1.2' distribution was not found and is required by ryu 错误，则做如下操作。

```
$ sudo easy_install webob==1.2.3
```

（3）如果出现 The 'routes' distribution was not found and is required by ryu 错误，则做如下操作。

```
$ sudo easy_install routes
```

（4）如果出现 The 'oslo.config>=1.2.0' distribution was not found and is required by ryu 错误，则做如下操作。

```
$ sudo easy_install oslo.config==3.0.0
```

（5）lxml 未安装。

```
$ apt-get install libxml2-dev libxslt1-dev python-dev
```

```
$ apt-get install python-lxml
```

（6）six 版本不足。

```
$ pip uninstall six
$ pip install six
```

（7）如果出现 The 'ovs' distribution was not found and is required by ryu 错误，则做如下操作。

```
$ sudo pip install -r tools/pip-requires
```

（8）stevedore 未安装或者版本不足时，有如下操作。

```
$ sudo pip install stevedore
```

（9）debtcollector 未安装或版本不足时，有如下操作。

```
$ sudo pip install debtcollector
```

由于所需的 Python 库较多，所以笔者建议采用一键安装脚本的形式进行安装。由台湾的 SDN 开发者共同完成的 Ryu 一键安装脚本：ryuinstallhelper（https://github.com/sdnds-tw/ryuinstallhelper）可以帮助 SDN 学习者顺利安装 Ryu。如果采用脚本依然会出现以上的问题，读者需自行谷歌查找解决方案。

Ryu 的学习文档可以为学习 Ryu 提供很大的帮助。Ryu 官网（http://osrg.github.io/ryu/）提供了多语言版本的 Ryu_book 可以帮助使用者学习 Ryu。Ryu_book 基本涵盖了常用的 API 的介绍，是初学者必读的资料。此外，订阅 Ryu 的邮件列表（ryu-devel@lists.sourceforge.net）也是获取信息的好选择。邮件列表的内容基本涵盖了 Ryu 使用中遇到的大部分问题，所以建议读者订阅 Ryu 的邮件列表。此外，读者也可以很容易地在互联网中搜索到关于 Ryu 入门和使用的相关教程等文档资料。

除了 Ryu 官方提供的资源之外，读者也可以关注某些 Ryu 的博客，以及相关的技术群。Ryu 相关博客如笔者的 Milestone：www.muzixing.com。QQ 技术群方面推荐 SDN RYU 技术讨论群（258264125），该群专注于 Ryu 控制器，可帮助读者提高解决问题的效率。

3.2.3　Floodlight

在 SDN 控制平面的发展道路上，不得不提一个非常经典的控制器：Floodlight。它几乎影响了后来所有采用 Java 语言编写的 SDN 控制器。许多控制器直接采用它优秀的模块，还有许多控制器甚至就是基于 Floodlight 开发的。所以，本小节将介绍由 Big Switch Networks 公司主导开发的开源控制器 Floodlight，内容包括 Floodlight 的发展历程、架构与特性，以及入门与资源。发展历程部分将简要介绍 Floodlight 的诞生背景及发展路线；架构与特性部分将介绍 Floodlight 的代码架构及其丰富的特性和优秀的性能；入门与资源部分将介绍如何安装使用 Floodlight 和相关学习资料。

发展历程

介绍 Floodlight 之前有必要介绍一下其前身——Beacon[11]控制器。2010 年，斯坦福大学推出了 Beacon 控制器，其采用 Java 语言开发，且相比 NOX 控制器更容易安装和运行，是第一个自带 Web 用户接口的控制器。然而，受限于只能在无环拓扑中运行等缺点，Beacon 从 2013 年开始走下坡路。此时，Big Switch Networks 公司接过了接力棒，他们基于 Beacon 开发了可用于商业环境的 Floodlight 控制器。Floodlight 修复了 Beacon 的许多漏洞，并新增了许多功能，性能得到了很好的提升。Floodlihgt 基于 Java 语言开发，遵循 Apache v2.0 许可证，具有优秀稳定的性能，是企业级别的 SDN 控制器。在 Floodlight 开源版的基础上，Big Switch Networks 公司开发了 Floodlight 商业版，并应用在真实的 SDN 生产环境中。由此可见，Floodlight 的性能可以满足商业应用的需求。也因为 Floodlight 的优秀性能，Floodlight 被学术界和工业界广泛采用，成为流行的 SDN 开源控制器之一。

Floodlight 发展至今已经成为 Floodlight Project，其项目包含 Floodlight 控制器和 IVS 等多个子项目。Floodlight 控制器发布的版本号比较特殊，官网记录的发布版本号包括 0.85、0.90、0.91、1.0、1.1 和 1.2。最开始的 Floodlight 仅支持 OpenFlow1.0 版本协议，且在 OpenFlow1.3 协议面世很久的一段时间之内，开源版本的 Floodlight 都没有支持 OpenFlow1.3 协议。直到 2014 年 9 月 30 日发布的 Floodlight v1.0 版本，才完全支持 OpenFlow1.0 和 OpenFlow1.3 协议。对于 OpenFlow1.1、1.2 和 1.4 版本，Floodlight 仅实验性支持部分特性。2016 年 2 月最新发布的官方 1.2 版本 Floodlight，主要基于 1.1 版本进行了 BUG 修复并增加了若干新特性，新的特性包括改进了转发、路由等模块的特性，支持 IPv6 及通过 Maven 构建等特性。由于 Floodlight 更新迭代速度较慢，它的功能特性已经远远落后于目前其他流行的开源控制器。

　　Floodlight 面世之后，由于其开发语言 Java 受众广泛及其本身性能优秀，很快就获得了 SDN 研究者的青睐，从而在后 NOX/POX 时期获得了大量的关注和使用。然而，由于 Floodlight 对 OpenFlow1.3 支持缓慢，所以在 OpenFlow1.3 版本逐渐成为主流时，Floodlight 的大量用户转投其他支持 OpenFlow1.3 的控制器。此外，受同样使用 Java 语言开发、阵容更强大的 OpenDaylight 控制平台诞生的影响，Floodlight 丧失了最好的占领市场的时机。目前，在研究领域依然有研究者使用 Floodlight，但在工程应用领域，更多的企业已经开始尝试功能更加强大、特性更加丰富、支持团队更高效的控制平台产品，如 OpenDaylight 和 ONOS。随着 SDN 的发展，SDN 控制平面的发展已经从最初的 NOX/POX 时期，以及以 Floodlight 和 Ryu 为代表的纯 SDN 控制器时期，到了当下以规模更大、性能更好、支持团队更高效的控制平台为主流的时期。

架构与特性

　　Floodlight 和其他控制器架构类似，它的架构可以分为控制层和应用层两个主要部分，其架构如图 3-5 所示。应用层通过北向 API 来与控制层实现信息的交互；控制层通过南向接口和数据平面通信，实现对数据平面的控制。Floodlight 的架构清晰，模块之间低耦合，基础模块代码非常优秀。所以，Big Switch 等公司选择在 Floodlight 开源版本上二次开发出商业版本。此外，ON.LAB 最新推出的 ONOS（Open Network Operating System） 控制器核心模块也采用了 Floodlight 的核心模块作为其底层的解析模块。

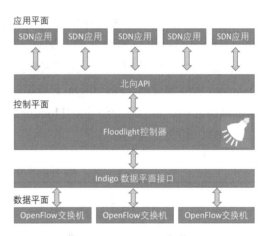

图 3-5　Floodlight 架构图

　　Floodlight 项目由控制器和基于控制器开发的应用组成。Floodlight 支持丰富的特性，每个特性由模块化的若干个组件模块组成。Floodlight 的模块可以分为如图 3-6 所示的 Floodlight 控制器、模块应用、REST API、REST 应用和 Java API 等部分。

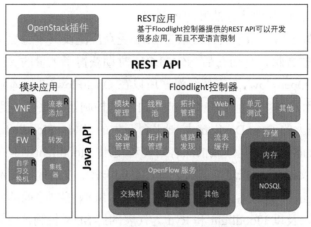

图 3-6　Floodlight 模块示意图

Floodlight 控制器是 Floodlight 的核心模块部分，包括模块管理、线程池、Web UI、设备管理及 OpenFlow 相关服务。核心部分完成了 SDN 控制器的基础功能，并向应用层提供 API，使得开发者可以在此基础之上开发 SDN 应用。模块应用部分包含了如集线器、自学习交换机等模块化的基础网络应用。初学者可以通过学习这些应用，掌握 Floodlight 的 API 使用方法，为开发新应用做准备。REST 应用部分包含了 OpenStack Quantum 插件等应用。Floodlight 支持第三方软件通过 REST API 与之通信，共同完成复杂的网络管理。为了进一步了解 Floodlight，此处将 Floodlight 的若干核心模块的介绍进行了整理，详情见表 3-3。

表 3-3　Floodlight组件功能表

组 件 名 称	功 能 介 绍
Device Manager	通过 Packet-in 报文获取设备 MAC 等信息，可学习到设备与交换机端口的连接信息
Floodlight Provider	Floodlight 的核心模块，完成交换机连接处理等。完成 OpenFlow 报文向事件的转化过程，并保证事件发布的顺序
Link Discovery Manager	使用 LLDP 协议获取网络拓扑
Topology Manager	拓扑模块，依赖于链路发现模块的链路信息
OFSwitch Manager	管理连接的交换机，提供如发送 OpenFlow 报文等接口
Forwarding	实现数据的转发，实现两点之间的数据转发
Learning Switch	实现了简单二层转发的交换机
ACL	简单的接入控制列表模块
Load Balancer	负载均衡模块

Floodlight 支持的南向协议目前只有 OpenFlow，且对于 OpenFlow 版本支持得比较少，这是 Floodlight 特性上的劣势。优势方面，Floodlight 开放的模块化架构，使得 Floodlight 易于拓展和提升；Floodlight 依赖少，易于安装；Floodlight 支持混合组网，即支持 OpenFlow 和非 OpenFlow 交换机的混合网络。此外，Floodlight 也实现了 OpenStack 的插件，可与 OpenStack 集成协同工作。最后，性能方面的优势是 Floodlight 最大的优势。Floodlight 的稳定和高效掩盖了其开源社区活跃度不够高、版本演进过慢的缺点，成功保留了一批珍贵的用户。

入门与资源

Floodlight 是基于 Java 语言开发的控制器，安装和运行 Floodlight 需要运行标准的 JDK 及项目构建工具 ANT，最新版本中也支持了 Maven 构建。开发运行的工具可以选择 Eclipse 或者 IntelliJ IDEA。具体使用方法，本书将不作介绍，读者可自行谷歌。此处仅介绍 Linux 系统：Ubuntu 10.04 +的安装步骤，其他系统的安装步骤请参考官网指南[12]。

下载源码

```
$ git clone git://github.com/Floodlight/Floodlight.git
```

安装 Floodlight

（1）安装 Java1.7 及 Ant，eclipse 可选。

```
$ sudo apt-get install build-essential default-jdk ant python-dev eclipse
```

（2）构建工程。

```
$ cd Floodlight
$ ant
$ sudo mkdir /var/lib/Floodlight
$ sudo chmod 777 /var/lib/Floodlight
```

（3）运行 Floodlight。

```
$ Java -jar target/Floodlight.jar
```

在构建 Floodlight 项目时，尤其注意需要安装 JDK1.7，否则 Ant 的构建过程会报错。此外，读者可以在 Floodlight 项目的官网（http://www.projectFloodlight.org/）及其子控制器页面 Floodlight（https://Floodlight.atlassian.net/wiki/display/Floodlightcontroller/Getting+Started）取更多有用的资源。中文版资源可在 SDN 门户网站 SDNLAB 上获取。Floodlight

使用 Google Group 取代邮件列表功能，其官方 Google Group 为 Floodlight developers。

3.2.4　OpenDaylight

2013 年，是 SDN 突飞猛进的一年，不仅诞生了许多重要的 SDN 论文，也诞生了目前最出名的 SDN 控制器 OpenDaylight。所以本小节将介绍别开生面的 SDN 控制器 OpenDaylight[13]，内容包括 OpenDaylight 的发展历程、架构与特性及入门和资源。在发展历程部分，将介绍 OpenDaylight 的诞生背景及发展过程；在架构与特性部分将介绍 OpenDaylight 的整体架构及其丰富的特性；最后入门与资源部分，将介绍 OpenDaylight 控制器的入门及邮件列表、官网和 Wiki 等重要资源。

发展历程

OpenDaylight 是一个高度可用、模块化、可扩展、支持多协议的控制器平台，可以作为 SDN 管理平面管理多厂商异构的 SDN 网络。它提供了一个模型驱动服务抽象层（MD-SAL），允许用户采用不同的南向协议在不同厂商的底层转发设备上部署网络应用程序。

2013 年，Linux Foundation 联合思科、Juniper 和 Broadcom 等多家网络设备商创立了开源项目 OpenDaylight，它的发起者和赞助商多为设备厂商而非运营商等网络设备消费者。OpenDaylight 项目的发展目标在于推出一个通用的 SDN 控制平台、网络操作系统，从而管理不同的网络设备，正如 Linux 和 Windows 等操作系统可以在不同的底层设备上运行一样。OpenDaylight 支持多种南向协议，包括 OpenFlow1.0 和 1.3 版本、NETCONF 和 OVSDB 等，是一个广义的 SDN 控制平台，而不是仅支持 OpenFlow 的狭义 SDN 控制器。

OpenDaylight 以元素周期表中的元素名称作为版本号，并每 6 个月更新一个版本。从第一个版本：氢（Hydrogen）发布至今，已经发布了 5 个版本，当前版本为"硼（Boron）"。2014 年 2 月 4 日，OpenDaylight 发布第一个版本 Hydrogen，得到了行业的聚焦，引起了一番轰动。第一版发布之后，OpenDaylight 发展迅速，很快就成为最具有潜力的 SDN 控制器。而相比之下，以 Ryu 和 Floodlight 为代表的功能单一的 SDN 控制器的关注度大大降低，OpenDaylight 成为当时 SDN 界最受人瞩目的开源控制器。

OpenDaylight 与其他控制器架构的明显差别是 OpenDaylight 架构中有服务抽象层：SAL（Service Abstraction Layer）。SAL 主要完成插件的管理，包括注册、注销和能力的抽象等功能。不过，Hydrogen 版本不够成熟，代码中出现了两种实现方式：一种是已被弃用的 AD-SAL(Application-Driver SAL)，另一种是目前正在使用的 MD-SAL(Model-Driver SAL)[14]。

2014 年 9 月 29 日，OpenDaylight 的 Helium 版发布。在 11 月和 12 月，官方还连续发布了 Helium 版的两个子版本 SR1 和 SR1.1。OpenDaylight 的 Helium 版增加了与 OpenStack 的集成插件，还提供了一个体验更好的交互界面，性能也比 Hydrogen 版本提升了许多。在此版本的实现中，OpenDaylight 抛弃了 AD-SAL，转而全面使用 MD-SAL。此外，新版本还增加了 NFV 相关的模块。

2015 年 6 月 29 日，OpenDaylight 的 Lithium 版发布。Lithium 版增加了对 OpenStack 的支持，并针对之前的安全漏洞，加强了安全方面的工作，可拓展性和性能也得到了提升。此外，该版本加大了对 NFV 方面的开发投入。相比 Helium 版，Lithium 版的稳定性等得到了大大的提高，GUI 也得到了进一步美化，总体而言，相比 Helium 版本增强了许多。

2016 年 2 月，OpenDaylight 的 Beryllium 版发布。新版本进一步提升了性能和可拓展性，也提供了更加丰富的应用案例。相比上一个版本，此版本没有太大的改变。

2016 年 9 月，OpenDaylight 的新版本 Boron（硼）终于发布。Boron 版继续对性能进行提升，也在用户体验方面下了功夫。此外，该版本在云和 NFV 方面增加了若干新模块，进一步支持云和 NFV。值得注意的是，这些新增的模块中，有大约一半是由 OpenDaylight 的用户提出的，其中就有 AT&T 主导的 YANG IDE 模块。从 Boron 版开始，OpenDayligh 开始提倡由用户来引领创新，鼓励更多的社区用户参与到 OpenDaylight 中，一起推动 OpenDaylight 的发展。

OpenDaylight 是一个很庞大的开源项目，它的社区成员包括许多组织和企业，包括 AT&T、思科和腾讯等。然而由于组织本身的利益不同，加入 OpenDaylight 项目的目的也各不相同。而出于企业战略考虑，社区中的赞助成员的策略各不相同，比如 Big Switch 离开了项目，VMware 减少了投资，但 HP 却增加了赞助，升级为 OpenDaylight 社区的铂金会员。

截至笔者截稿，OpenDaylight 依然是最受瞩目的开源控制器项目，许多企业都使用 OpenDaylight 来提供各种各样的服务，如 Borcade 和 Ciena 等企业基于 OpenDaylight 开发了商业版本控制器。但是由于内部成员的利益冲突，一路走来，OpenDaylight 也并非一帆风顺。在发展速度方面，OpenDaylight 已经被版本迭代速度更快的 ONOS

超越。ONOS 保持每季度更新一个版本的快速更新迭代，从而不断增加 ONOS 的特性，改善它的性能，因此也获得了业界的广泛关注。所以，虽然 OpenDaylight 还是最受关注的项目，也可能像官方所说的是目前事实上的 SDN 控制器标准，但 OpenDaylight 并不是独占鳌头，傲视群雄，依然有 ONOS 等控制器在与 OpenDaylight 竞争。

架构与特性

OpenDaylight 的架构如图 3-7[13]所示，可分为南向接口层、控制平面层、北向接口层和网络应用层。南向接口层中包含了如 OpenFlow、NET-CONF 和 SNMP 等多种南向协议的实现。控制平面层是 OpenDaylight 的核心，包括 MD-SAL[14]、基础的网络功能模块、网络服务和网络抽象等模块，其中 MD-SAL 是 OpenDaylight 最具特色的设计，也是 OpenDaylight 架构中最重要的核心模块。无论是南向模块还是北向模块，或者其他模块，都需要在 MD-SAL 中注册才能正常工作。MD-SAL 也是逻辑上的信息容器，是 OpenDaylight 控制器的管理中心，负责数据存储、请求路由、消息的订阅和发布等内容。北向接口层包含了开放的 REST API 接口及 AAA 认证部分。应用层是基于 OpenDaylight 北向接口层的接口所开发出的应用集合。

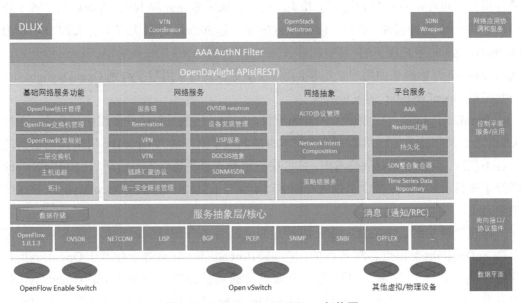

图 3-7　OpenDaylight Lithium 架构图

OpenDaylight 基于 Java 语言编写，采用 Maven（Maven 是一个优秀的跨平台构建工具，是 Apache 的一个项目）来构建模块项目代码。Maven 构建工程有许多好处，可以允许 OpenDaylight 对某些模块进行单独编译，使得在只修改某些模块代码时快速完成编译。为了实现 OpenDaylight 良好的拓展性，OpenDaylight 基于 OSGi（Open Service Gateway Initiative）框架运行，所有的模块均作为 OSGi 框架的 bundle 运行。OSGi 是一个 Java 框架，其中定义了应用程序即 bundle 的生命周期模式和服务注册等规范。OSGi 的优点是支持模块动态加载、卸载、启动和停止等行为，尤其适合需要热插拔的模块化大型项目。OpenDaylight 作为一个网络操作系统平台，基于 OSGi 框架开发可以实现灵活的模块加载和卸载等操作，而无须在对模块进行操作时重启整个控制器，在新版本中，其使用了 Karaf[15] 容器来运行项目。Karaf 是 Apache 旗下的一个开源项目，是一个基于 OSGi 的运行环境，提供了一个轻量级的 OSGi 容器。基于 OpenDaylight 控制器开发模块时，还需要使用 YANG 语言来建模，然后使用 YANG Tools 生成对应的 Java API，并与其他 Maven 构建的插件代码共同完成服务实现。

特性方面，OpenDaylight 支持丰富的特性，而且在目前版本迭代中依然不断增加特性。南向协议支持方面，OpenDaylight 支持 OpenFlow、NET-CONF、SNMP 和 PCEP 等多种南向协议，所以 OpenDaylight 可以管理使用不同南向协议的网络。核心功能部分，OpenDaylight 除了支持如拓扑发现等基础的控制器的功能以外，还支持许多新的服务，如 VTN（Virtual Tenant Network）、ALTO（Application Layer Traffic Optimization）、DDoS 防御及 SDNi[16] Wrapper 等服务和应用。值得一提的，SDNi 是华为开发并提交给 IETF 的 SDN 域间通信的协议草案，目的是实现 SDN 控制器实例之间的信息交互。

此外，OpenDaylight 还正在大力开展 NFV 的研发。正如之前提到的，OpenDaylight 不仅仅是一个 SDN 控制器，OpenDaylight 是一个网络操作系统。除了 SDN 控制器的基础功能以外，还包括 NFV 等其他应用服务，可见其旨在打造一个通用的 SDN 操作系统。

为了进一步了解 OpenDaylight 的组件功能，此处将 OpenDaylight 若干模块的介绍整理于表 3-4 中。更多组件内容介绍，可下载 OpenDaylight 对应版本的 Developer Guide 或者 User Guide[17]。

表 3-4　OpenDaylight模块功能表

组 件 名 称	功 能 介 绍
ALTO	应用层流量优化模块
Authentication and Authorization Services	3A 授权认证模块，授权、认证和帐号管理

组 件 名 称	功 能 介 绍
BGP	BGP 协议模块，可手动配置，或者通过 REST API 配置
L2Switch	二层交换模块，实现了 ARP 的处理，有环拓扑的风暴解除，主机定追踪等
LACP	链路聚合控制协议模块
SDNi	实现了获取网络信息的接口，并完成多控制器之间的信息共享
VTN	虚拟租户网模块，向同一个控制器网络下的多租户提供虚拟网络

上表列举的几个模块是 OpenDaylight 众多模块中的一部分。发展至今，OpenDaylight 的模块数目已经很多，支持的特性也很丰富，它的规模是其他控制器无法相提并论的。究其原因，一方面得益于它开放的架构，使得模块插件的开发更加系统化、规范化，所以开发新模块相对简单；另一方面，OpenDaylight 众多的支持团队和开发者的努力铸就了特性丰富的 OpenDaylight。

入门与资源

OpenDaylight 是基于 Java 语言的控制器，安装和运行 OpenDaylight 需要安装 JDK 及项目构建工具 Maven 等依赖软件。开发编译环境工具可以选择 Eclipse 或者 IntelliJ IDEA，也可以在终端直接编译运行。由于篇幅限制，此处只简要介绍 Pre-built 版的简单安装，OpenDaylight 源码安装步骤较复杂，请读者前往 OpenDaylight 官网[18]学习。

安装依赖

（1）安装 java JDK1.7+。

```
$ sudo apt-get install openjdk-7-jre
```

（2）设置 JAVA_HOME，在.bashrc 文件中添加 JAVA_HOME 环境变量。

```
$ vim ~/.bashrc
export JAVA_HOME=/usr/lib/jvm/java-1.7.0-openjdk-amd64
```

（3）安装 Maven 等依赖。

```
$ apt-get install maven pkg-config gcc make ant g++ git libboost-dev libcurl4-openssl-dev \
  libjson0-dev libssl-dev openjdk-7-jdk unixodbc-dev xmlstarlet
```

（4）修改 Maven 的 setting.xml。

```
$ cp -n ~/.m2/settings.xml{,.orig} ; \wget -q -O - https://raw.githubusercontent.com/
opendaylight/odlparent/master/settings.xml > ~/.m2/settings.xml
```

如果出现找不到.m2 目录的情况，可以在主目录下输入 mvn clean，会自动创建.m2 的目录，但不包含 settings.xml 文件。为防止出现意外，建议读者在安装 Maven 时选择下载源码安装。

（5）下载 Pre-built 版本代码并运行。

以 Boron 版本为例，首先需要从 http://www.opendaylight.org/software/downloads 上下载 Boron 版本的 Pre-built 源码，下载文件为 distribution-karaf-0.5.0-Boron.zip。解压该文件，进入该目录，并修改 cfg 文件，将其中的 rmiRegistryHost = 0.0.0.0，rmiServerHost = 0.0.0.0 的值均修改为 127.0.0.1，最后进入 bin 文件，运行 Karaf，具体操作如下所示。

```
# unzip distribution-karaf-0.5.0-Boron.zip
# cd distribution-karaf-0.5.0-Boron/
# vim ./etc/org.apache.karaf.management.cfg
# 修改对应内容
#  cd bin
# ./karaf
```

（6）启动 OpenDaylight 之后可以通过 features:install 安装所需的组件。

OpenDaylight 是一个复杂的工程，对于 SDN 新手来说可能门槛稍高。不过由于 OpenDaylight 的丰富特性和健壮性，它已经成为工业应用首选的开源控制器。 OpenDaylight 的文档虽然内容众多，但是却一直被诟病，其原因是整个 Wiki 网站架构复杂，却没有一个很好的索引和目录，所以初学者需要耗费一定的时间精力才能掌握 Wiki 的正确打开方式。但是，笔者强烈建议读者在官网查找相关资料，因为目前最好的英文资料都在 OpenDyalight 的 Wiki 网站，其他个人博客和门户的相关信息更新速度较慢。此外，读者也可以订阅 OpenDaylight 的邮件列表：https://lists.opendaylight.org/mailman/listinfo。由于项目众多，OpenDaylight 按子项目分了许多个邮件列表，读者可选择订阅。中文资料方面，SDNLAB 门户网站创建了 OpenDaylight 中文社区：http://www.sdnlab.com/odlcommunity/，读者可以在中文社区查阅更多中文资料。SDNLAB 团队翻译了 Lithium 版本的 Wiki，相信会给广大的 OpenDaylight 使用者带来很多福音。最后，读者也可以加入 OpenDaylight 的 QQ 群（194240432），找到更多的 OpenDaylight 开发者。

3.2.5 ONOS

正在 OpenDaylight 以迅雷不及掩耳之势在 SDN 领域攻城略地时，另一个重量级的 SDN 控制器竞争对手半路杀出，改变了这一局势。它就是由 ON.LAB 推出的 SDN 开源控制器 ONOS（Open Network Operating System）[6]。本节将介绍 ONOS 的发展历程、架构与特性及入门和资源。在发展历程部分，将介绍 ONOS 的诞生背景及发展过程；在架构与特性部分将介绍 ONOS 的整体架构及其丰富的特性；最后入门与资源部分，将讲述 ONOS 控制器的入门、邮件列表和官网链接等重要的学习资源。

发展历程

ON.LAB 是由来自斯坦福大学和加州伯克利分校的 SDN 发明者们创建的非盈利性组织，目标是培育一个开源社区，从而开发更多的工具和平台去充分发挥 SDN 的潜能。ON.LAB 推出的开源项目包括大名鼎鼎的网络仿真器 Mininet 和网络虚拟化产品 OVX，还有即将介绍的控制器 ONOS 等。ON.LAB 的赞助商包括 AT&T、Intel、NEC、华为和思科等大型企业。

2014 年 8 月 22 日，ON.LAB 在 HotSDN 上发表了论文 *ONOS: Towards an Open, Distributed SDN OS*，论文介绍了 ON.LAB 近来的研究成果：SDN 控制器 ONOS。ONOS 是一个分布式的、具有高性能的控制平面产品，其面向的是运营商级别的网络应用场景。ON.LAB 提出 ONOS 的设计目标是 1M（百万）/s 的吞吐量，低至 10～100ms 的时延，可容纳 1TB 的数据及 99.99%的可用率。不过，论文中介绍的 1.0 版本的 ONOS 并没有实现这个目标。

2014 年 12 月 5 日，ONOS1.0 版本 Avocet 的源码正式开源，标志着一个基于 Java 语言开发、采用 OSGi 框架、支持 bundle 插件拓展、支持分布式部署且性能优秀的控制器平台面世了。相比 OpenDaylight，最初版本的 ONOS 没有采用 YANG，底层模块直接使用 Floodlight 的核心模块，分布式系统方面也采用了开源架构。由于 ONOS 采用了许多成熟的代码模块和框架，所以 ONOS 更新换代很快，易于拓展，也降低了对学习者的要求。由于 ONOS 优秀的性能、更加清晰的代码架构及它背后强大的支撑团队，ONOS 自诞生以来就成为了业界的热点，成为 SDN 控制器市场的有力竞争者。

ONOS 规定的更新周期为每 3 个月发布 1 个新版本，时间节点分别是：2 月、5 月、8 月和 11 月的最后一天。到目前为止，ONOS 已经成功发布了多个版本，从 1.0 版本 Avocet 到目前的 1.7 版本 Hummingbird（蜂鸟），已经比 OpenDaylight 版本的数目还要多。

在 ONOS 未出现之前，在控制器的这场角逐中， OpenDaylight 基本上是一直遥遥领先，许多控制器都不能望其项背。但 ONOS 的面世带来了新的竞争，形成了两个开源控制器相互竞争，相互制衡的局面。在 ONOS 发展的道路上，ONF 加入了 ONOS 的阵营，和华为等赞助商一起推动开放网络的进程。所以，无论是从技术角度还是商业角度来看，ONOS 都是值得期待的一款开源 SDN 控制器。

架构与特性

ONOS 的架构与普通的 SDN 控制器架构相似，可划分为南向协议层、南向接口层、分布式核心控制层、北向接口层和应用层，其架构如图 3-8 所示。与 Ryu 等控制器的区别在于：ONOS 的核心控制层是一个分布式的架构，支持多实例协同工作。SDN 的数控分离使得集中控制编程自动化成为可能，但是也带来了可拓展性的问题。为支持大规模网络的管理，分布式 SDN 控制器成为当下 SDN 控制器设计的主要趋势之一。分布式不仅提供了更强大的管理能力，具有更好的可拓展性，同时也提供了容灾备份和负载均衡等功能。

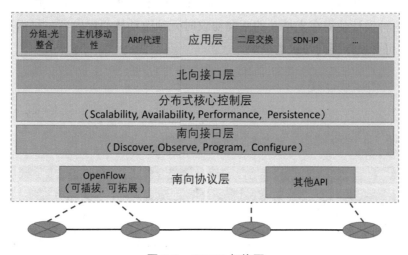

图 3-8　ONOS 架构图

南向协议层包括 OpenFlow 等多种南向协议的实现，支持以插件形式加载和卸载。分布式核心层是 ONOS 架构的关键，主要由拓扑管理、设备管理等多种核心模块组成。分布式核心层的数据均可以在分布式的实例之间共享。根据数据种类的不同，ONOS 同步数据的方式各不相同。目前 ONOS 使用的是 Raft 分布式架构，分布式的架构满足了

SDN 控制平面对可拓展性、可靠性和性能等方面的需求。北向接口层定义了一系列的北向接口，可供应用程序调用。应用层则是基于 ONOS 提供的北向接口开发的 SDN 应用。

特性方面，ONOS 支持 OpenFlow、NET-CONF 和 OVSDB 等多种南向协议。核心功能特性方面，ONOS 采用了 Floodlight 的优秀核心源码，从而支持链路发现、拓扑管理和网络资源管理等控制器基础功能。ONOS 支持 REST API 和 CLI，用户可以通过 REST API 和 CLI 对网络进行编程和操作。此外，与 Ryu 和 Floodlight 等单实例控制器比较，ONOS 还具有分布式的特性，具有更好的可拓展性。每个特性由若干个模块组合实现，具体模块示意图如图 3-9 所示。

ONOS 的代码设计目标包括模块化（Modularity）、可配置（Configurability）、相关分离/解耦（Separation of Concern）和协议无关（Protocol Agnosticism）。模块化体现在 ONOS 由一系列的子系统模块组成，每个子系统或模块均支持独立编译。可配置方面得益于使用了 Karaf。此外，Karaf 还允许开发者在运行过程中加载或停止某模块，也允许第三方软件通过 REST API 等方式安全地获取到 ONOS 的信息。相关分离是将复杂的控制器分为几个相对独立的子系统，并通过子系统之间相互合作来实现整体控制器的逻辑，从而降低整个系统的复杂度。"Protocol Agnosticism"直译为"协议不可知"，意译为"协议无关"。这种设计使得在支持新的南向协议时无须改动核心层内容，只需基于协议无关的 API 就可开发新南向协议的模块。

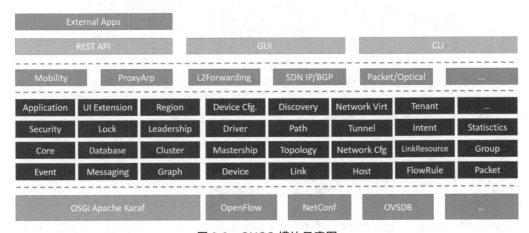

图 3-9　ONOS 模块示意图

代码层面，ONOS 和 OpenDaylight 一样，都是基于 OSGi 框架来运行。ONOS 的模块由一个或多个 bundle 组成，每个 bundle 都是由 Maven 构建的工程。为了进一步了解

ONOS 的模块信息，此处将 ONOS 的若干核心模块的介绍整理于表 3-5 中，供读者学习参考。

表 3-5　ONOS组件功能表

组 件 名 称	功 能 介 绍
app.sdnip	sdnip 应用，完成 SDN 域和传统网络域的通信
app.segmentrouting	segmentrouting（段路由）应用
app.proxyarp	定义了 ARP 代理模块，完成 ARP 的代理
core.net	ONOS 核心模块，包含对网络资源如主机、流表、设备、拓扑等相关模块
core.store	存储相关，包含序列化等内容
manager	核心管理模块，负责请求路由等内容，接收生产者模块产生的事件并路由到消费者模块，向其他模块提供北向服务接口和南向服务注册接口等接口
openflow	OpenFlow 协议相关，包含控制器描述、握手、报文的封装和解析等内容
providers	ONOS 架构中最低的一层，核心模块事件的生产者，包括南向协议 OpenFlow 等内容

随着 ONOS 不断地迭代版本，支持的特性也越来越多，且每个新版本都会对分布式系统的性能进行提升。在最新版本的 Hummingbird 版本中，又增加了许多重要的特性。包括在南向接口上支持对传统交换机的管理，尤其是对思科和 Arista 交换机的支持。此外，也为设备提供了更好的 NETCONF 支持。值得注意的是，ONOS 在新版本中也增加了支持 P4 的新特性。此外，ONOS 对华为敏捷控制器 3.0 也进行了支持。这些新特性的增加传递了 ONOS 发展的重要信号。

入门与资源

ONOS 采用 Java 语言编写，需要安装 Java 8，以及 Maven、Karaf 等软件[19]。建议在 OS X 和 Ubuntu 14.04 LTS 64-bit 系统中安装 ONOS。若使用虚拟机安装，推荐在 Ubuntu Server 14.04 LTS 64-bit 系统中安装，且内存不少于 2GB，处理器不少于 2 个。

此外，运行 ONOS 需要安装如下的依赖软件。

- Java 8 JDK（推荐 Oracle Java；OpenJDK 还没有被完全测试）
- Apache Maven 3.3.1
- git（获取代码）
- bash（打包和测试所需）
- Apache Karaf 3.0.3

为了更好地发挥 ONOS 的性能，提高开发的效率，也推荐安装如下的工具：

- IDE（比如 IntelliJ 和 Eclipse）
- VirtualBox（或其他虚拟机软件）

获取 ONOS 代码

从官方仓库下载 ONOS 代码，并且换到指定分支，此处以 1.4.0 为例，如下。

```
$ git clone https://gerrit.onosproject.org/onos
$ cd onos
$ git checkout 1.4.0
```

安装 Java、Maven 和 Karaf

首先将 Java 8 的 JDK 安装。对于 OS X，可直接从 Oracle 网站下载 Java 8。若在 Ubuntu 系统中安装，则使用如下命令。

```
$ sudo apt-get install software-properties-common -y
$ sudo add-apt-repository ppa:webupd8team/java -y
$ sudo apt-get update
$ sudo apt-get install oracle-java8-installer oracle-java8-set-default -y
```

然后安装 Maven 和 Karaf。为防止权限问题，建议在用户权限下创建～/Downloads 和～/Applications 两个目录，～/为用户的主目录。Downloads 目录用于存放下载内容，而 Applications 目录用于保存使用的软件内容。

```
$ cd; mkdir Downloads Applications
$ cd Downloads
$ wget http://download.nextag.com/apache/karaf/3.0.3/apache-karaf-3.0.3.tar.gz
$ wget http://archive.apache.org/dist/maven/maven-3/3.3.1/binaries/apache-maven-3.3.1-
  bin.tar.gz
$ tar -zxvf apache-karaf-3.0.3.tar.gz -C ../Applications/
$ tar -zxvf apache-maven-3.3.1-bin.tar.gz -C ../Applications/
```

设置 JAVA_HOME

若在安装 Java 8 时没有自动设置 JAVA_HOME 环境变量，则可使用如下方法设置和验证 JAVA_HOME 环境变量。在 OS X 和 Ubuntu 环境下的设置分别如下。

1. OS X

验证命令如下。

```
$ /usr/libexec/java_home/Library/Java/JavaVirtualMachines/jdk1.8.0_25.jdk/Contents/Home
```

设置 JAVA_HOME 环境变量，如下。

```
$ export JAVA_HOME=$(/usr/libexec/java_home -v 1.8)
```

2. Ubuntu

验证命令如下。

```
$ env | grep JAVA_HOME
JAVA_HOME=/usr/lib/jvm/java-8-oracle
```

设置 JAVA_HOME 环境变量，如下。

```
$ export JAVA_HOME=/usr/lib/jvm/java-8-oracle
```

开发环境配置

如果按照以上路径存放相关软件的话，可以直接使用 ONOS 默认的环境变量配置脚本，具体命令如下。

```
$ source ~/onos/tools/dev/bash_profile    #使环境变量生效
```

编译 ONOS

ONOS 使用 Maven 构建工程，只需进入 ONOS 源码目录的最上层目录，执行如下的命令即可开始编译 ONOS。

```
$ cd ~/onos<onos 代码顶级目录>
$ mvn clean install
```

通过运行命令 mvn clean install，可以清除之前的编译结果，重新进行编译。若最后输出如下信息，则编译成功；若输出错误信息，则编译失败。

```
[INFO] ...
[INFO] onos-branding ..................................... SUCCESS [0.486s]
[INFO] ------------------------------------------------------------------
[INFO] BUILD SUCCESS
[INFO] ------------------------------------------------------------------
[INFO] Total time: 1:40.113s
[INFO] Finished at: Sat Nov 08 13:49:43 PST 2014
[INFO] Final Memory: 120M/1453M
[INFO] ------------------------------------------------------------------
```

运行 ONOS

运行 ONOS 之前如果默认的启动应用没有添加，则需要对 Karaf 进行配置，以加载 ONOS 应用。

（1）编辑$KARAF_ROOT/etc/org.apache.karaf.features.cfg 文件，在 featuresRepositories 后添加"mvn:org.onosproject/onos-features/1.0.0/xml/features"，添加项使用逗号与其他项隔开。

（2）在 featuresBoot 后添加"onos-api,onos-core-trivial,onos-cli,onos-openflow,onos-app-fwd,onos-app-mobility,onos-gui"。添加项使用逗号与其他项隔开。

（3）设置 ONOS 运行的 IP，以及启动的 APP，第二步设置的是启动时的选项，此步骤可用于设置非启动必须应用。当仅部署单节点 ONOS 实例时，可不设置 ONOS_IP 的值。

```
$ export ONOS_IP=127.0.0.1
$ export ONOS_APPS=drivers,openflow,proxyarp,mobility,fwd
```

（4）启动 ONOS，启动成功界面如图 3-10 所示。

```
$ ok clean
```

由于篇幅限制，ONOS 的入门内容不再赘述。关于 ONOS 的更多资料，读者可以阅读 ONOS 的 Wiki[20]。ONOS Wiki 内容丰富，包含 ONOS 简介、安装入门、模块介绍、运行机制和简单开发教程等内容。此外，ONOS 选择使用 Google group 来代替邮件列表的功能，总共有三个 ONOS 的官方 Google group：onos-announce、onos-discuss 和 onos-dev。QQ 技术群方面，ONOS 的中文兴趣群也已经建立，感兴趣的读者可以搜索 QQ 群（454644351），可以找到更多 ONOS 开发者共同学习讨论。

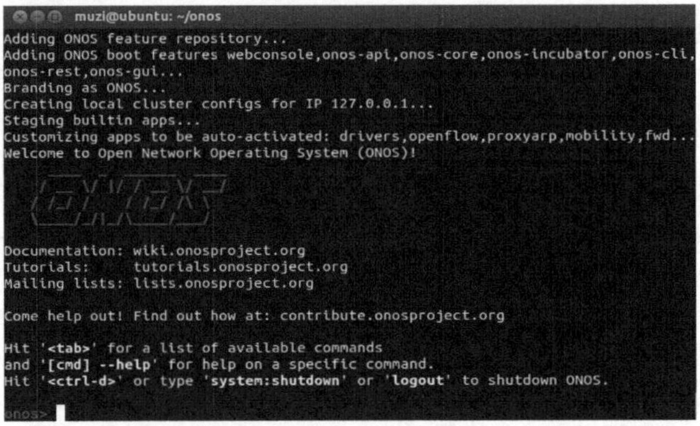

图 3-10　ONOS 启动界面

3.3 选择 SDN 控制器

面对众多的 SDN 控制器，如何选择一个合适的控制器是初学者和企业部署的首要工作。本节将首先介绍评价控制器的 10 个重要因素，其中包括控制器是否支持 OpenFlow、可编程能力和可拓展性等。这些重要因素也是开发和设计 SDN 控制器时需要关注的主要内容。其次，本章还将具体讨论如何选择一个合适的控制器，帮助读者更好地选择控制器。

3.3.1 评价控制器的要素

SDN 控制器是 SDN 的大脑，所以，控制器的性能对整体网络性能有直接而显著的影响，因此，在设计时需要考虑多方面的因素。作为网络的管理中心，控制器需要具有极高的性能和可靠性，这也对 SDN 控制器的设计提出了更高的要求。由"Ashton, Metzler & Associates"组织发表的 *Ten Things to Look for in an SDN Controller* 白皮书介绍了评价 SDN 控制器的 10 个方面，如图 3-11 所示。

图 3-11　设计和评价 SDN 控制器的 10 个重要因素

在设计和开发控制器时，应充分注意以上 10 个重要因素，从而满足网络应用场景对控制器的需求。同时，这 10 个重要因素也是用户评价和挑选 SDN 控制器的重要指标。

1．支持 OpenFlow

在 SDN 发展过程中，OpenFlow 作为一种主流南向协议获得了业界的广泛认可，绝大多数控制器都支持 OpenFlow。但是不同控制器对 OpenFlow 的支持程度不同，OpenFlow 协议本身也存在多个版本，每个版本包含了不同的特性。所以在选择 SDN 控制器时，首先需要关注其支持的 OpenFlow 版本，其次要关注其支持的协议特性，比如是否支持 IPv6 和是否支持组表。

2．支持网络虚拟化

网络虚拟化在 SDN 出现之前便早已出现，而 SDN 的出现加速了网络虚拟化的发展，降低了实现网络虚拟化的难度。网络虚拟化是在物理基础设施上虚拟出多个面向租户的虚拟网络，使得面向租户的虚拟网络和物理网络解耦合，从而给虚拟网络租户差异化的网络服务质量保障，可提高网络整体的利用率。

SDN 控制器应支持创建基于策略的、弹性的虚拟网络，它应该支持在拥有全局信息的基础之上，做出最优化的网络资源分配决策，进而提高网络利用率，加速服务部署。支持网络虚拟化是一个优秀 SDN 控制器所必需的功能。

3. 网络功能

作为一个网络控制器，支持基础的网络功能是最基本的要求。SDN 控制器应该支持基本的交换、路由、安全接入、负载均衡和流量隔离等功能。比如出于安全等方面的考虑，特别是在云数据中心等场景下，控制器应该支持对租户的流量进行隔离。SDN 控制器基于全局视野信息，通过对流实施不同的 QoS 策略，可轻易实现流量隔离。此外，由于拥有全局网络信息，SDN 控制器可以在不使用 TRILL 等复杂协议的情况下，实现端到端的多径传输。这些基础的网络功能是一个成熟的 SDN 控制器所必须要支持的。

4. 可拓展性

传统的网络是多层次的架构，不同二层网络的互联互通需要通过三层的路由层。随着数据中心网络的兴起，以及东西向流量的增加，这样的架构已经阻碍了网络的拓展。SDN 的集中控制使得控制器可以掌控全局信息，降低了拓展网络规模的难度，但集中式的控制器性能有限，这也带来了新的网络可拓展性问题。所以，选择 SDN 控制器时需要考虑控制器在可拓展方面的能力，保证其能管理足够大规模的网络，满足网络需求。一般而言，可管理的交换机数目是衡量控制器可拓展性的重要指标，至少能控制 100 台交换机是对控制器的基本要求。

在数据网络中，广播流量是限制网络拓展的重要原因之一。大量的广播流量将耗费大量的网络资源，严重影响网络的正常运行。SDN 控制器的集中管理可以将广播流量最大限度地降低，从而提高网络的可拓展性。此外，网络中流表项的增长是限制 SDN 网络拓展的另一个重要因素，所以，SDN 控制器需要有能力对流表进行聚类优化，从而减少交换机上的流表项，进而可以处理更多的数据流。

5. 性能

控制器的性能是评价 SDN 控制器的关键。性能主要指处理网络事件和安装流表项的能力，可以从两个方面进行测量评价：建立流表项的延时和每秒建立流表项的数目，即吞吐量。目前可以使用 Cbench 等工具测量控制器的这两种参数。当网络中的交换机产生的新流数目多于控制器所能处理的最大数目时，SDN 性能不足的问题就会严重影响网络的效率。此时，会因为等待建立流表项时间过长而导致连接中断等现象，面对这种情况，应考虑增加控制器的数目，将压力分摊到多个控制器上。

控制器下发流表项主要有两种方式：Proactively 和 Reactively，即主动下发和被动下发。控制器可以通过 Proactively 的形式预先下发流表项，从而避免当网络设备大规模上线时新流处理请求的数目突增而使控制器直接宕机等问题，保护生产网络的正常运行。Reactively 形式即被动形式，流表项安装由 Packet-in 事件被动触发。当交换机收到无法处理的数据包时，将通过 Packet-in 消息上报给控制器，而控制器则被动触发 Packet-in 处理逻辑并下发流表项。

流表项下发的时延主要是从交换机发送 Packet-in 报文开始直到收到控制器返回 Flow_mod 消息的这段时间，可以分为传输时延和控制器处理时延。控制器处理时延的影响有很多因素，比如 I/O 读取速度和程序运行速度。程序运行速度又因编程语言等多种因素而不同，所以，提升控制器性能需要考虑多方面的因素。

6. 网络可编程

网络可编程是 SDN 架构最大的优势之一。在传统网络环境中，部署一项新服务需要工程师逐跳完成设备配置，但在 SDN 中就可以通过控制器编程，实现自动化部署。网络工程师逐条部署业务的方式不仅耗时耗力，还无法保证正确性，而且通过这种方式添加的都是静态配置，无法根据实际情况快速做出调整。为了实现更智能的网络管理，SDN 控制器需要拥有网络可编程能力，从而实现（近似）实时、动态的网络管理和配置。

除了自动化网络运维的需求以外，流量重定向等应用也是需要 SDN 控制器拥有网络可编程能力的典型应用。为了降低防火墙的压力，我们理应只把需要清洗的流量重定向到流量清洗设备，而让干净的流量正常转发。但是需要清洗的流量的特征和模型是不停地动态改变的，如果通过配置的方式，则仅可以实现静态的调度，无法满足业务需求。如果通过可编程的 SDN 控制器进行网络管理，就可以实现动态的流量调度。网络可编程能力使得网络管理者可以通过编程来控制网络，并针对不同的网络模型编写对应的程序来实现动态的网络管理。

7. 可靠性

可靠性主要分为数据平面网络可靠性和控制平面可靠性。作为网络的管控中心，可靠性是最基本也是最重要的要求。数据平面网络可靠性方面主要体现在当转发路径不可达时，控制器应能快速计算出备份路径或逃生路径，从而保障数据平面网络联通性的基本要求。为保障数据平面网络可靠性，需支持多路径传输的热备份等措施。为此，控制器应支持 VRRP（Virtual Router Redundancy Protocol，虚拟路由器冗余协议）等协议或其他多路径算法。

另一方面，控制平面本身的可靠性也是业界对 SDN 诟病最多的地方。单节点的控制器在发生故障的时候会导致全网瘫痪。为了提高控制平面的可靠性，不仅要提高控制器本身的稳定性，还有使用集群等手段进行热备份或冷备份，保障数据安全，提高控制平面网络的可靠性。

8．网络安全性

为了保障网络的安全性，SDN 控制器必须支持企业级别的授权和认证。对于控制流量等重要的流量，网络管理人员应该对其进行监控，保证安全。另一方面，SDN 控制器应该支持网络安全功能，如防火墙和 ACL 等功能应用。SDN 控制器也应有能力对数据包进行过滤，部署动态的 ACL 等功能，从而提高网络的安全性。

9．集中监控和可视化

对网络进行实时监控能为网络正常运行提供保障，所以 SDN 控制器需要支持网络监控功能。在以前的很多案例中，用户是最先发现网络发生故障的人，而非网络管理人员。究其原因，是因为缺乏端到端的监控，从而无法及时地发现网络中存在的问题。而网络监控措施的实现方式也会对监控效果带来影响，比如经常用于流量监控的 sFlow 提供采样模式的监控，这在一定程度上会忽略某些流量的细节。此外，sFlow 仅能通过少量特征来对流量进行采样监控，丰富度上有所欠缺。相比之下，OpenFlow 协议就可以做到多匹配域的监控，提高了对数据监控的种类，而且 OpenFlow 提供了统计方式而非采样方式，也提高了监控的精度。所以，是否具备集中监控能力是评价一个 SDN 控制器优劣的因素之一。由于 SDN 控制器天然的集中控制优势，所以支持集中监控并非难事。

另外，凭借全局网络信息，SDN 控制器可以对网络进行可视化展示，可以实现快速的故障定位。SDN 控制器应支持使用通用的协议来对网络进行监控和可视化展示，并支持通过 REST API 等接口来获取网络信息。支持可视化的网络监控是对 SDN 控制器最基本的要求之一。

10．控制器支撑团队

SDN 的兴起吸引了大量的企业和组织进入这个领域，推动了 SDN 的发展，也推出了许多 SDN 控制器。面对目前还未稳定的 SDN 发展状况和竞争局面，选择一个控制器不仅仅要考虑技术方面的因素，还需要考虑控制器支撑团队的实力。在选择和评价一款

SDN 控制器是否有更好的发展前景时，需要考虑其支撑团队对 SDN 的投入，包括是否愿意长时间对该控制器投入研发力量，是否有实力将它发展成未来的主流控制器等内容。若支撑团队不能及时跟上 SDN 的发展，无法及时更新 SDN 控制器的特性，那么这样的控制器将会丧失竞争力。这也是为什么 OpenDaylight 和 ONOS 等控制器能够越发展越好，而其他的控制器却逐渐慢慢退出角逐的原因。究其根本，技术是一方面原因，控制器的支撑团队也是主要的原因。所以，在设计 SDN 控制器时，需要考虑企业自身是否会投入研发经费进行支持；在评价一个 SDN 控制器时，也应关注其支撑团队是否有能力将控制器做优秀。

3.3.2　选择正确的控制器

本章前面部分内容已经介绍了目前较为流行的开源 SDN 控制器，也介绍了设计和评价控制器的十大因素。那么，摆在读者面前的问题是：如何选择一个合适的控制器？结合 SDN 网站 SDxCentral 编写的控制器调查报告[21]，笔者列举了如下 6 个需要考虑的因素。

1．开源和商业

对于部署 SDN 的企业而言，选择开源控制器还是商业控制器是一个很重要的决定。选择开源的好处在于可以解除厂商的锁定，降低工程师的培养成本。而选择商业的好处在于更多的私有特性及更好的技术支持。不过目前为止，南向接口协议数目众多，控制器厂商还无法在南向协议上进行锁定。对于 SDN 学习者而言，只能选择开源控制器。在开源控制器中，根据自身对语言的偏好，以及研究领域对 SDN 控制器的需求选择合适的控制器才是最好的选择，而不应该选择最流行的控制器。比如，有的读者喜欢 Python 语言的简洁风格，可以选择 Ryu 等 Python 编写的控制器，而喜欢 Java 语言的读者，则可以选择 OpenDaylight 和 ONOS。

2．应用生态和成熟的北向接口

优秀的控制器应该拥有完整的应用生态系统，便于初学者学习及企业部署，同时，成熟的北向接口也是控制器稳定发展的前提。具有成熟北向接口的控制器可以给开发者提供许多帮助。若某个控制器的应用不丰富，北向接口不完善，那么可以认定这个控制器没有发展前景。

3．基于应用场景选择

不同的控制器定位不一样，所以其侧重点也不同。不同网络应用场景的流量模型和需求都不同，这也对控制器提出了不同的要求。所以，对选择 SDN 控制器的最好建议是：根据应用场景需求挑选控制器而非选择最流行的控制器。比如网络规模很小，目的是科研验证，则可以选择轻量级的 Ryu，从而降低开发成本，快速验证科学研究；而如果目的是工程部署则需要选择更大型的控制器如 OpenDaylight 和 ONOS。但是，商业部署也分为许多不同的场景，对应着许多不同的控制器，比如某控制器专门为 WAN 设计，可能在数据中心中运行会表现欠佳。基于应用场景需求才能选择最合适的控制器，如此做出的选择才是最佳的决策。

4．控制器的可靠性及兼容性

由于控制器是 SDN 的关键，所以在选择控制器时最应该考虑它的可靠性。在选择控制器时，可以结合其被使用的频率、部署的案例数目及它的案例运行时间等情况综合考虑，以确保它在生产网络中的可靠性和稳定性。在对比两个控制器相似的特性时，需重点考虑它们的平稳运行时长，从而判断它们的可靠性。此外，在选择控制器之前，需要确保控制器能兼容现有的网络设备，以及不会因为不兼容导致网络无法运行。

5．与云管理平台产品结合

几乎所有的商业控制器及开源控制器均支持数据中心场景下与 OpenStack 集成。在云计算快速发展、数据中心越来越多的情况下，SDN 控制器非常有必要和 OpenStack 等云管理平台结合。若用户需要在数据中心部署 SDN，那么需要确认所选的 SDN 控制器对云管理平台的支持，以确保它可以无缝接入到云管理平台。

6．稳定的 API 及清晰的发展路线

稳定的 API 是保障解决方案在控制器更新换代时可以平滑过渡的关键因素。若控制器在更新换代的过程中，新版本的 API 与早期的 API 不同，那么使用早期版本 API 部署的网络解决方案很难被新版本控制器支持。所以，在选择控制器时需要了解其 API 开发的计划和发展路线（Roadmap），确保它的 API 接口稳定，以减少重新部署解决方案的风险。

目前，SDN 发展正处于初期阶段，无论是开源控制器还是商业控制器，其竞争依然激烈，所以，在尘埃落定之前，还存在很多的变数。面对这种群雄逐鹿的发展阶段，技术的发展风向瞬息万变，所以，作为使用者的我们一定要认真考察控制器的发展路线。新控制器的出现，总是会带来更多的改变，比如 OpenDaylight 的出现大大拓宽了 SDN 的概念；ONOS 的出现，又更新了人们对 SDN 控制器的理解。相信在未来，还会有更多优秀的控制器出现，比如支持 P4 或者 POF 等支持协议无关转发和完全可编程的控制器。

目前而言，根据以上原则去选择控制器，是一种相对正确的做法。对于 SDN 学习者而言，选择自己喜欢的控制器坚持学习，远比每个控制器都接触但不深入要好得多。而学习 SDN 的关键在于，通过控制器编写解决方案、解决网络问题，而不在于实现本身。总之，选择适合自己的控制器才是最好的决定。

3.4　SDN 控制平面发展趋势

本章前面部分内容介绍了 SDN 控制平面和若干个 SDN 控制器，相信读者应该已经对 SDN 控制平面有所了解。本节将按照时间顺序来介绍 SDN 控制平面的发展趋势，希望能让读者在时间维度上更好地理解 SDN 控制平面的发展。

SDN 出现初期，控制平面的表现形式更多的是以单实例的控制器出现，采用的南向协议也是以 OpenFlow 为主。所以，在 SDN 发展初期，SDN 控制器更多指的是 OpenFlow 控制器。

历史上的第一款 SDN 控制器是 NOX，不过，目前 NOX 的社区已经不再活跃。在早期的 SDN 论文中，NOX 作为唯一的控制器，是进行 SDN 实验的重要软件，并发挥了关键的作用。此外，NOX 也给后来的控制器开发提供了很好的范例。然而，由于 NOX 使用 C++语言编写，给开发 SDN 应用带来了许多困难，逐渐在控制器竞争中失去了优势。为了解决 NOX 开发应用比较艰难的问题，NOX 的开发团队推出了基于 Python 语言编写的兄弟版本控制器 POX。

POX 采用 Python 语言开发，它的内部机制等设计和 NOX 一样。在 SDN 发展初期，POX 也扮演了相当重要的角色，相信很多早期的 SDN 初学者都接触过 POX。POX 因其简单易用，绿色无须安装等优点得到了广泛的关注和使用，成为 SDN 初学者的推荐之选。不过，随着技术的发展，采用 Python 语言开发的控制器 Ryu 和采用 Java 语言开发的控制器 Floodlight 等更优秀的控制器纷纷涌现。这些新的控制器均具有更模块化、更清晰的组织架构和更加优秀的性能。所以，相比之下，POX 黯然失色，从而在控制器的角逐中逐渐处于下风。目前，POX 的开源社区还是活跃状态，由 Murphy McCauley 继续运营，不过 POX 已经不复当年，注定会消失在历史的长河中。

2012 年和 2013 年，Ryu 和 Floodlight 相继诞生。Ryu 基于 Python 语言开发，Floodlight 基于 Java 语言开发。由于两者在易用性、性能和架构方面等均比早先时期的 POX/NOX 优秀，很快得到了 SDN 研究者的青睐。

Ryu 是日本 NTT 公司开发的模块化的控制器。Ryu 因其架构清晰、支持 OpenFlow 全部版本、支持 OpenStack 集成、性能良好及文档齐全等优点获得了许多 SDN 研究者的青睐。同样，从 Beacon 基础上改进而来的 Floodlight 控制器以其优秀的性能，模块化设计等优点也被 SDN 研究者广泛使用。这一时期的 SDN 控制器开发侧重于提升单控制器实例的性能，控制器支持的南向协议也以 OpenFlow 为主。

就在 Ryu 和 Floodlight 控制器还在伯仲之间，刚刚开始在 SDN 崭露头角的时候，一个重要的 SDN 控制器掀开了 SDN 控制平面发展的新序幕。2013 年，Linux Foundation 和思科、Juniper 和 Broadcom 多家网络巨头一起创立了新的 SDN 控制平面开源项目 OpenDaylight。OpenDaylight 组织的赞助商和发起者多为设备厂商而非运营商和网络服务提供商，其目的在于推出一个通用的 SDN 控制平台。

OpenDaylight 不仅仅是一个 SDN 控制平台，它更是一个庞大的开源项目，包含了许多子项目，而控制器只是其中的一个子项目。OpenDaylight 支持多种南向协议，如 OpenFlow1.0 和 1.3 版本、NETCONF 及 OVSDB，是一个广义的 SDN 控制平台，而不是仅支持 OpenFlow 的狭义 SDN 控制器。

OpenDaylight 的诞生标志着 SDN 控制平面的发展进入一个崭新的纪元。此时的 SDN 控制器支持多种南向协议，而不局限于 OpenFlow。这样的 SDN 控制平面定义和实现给业界带来了更大的想象空间，也让许多传统网络设备商在设计 SDN 产品时有了更大的舞台。但由设备商主导的 OpenDaylight 也让人们心存疑虑：网络设备商巨头主导的 SDN 控制器会不会不够开放呢？

随着 OpenDaylight 的登场，SDN 控制器的发展方向已经从提高单实例控制器性能向开发可拓展性更好的分布式系统方向发展。分布式的控制平台不仅可以管理更大的网络，还可以实现容灾备份，提升系统的可靠性。

OpenDaylight 社区的会员很多，早期的会员多为网络设备商。各个设备商均竭尽所能，千方百计地把自己的思想和产品加入到 OpenDaylight 项目中，如思科的 OpFlex。虽然 OpenDaylight 社区的参与者众多，但是主导方还是网络行业巨头思科，所以 OpenDaylight 的大多数项目还是由思科的工程师开发。在社区竞争中，失利的一方有时也会选择退出或者采取其他的措施，比如 Big Switch Networks 退出 OpenDaylight，而 Juniper 则将精力转向了自己的 OpenContrail。 OpenContrail 是 Juniper 的商业控制器 Contrail 的开源版本，它基于 C++ 语言编写，支持 OpenFlow 协议和 NETCONF 等南向协议。同样的，出于企业战略考虑，有的设备商和服务提供商则增加了对 OpenDaylight

的投入，比如 HP 增加了投资，升级到了铂金会员。华为则兵分多路，多管齐下，一方面开发 OpenDaylight，另一方面也参与了新生代控制器平台 ONOS 的开发，同时他们还在努力推广自己的商业控制器 AC（Agile Controller，敏捷控制器）。

虽然 OpenDaylight 社区阵容强大，但受利益驱动，社区中存在着很激烈的竞争。不过，这并不影响 OpenDaylight 在 SDN 研究者心目中的地位。OpenDaylight 凭借强大的社区力量，在 SDN 控制器的竞争中成为最具有影响力的控制器之一。此外，许多企业在自己的产品中也使用了 OpenDaylight，比如 Brocade 推出了基于 OpenDaylight 的商业控制器 Vyatta，腾讯使用 OpenDaylight 管理自己的数据中心网络之间的 WAN。

从 2013 年底到 2014 年底这段时间内，OpenDaylight 可谓风光无限，提到 SDN 几乎都会提到 OpenDaylight，仿佛 OpenDaylight 就是 SDN 控制器的最终形态和最终归属。这一局面，在 2014 年 12 月 5 日被打破了——由 ON.LAB 开发的 ONOS 面世了。ONOS 是一款基于 Java 语言的分布式网络操作系统，它的目标是打造一个开放的 SDN 网络操作系统，市场定位在运营商级别的网络市场。

自 ONOS 诞生之后，OpenDaylight 遇到了真正的竞争对手。ONOS 由 ON.LAB、ONF 和华为三辆马车牵引前进。目前，ONOS 也是 CORD（Central Office Re-Architected as a Data Center）开源项目中的控制器。CORD 目前已经是 Linux 基金会下面的独立开源项目，它的目的是通过 SDN、NFV 和云计算技术对运营商网络进行改造，采用开放的通用硬件和开源软件使得运营商可以像云服务供应商一样提供灵活的网络服务。

除了以上提到的 SDN 开源控制器之外，也有其他用户比较少的控制器，如 Trema 、FlowER 和 LOOM 等。参考 SDxCentral 最新的 SDN 控制器的研究报告，此处将目前 SDN 开源控制器活跃情况列举见表 3-6。

表 3-6　开源控制器活跃情况

活　　　跃	不　活　跃	活　　　跃	不　活　跃
Floodlight	Beacon	LOOM	
Ryu	NOX	Trema	
OpenDaylight	NodeFlow	POX	
ONOS	FlowER		

实际上，除了以上提到的控制器以外，还有一款控制器也是名声在外，它就是 Google 的分布式控制器 Onix。Onix 目前还没有开源，所以相关资料非常少。Onix 由 Google、Nicira 和 NTT 共同开发，并应用在 Google 数据中心网络之间的 WAN。2013

年，Google 在 SIGCOMM 上发表了论文 *B4: Experience with a Globally-Deployed Software Defined WAN* [22]，论文介绍了 Google 的 WAN 加速 SDN 的方案，其中使用的控制器就是 Onix。该方案将 WAN 带宽利用率提升到了接近 100%的利用率，十分惊人。2010 年 Google 已经开发出了整套方案，然后在数据中心之间的骨干网上成功运行了 3 年，然后将这个应用案例写成论文并发表。显而易见，Google 的 SDN 部署进度超过业界许多年。著名的 B4 案例也成为 SDN 支持者心中最有力的论据之一。

除了 Onix 之外，还有许多商业控制器，如华为敏捷控制器，Big Switch Network 的 Big Cloud Fabric、Brocade SDN 控制器、HP 的 VAN（Virtual Applications Networks）控制器和武汉绿网的 GNflush 等，更多商业控制器的内容可参考 SDxCentral 的 SDN-Controller-Report 2015B[21]。

随着技术的发展，网络规模的扩大，SDN 控制平面将会朝着更大规模发展，未来会出现分级分域的概念，多控制器之间将需要协同工作。每个 SDN 域将由各自的控制器管理，并根据具体的网络场景需求部署对应的网络应用。而 SDN 域之间的通信将由上层控制器来负责，暂且称之为超级控制器或者域间控制器。分级分域的 SDN 网络是未来 SDN 进化的终极体。此外，未来的 SDN 控制平台会朝着网络操作系统方向发展，目前，ONOS 就是网络操作系统的示范。特性方面，SDN 控制平台将和 OpenStack 等云管理平台集成，实现网络和计算资源的统一管理。应用方面，虽然开发者可以在 SDN 控制平面上开发部署很多应用，但是未来的 SDN 控制器将面对特定的网络运行特定的若干应用。极端情况下，会出现许多面向不同场景的控制器。

影响 SDN 控制器发展的因素除了技术因素以外，还有很多商业利益等非技术因素。企业在制定 SDN 战略时，都是从自身的商业利益出发，这些战略在很大程度上影响着 SDN 的发展。

自 SDN 发展以来，业界不同阵营各执己见，针锋相对。支持者声称 SDN 将改变传统网络，打破目前固化的网络架构，带来更灵活、更智能的网络；反对者则认为 SDN 并没有良好的发展前途，因为分布式的优点足以支撑目前的网络运行，而 SDN 所提倡的集中式虽有优点，但需要付出的代价过多，且性能问题始终存在，所以劣势大于优势。

读者在面对这些观点时，需考虑言论背后的利益阵营，不同利益阵营的观点自然不同。传统巨头思科对 SDN 的态度就很微妙：如果不支持 SDN，万一 SDN 真成为下一个潮流，思科可能会失去行业领先地位；如果完全支持，SDN 的到来使得网络市场的准入门槛大大降低，更多新的竞争者将加入战局，追赶者华为等也会趁机大力追赶，领先优势可能会被大大削减，甚至会失去鳌头。所以，思科一方面投入精力参与 OpenDaylight 开发，另一方面推出自己的 ACI（Application Centric Infrustructure），企图另辟蹊径占领 SDN 市场，巩固自己的行业领先地位。ACI 是一种广义上的 SDN 架构，它的控制器 APIC（Application Policy Infrastructure Controller）也能实现集中式的网络管理，但它区别于上文提到的控制器，它并不负责指挥数据平面的转发等行为，只负责策略分发，不规定数据平面的实现方式。所以在 ACI 架构中，底层设备 Nexus 9000 才是重点，而非控制器。ACI 使用的南向协议也避开了 OpenFlow，而使用了 OpFlex。如此一来，思科成功避开了 SDN 白牌交换级的冲击，成功将战场引到了思科拥有技术壁垒的数据层面产品领域。

对于传统网络行业巨头而言，稳定当下的市场局面对自己有利，自然不希望被 SDN 打破行业生态平衡，所以他们对 SDN 的态度往往不够积极，甚至是消极的。但是为了防止新技术的冲击，巨头们一定会跟进 SDN，也一定会想办法推出兼容产品或者竞争产品，力图在新技术市场上占据有利地位。除了投入研发精力外，巨头们还会对有希望的创业公司进行技术收购，从而实现在新领域的快速成长。如果创业公司成长壮大，那么巨头的收购策略是成功的，如果创业公司失败，这笔投资对于巨头而言并非大事，而且如果新技术失败，那么巨头的利益将不会受到干扰，所以也存在创业公司被收购等于被消灭的可能。技术收购的策略在新技术的发展过程中经常被使用，所以，近些年关于 SDN 创业公司被收购的新闻屡见不鲜，相信在 SDN 的发展道路上，技术收购还会陆续发生。

对于第二阵营或者新技术公司而言，必然大力支持 SDN 的发展，比如第二阵营的华为就大力投入研发精力研发 SDN 的相关产品。华为不仅在开源项目方面参与 OpenDaylight 项目，还参与 ONOS 项目。一方面，跟进 OpenDaylight 项目不落后；另一方面，企图通过 ONOS 项目来争取更多的市场。此外，华为也大力发展 AC 商业控制器等 SDN 产品，从而在 SDN 领域展开技术布局。和华为类似，HP 也投入精力发展 SDN，不仅推出了 SDN 控制器产品，也推出了 SDN 交换机等数据平面产品。新技术公司方面，国内的盛科、国外的 PICA8 等交换机厂家已经抓住 SDN 的发展机会，推出了许多数据平面产品，也占据了一定的 SDN 市场。配套的数据平面产品的推出必将推动 SDN 控制平面的发展。

从服务提供商的角度出发，能在省钱的基础之上提供更好的网络服务是最好的。SDN 的出现给降低网络成本带来了可能，所以，Google 等服务提供商也会主动去研发 SDN。虚拟化技术领域的领头羊 VMware 更是借着 SDN 和网络虚拟化的发展，迅速进军网络行业，与网络巨头思科形成了针锋相对的竞争关系。所以，即使设备商对 SDN

持消极态度，网络设备消费者的服务提供商也会对 SDN 持有乐观、积极的态度。相信在市场供求关系的驱动下，SDN 将会朝着更健康更成熟的方向发展。

SDN 的发展打破了网络行业的格局，为这场角逐引入了更多的新玩家，这些新玩家甚至是来自其他领域的，这给网络领域的设备商带来了许多危机。典型的例子就是虚拟化产品巨头 VMware 进军网络虚拟化领域。VMware 在瞄准 SDN 的市场之后，收购了创业公司 Nicira，并在其 Network Virtualization Platform（NVP）的基础之上，结合自己的 vCloud Networking and Security（vCNS）推出了 NSX，从而占据了数据中心网络虚拟化的一部分市场，成功进入了 SDN 市场。谷歌、微软和 Facebook 等其他领域的巨头也开始涉足 SDN。随着更多新竞争者的到来，网络行业的竞争更加激烈，而随着新的 SDN 产品推出，SDN 将会加速发展。同时，愈演愈烈的竞争也给业界足够的信心去推动 SDN 发展，从而促进 SDN 及 SDN 控制平面的发展。

SDN 控制器的竞争最终是优胜劣汰的残酷游戏，在这场群雄逐鹿的游戏中，最终将剩下几款经典的控制器分别占领不同的市场，正如当下的计算机操作系统一般。但未来不会有任何一款控制器会垄断整个市场，不同的控制器将会在相互竞争中相互促进，不断发展。此外，OpenFlow 短期之内不会失去竞争力，但最终会出现多种南向协议百花争艳的局面，因为竞争是常态，是技术发展的源泉。

3.5　本章小结

本章主要对现有的 SDN 控制器平面进行了介绍，其内容包括 SDN 控制平面简介、SDN 开源控制器介绍、如何选择 SDN 控制器及 SDN 控制平面发展趋势。在 SDN 开源控制器介绍部分，选取了 NOX/POX、Ryu、Floodlight、OpenDaylight 和 ONOS 进行了介绍。此外，本章还针对读者对 SDN 的不同需求，介绍了如何选择 SDN 控制器的内容。最后的 SDN 控制器发展趋势部分，从历史发展的角度，多角度对不同时期的 SDN 控制器进行了详细的对比，总结出了 SDN 控制器的发展将结束群雄逐鹿的现状，转而进入根据网络场景分化阶段的结论。

参考资料

[1] SDN Architecture Overview, https://www.opennetworking.org/images/stories/downloads/sdn-resources/technical- reports/SDN-architecture-overview-1.0.pdf.

[2] Gude N, Koponen T, Pettit J, et al. NOX: towards an operating system for networks[J]. ACM SIGCOMM Computer Communication Review, 2008.

[3] Ryu SDN Framework, http://osrg. github. io/ryu.

[4] Floodlight, http://www.projectFloodlight.org/Floodlight/.

[5] Medved J, Varga R, Tkacik A, et al. OpenDaylight: Towards a Model-Driven SDN Controller architecture[C]// World of Wireless, Mobile and Multimedia Networks. IEEE, 2014.

[6] Berde P, Gerola M, Hart J, et al. ONOS: towards an open, distributed SDN OS[C]// Proceedings of the third workshop on Hot topics in software defined networking. 2014.

[7] Gude N, Koponen T, Pettit J, et al. NOX: towards an operating system for networks[J]. ACM SIGCOMM Computer Communication Review, 2008.

[8] Architecture of NOX , https://www.safaribooksonline.com/library/view/sdn-software-defined/9781449342425/httpatomoreillycomsourceoreillyimages1766740.png.

[9] Architecture of Ryu, http://image.slidesharecdn.com/ryu-sdn-framework-upload-130914010856-phpapp01/95/ryu-sdn-framework-20-638.jpg?cb=1379121452.

[10] Roesch M. Snort: Lightweight Intrusion Detection for Networks[C]//LISA. 1999.

[11] Erickson D. The beacon openflow controller[C]//Proceedings of the second ACM SIGCOMM workshop on Hot topics in software defined networking. 2013.

[12] Installation Guide of Floodlight, https://Floodlight.atlassian.net/wiki/display/Floodlightcontroller/Installation+Guide.

[13] OpendDaylight, https://www.opendaylight.org/.

[14] MD-SAL, https://wiki.opendaylight.org/view/OpenDaylight_Controller:MD-SAL.

[15] Karaf, http://karaf.apache.org/.

[16] Yin H, Xie H, Tsou T, et al. SDNi: A message exchange protocol for software defined networks (SDNs) across multiple domains[J]. IETF draft, 2012.

[17] Download OpenDaylight, https://www.opendaylight.org/downloads.

[18] OpenDaylight Lithium, https://wiki.opendaylight.org/view/Installing_OpenDaylight# Lithium_Latest_Distribution_Artifacts.

[19] Install ONOS, https://wiki.onosproject.org/display/ONOS/Installing+and+Running+ ONOS.

[20] ONOS wiki, https://wiki.onosproject.org/display/ONOS/ONOS+Wiki+Home.

[21] SDxCentral SDN Controllers Report, https://www.sdxcentral.com/sdn-controllers-report-2015/.

[22] Jain S, Kumar A, Mandal S, et al. B4: Experience with a globally-deployed software defined WAN[C]//ACM SIGCOMM Computer Communication Review. 2013.

第 **4** 章

SDN 数据平面

在 SDN 架构中，控制平面是网络的大脑，控制着数据平面的行为，而数据平面是执行网络数据包处理的实体。前面介绍了 SDN 的核心在于网络可编程，而网络可编程能力就取决于数据平面的可编程能力，所以在介绍了 SDN 的定义、SDN 控制平面和南向协议等内容之后，本章将介绍 SDN 的另一个重要组成部分：数据平面。首先，将简要介绍 SDN 数据平面与传统网络数据平面的不同之处，从而引申出"通用可编程数据平面"的概念；然后，以 OpenFlow 通用可编程转发模型为例介绍当前主流的通用可编程数据平面；接着，介绍通用可编程数据平面的现状；最后，将梳理一下 SDN 数据平面的发展历史，展望 SDN 数据平面的发展趋势。

4.1 SDN 数据平面简介

第 1 章的内容已经介绍了在传统网络架构中，设备的控制平面和数据平面都被封闭在一个盒子内，彼此之间为紧耦合关系。控制平面实现网络的控制逻辑，而数据平面执行网络控制逻辑，比如解析数据包头和转发数据包到某些端口。但紧耦合的关系导致设备升级时相互依赖，设备可编程能力差，无法快速支持新需求。

此外，为了完成网络协议定义的数据操作，这些传统设备的数据平面的网络处理行为都是协议相关的，其架构如图4-1所示。传统网络设备的功能模块在生产时就已经固定，只支持有限的用户配置，而不支持用户进行编程自定义，所以产品升级困难。比如，包解析模块只能对数据包的特定协议进行解析。

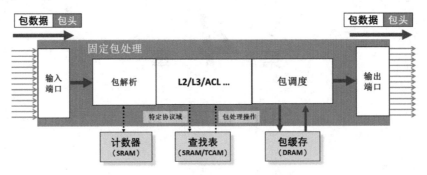

图 4-1 传统网络数据平面架构

为了解决传统网络的问题，追求更好的网络编程能力，SDN 架构应运而生。SDN的数控分离设计，解决了控制平面和数据平面升级依赖的问题，也为网络提供了更多的可编程能力。而本质上，决定网络编程能力的因素在于数据平面的可编程。只有数据平面提供足够的可编程能力，控制平面才能通过南向接口来对网络进行更灵活的编程控制。所以，为了获取更好的可编程能力，人们一直在努力推动着通用可编程数据平面的发展。

通用的可编程数据平面支持网络用户通过软件编程的方式任意定义数据平面的功能，包括数据包的解析和数据包的处理等功能，可以实现真正意义上的软件定义网络。SDN 通用可编程数据平面架构如图4-2所示。此外，为了提供更好的可拓展性，通用可编程数据平面设备中所有的网络处理模块，包括包解析器（Parser）、包转发（Packet Forwarding）和包调度（Packet Scheduling）等模块都是可编程重配置或者是协议无关的，都具备足够的可编程能力。

2008 年，斯坦福大学 The McKeown Group 的 Martin Casado 等人在论文 *Rethinking Packet Forwarding Hardware* 中首次讨论了现有路由器和交换机中网络转发平面的不足[1]，他们认为理想的网络转发模型应该具备以下三个条件。

（1）清晰的软硬件接口（Clean interface between hardware and software）。清晰的软硬件接口可以支持软硬件体系结构各自独立地演进。以 x86 指令集为例，处理器硬件和操作系统可以独立地升级。理想的网络转发模型应该与网络协议无关，支持根据软件编程实现所有的协议功能，甚至支持新的网络协议。

（2）简洁的硬件架构（Hardware simplicity）。这里的简洁是指网络转发模型的硬件架构像通用处理器的架构一样，支持模块化的可扩展能力，在同样的硬件体系结构下，能够通过增加处理器内核或子模块的数量来提升系统性能。

（3）灵活有效的功能实现（Flexible and efficient functionality）。相比传统网络转发平面的功能堆砌，网络转发模型能够高性能且低成本地实现大多数的网络功能，同时能够快速地添加新功能。

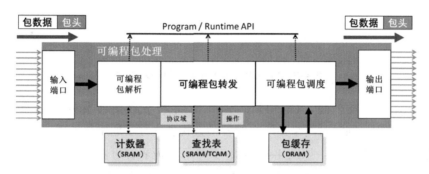

图 4-2　SDN 通用可编程数据平面架构

The McKeown Group 在此基础上定义了一种可编程通用转发抽象模型（General Forwarding Abstraction）：OpenFlow Switch[2]。在 SDN 通用可编程数据平面的发展过程中，OpenFlow Switch 通用转发模型是现在通用可编程数据平面中的代表。目前为止，业界主流的 SDN 硬件交换机都实现了对 OpenFlow Switch 通用转发模型的支持，包括业界使用最多的开源软件交换机 Open vSwitch。但是 OpenFlow Switch 只是一种通用可编程转发抽象模型的尝试，其还有很多地方没有达到以上对通用可编程转发抽象模型的要求，比如其不支持协议无关转发，也不支持对数据包解析逻辑进行编程。本章接下来将对 OpenFlow Switch 通用可编程转发模型做详细的介绍。

4.2　通用可编程转发模型

传统路由器和交换机的转发处理都是协议相关的，每个模块都是为了实现特定的网络协议而设计的，一旦设计完成就只能处理固定格式的网络数据包，无法根据用户需求来支持新的网络协议，如图 4-3 所示。其中，L2 表模块只能完成 MAC 层的地址学习和查找处理，而 L3 表模块只能完成 IP 层的学习和查找处理。

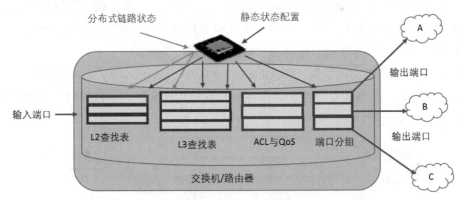

图 4-3 传统的路由器和交换机转发处理

相比传统的转发平面，OpenFlow Switch 将网络数据转发处理抽象成通用的 Match-Action 过程，同时对网络系统中的各种查找表进行了通用化处理，抽象成一种新的通用流表转发模型结构，如图 4-4 所示。其中每个流表都可以实现用户定义的网络处理功能，从而实现可编程的网络数据转发处理。这种新的通用转发模型有如下特征。

- 转发行为由控制平面指定（Behavior specified by control plane）
- 由基础转发原语组成（Built from basic set of forwarding primitives）
- 支撑高性能和低功耗（Streamlined for speed and low-power）
- 避免厂商锁定控制程序（Control program not vendor-specific）

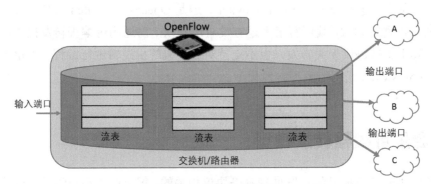

图 4-4 通用转发模型

OpenFlow Switch 通用转发模型主要包括"通用硬件模型"和"通用处理指令"两

部分。通用硬件模型由一组网络通用硬件子模型组成。通用处理指令包含了一组用户可编程的网络处理操作和控制指令。接下来将从这两个方面对 OpenFlow Switch 做详细的介绍。

4.2.1　通用硬件模型

OpenFlow Switch 通用硬件模型的架构如图 4-5 所示。它的网络数据处理流程为：首先，数据包从某个端口进入通用模型，通用模型中的协议解析模块完成对数据包头部分的分析，然后根据分析结果选择对应的流表进行处理。在流表内部，解析出来的数据包内容会与每个流表项进行比较。假如数据包匹配到了流表的一条表项，则通用模型需要对该数据包执行表项中规定的处理操作，反之，则会按照某种特定指令来处理，比如丢弃或转发给控制器。

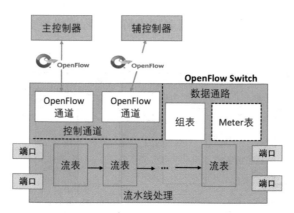

图 4-5　OpenFlow Switch 通用硬件模型架构图

OpenFlow Switch 的网络通用处理指令分为操作指令、跳转指令和专用指令三种类型。操作指令通常是对网络数据包的具体操作，比如转发数据包、修改数据包，以及组表处理和 Meter 表处理；跳转指令实现网络数据包在多个流表之间的跳转操作；专用指令实现某种特定的网络数据流处理。在网络通用硬件模型中完成数据包处理之后，会将数据包从某个指定端口发送出去。

在 OpenFlow Switch 通用硬件模型中，对每个数据包的处理取决于其包头标识域在匹配表中的搜索结果，这个搜索结果会说明需要对数据包做何种操作。不同类型的 Match-Action 处理表组成不同的网络通用硬件子模型，比如流表、组表和 Meter 表。

流水线处理

OpenFlow Switch 通用硬件模型最重要的一个概念就是 1.1 版本提出的"多级流表"，其支持网络数据包在多个流表之间进行处理，如图 4-6 所示。相比 1.0 版本的"单流表"概念，"多级流表"具备两方面的优势。首先是因为现有的交换芯片内部通常有多个查找表，比如二层转发表、三层路由表和访问接入控制查找表等，"多级流表"概念使得这些芯片更容易支持 OpenFlow Switch 多级流表，资源利用率也变得更高；其次，很多网络应用会根据不同包头域组合，对数据包进行关联处理。如果只在单个流表中实现，将会造成流表的资源浪费；而通过多级流表的流表跳转指令实现不同处理之间的逻辑关系，可以让 OpenFlow Switch 模型具备更强的适配能力，而且节省流表空间。比如匹配域数目为 $N+M$，假设每个匹配域可能值的总数目都是 x，那么为了满足所有可能的流表匹配，需要 x^{N+M} 条流表项，而如果采用二级流表，第一个流表的匹配域数目为 N，第二个流表的匹配域数目为 M，则只需要 x^N+x^M 条流表项就可以支持所有流的匹配。同理，流表数目越多，压缩效果就越明显，流表项支持的编程逻辑也更复杂，而流表的设计逻辑也更复杂。

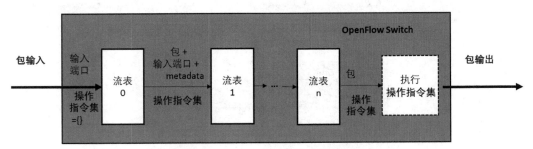

图 4-6　OpenSwitch 流水线处理

在支持多级流表的 OpenFlow Switch 通用硬件模型中，每个数据包在进入流水线之前，将被分配一个对应的操作指令集（Action Set，网络数据操作指令集合）。然后，数据包进入第一个流表（编号为 0）开始处理，通用硬件模型将把数据包协议内容与每个表项进行匹配查找。完成查找过程之后，通用硬件模型会将流表项中定义的操作指令写进操作指令集中，或者传输给下一个流表，或者在指令执行模块完成对数据包的操作处理。此外，多个流表之间也可以通过一个 Metadata 来交互信息，这个 Metadata 信息可以添加到下一个流表的匹配域中，也可以直接写进某个流表项。

OpenFlow Switch 还定义了一个跳转控制指令 Instruction，用来控制网络数据在流表之间的流水线处理。这个跳转控制指令将在 4.2.2 节中详细介绍。

流表

在理解流表抽象子模型之前，需要先了解网络设备中的转发表概念。网络设备中的转发表是一种"键-值（Key-Value）"查找表，通过表内容匹配来返回匹配成功的操作数据。转发表的键值是各种网络协议的字段，比如源 MAC 地址和目的 MAC 地址等。键值匹配成功时返回的值是对数据包的操作指令，比如将其转发到对应的端口等操作。流表就是一种这样的转发表。

OpenFlow Switch 采用 Flow（数据流/流）的概念来描述具备相同特征的网络数据包集合。我们每天都在产生 Flow，比如访问网页，就会制造一系列的数据包，就会产生一些数据流，也就是 Flow。区分 Flow 的特征有很多，比如业务类型和通信地址等。所以，上网浏览网页和浏览视频两种不同业务的数据流可以根据业务类型不同分为两种 Flow，你和邻居上网的数据流就可以根据通信地址的不同而分为两种 Flow。为完成 Flow 的处理，OpenFlow Switch 定义了 Flow Entry（流表项）来处理对应的数据流，这些流表项均存储在流表中。所以，Flow 是 OpenFlow Switch 通用硬件模型处理的基本对象之一。OpenFlow Switch 引入 Flow 的概念，使得网络用户可以在会话级、应用级和用户级等更细颗粒度的层面上部署网络策略。

每个流表由多条流表项组成，用户通过对这些表项进行编程来区分 Flow，同时定义对应 Flow 的处理指令。每个流表项对应一个特定的 Flow，其结构通常由六部分组成，如图 4-7 所示。

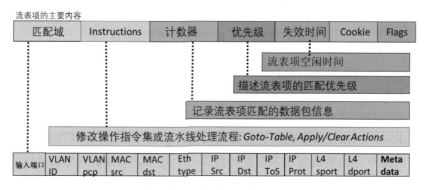

图 4-7　流表项结构图

流表项的匹配域用来与每个数据包的指定包头标识集合进行比较，包括输入端口、包头标识域和 Metadata 三部分。Instructions 用来指定该 Flow 中数据包的跳转操作，同时也包括对流表项的操作指令集的操作。流表项的计数器（Counters）用来实时统计与流表项匹配成功的数据包数目等信息，这些统计信息是网络用户分析流量的关键信息。流表项的优先级（Priority）用来说明该流表项的匹配优先级，当数据包与多条流表项匹配成功时，需要按照优先级来选择出一条流表项，并执行该表项的动作。流表项的失效时间（Timeouts）用来指定该流表项的失效时间，包括硬超时（Hard_Timeout）和软超时（Idle_Timeout）两种设置。如果流表项的生存时间超过硬生存时间，或者在软生存时间内没有匹配到数据包，流表项中的内容将会被清空。

Flow 的每个网络数据包在单个流表中的处理流程如图 4-8 所示。

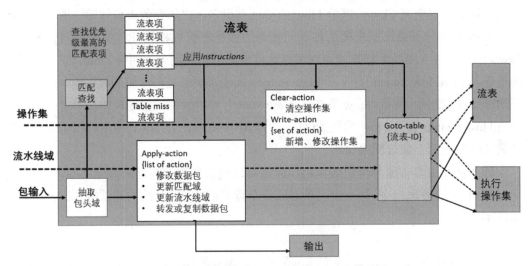

图 4-8　数据包在单个流表中的处理流程

OpenFlow Switch 模型需要先从网络数据包中提取出待匹配的网络数据包协议字段组合，再加上来自上一个流表的 Metadata 信息共同组成一个待匹配域。然后，将这个待匹配域跟当前流表的所有流表项进行比较，如果有唯一的流表项与数据包的匹配域匹配，这时，OpenFlow Switch 模型会先更新流表项的计数器等状态，然后再执行该流表项中的指令，这些指令会指明数据包需要跳转到哪一个流表，从而实现流表的跳转。需要注意的是，流表跳转指令只能控制数据包沿着流水线的顺序方向处理，不能回退到之前的流表。当该流表项中没有指定跳转指令时，流水线处理就会停止跳转，然后对数据包执行具体的操作，比如修改包头域和转发数据包等。所以，流水线中的最后一个流表不会包含流表跳转指令，从而强制停止流水线处理。

流表子模型本质上是一种面向 Flow 的转发表。每个流表项主要包括两部分：匹配域和操作。匹配域用来描述一组具有共同特征的网络数据包集合，即 Flow；操作用来定义特定 Flow 的处理指令，这种处理指令是一种控制指令，称为 Instruction。另外，流表项还包含了该 Flow 的其他信息，比如优先级、状态统计和失效时间等。

组表

组表也是一种转发表类型的抽象子模型，其具备给一组端口定义某种指定操作的抽象能力，从而为组播、负载均衡、重定向及聚类操作等网络功能提供更加便捷的实现方式。

每个组表由多条组表项组成，用户通过编程这些表项来定义这组端口和要执行的操作。通过在流表项中使用 Group 动作可以将 Flow 的数据包指向某个组操作，从而执行组表中的动作集合。组表的存在使得 OpenFlow Switch 通用转发模型能实现更多、更加灵活的转发策略。组表的表项通常由四部分组成，如图 4-9 所示。

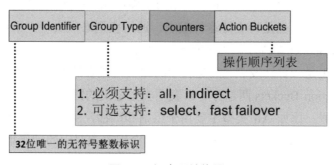

图 4-9　组表项结构图

组表项的 Group Identifier 用来唯一标识这个表项，其为一个 32 位的整数，这也是组表与流表结构不同的地方之一。组表项的计数器（Counters）与流表中的功能类似，用来实时统计与该表项的状态信息，比如由组表处理的数据包数目。组表项的操作桶（Action Buckets）用来存储多个 Action Bucket，每个 Action Bucket 包含一个数据包操作指令集。组表项的 Group Type 域用来指定该组表项的类型，目前 OpenFlow Switch 通用硬件模型定义了如下四种组表项类型。

（1）全选择类型（All），这种组表项会执行 Action Buckets 中所有 Action Bucket

中的操作动作集，可用来实现网络中的组播和广播功能。对应 Flow 的数据包会被复制到每个 Action Bucket，然后进行处理。如果某个 Action Bucket 将数据包直接转发给输入端口，就不会复制这个数据包。

（2）选择类型（Select），这种表项只选择执行一个 Action Bucket 的动作集，通常用交换机自己的算法来选择这个 Action Bucket，比如根据用户配置元组的哈希算法，或者简单的轮询算法。这个选择算法需要的所有配置信息和状态都来自通用模型外部，即需要用户在控制器端进行软件编程。当某个 Action Bucket 选择的端口物理连接断开时，转发模型可以选择其余的端口，比如那些包含转发操作的激活端口，而不是丢弃发给该端口的数据包。采用 Select 类型的组表可以减少链路或交换机故障对网络业务的影响，也经常被用于流量的网络负载均衡（Network Load Balancing）。

（3）间接类型（Indirect），这种组表项只能支持一个 Action Bucket。用来实现多个流表项或多个组表项指向单一组表 ID 的情况，支持快速、高效的汇聚功能。这种组表项是相对简单的一种类型，通常此类型的组表项数目要比其他类型的组表项多。

（4）快速恢复类型（Fast Failover），这种表项只执行第一个激活的 Action Bucket。这种组表类型能让转发模型自己调整转发操作，不需要每次都请求控制器。Fast Failover 类型组表多用于容灾备份场景，当前操作由于故障无法执行时，切换到备份的动作组，从而保障业务不中断。但是为支持这种组表，通用模型必须实现一个"活跃度机制"，用于实现 Action Bucket 的排序。当没有激活的 Action Bucket 时，数据包会被丢弃。

组表子模型也是一种转发表，只是表项的定义与流表的内容不同，其表项主要包括组表项类型和 Action Buckets 两部分。组表项类型定义的四种类型，分别抽象了四种不同的网络应用场景，比如 All 类型主要用于组播和广播，Select 类型主要用于实现轮询的 ECMP 或链路聚合等。Action Buckets 定义每个组表项对应的动作集。

Meter 表

Meter 表是第三种转发表类型的抽象子模型，其使得 OpenFlow Switch 模型具备测量 Flow 的能力，可用来实现速率控制等简单的 QoS 服务，也可以用来实现相对复杂的 QoS 服务。

每个 Meter 表由多条计量表项（Meter Entry）组成，这些计量表项可以用来测量和控制某个 Flow 的数据包传输速率，其结构通常由三部分组成，如图 4-10 所示。网络用户可以在流表项中指定一个对应的计量表项，用来完成对这个 Flow 的测量和控制。

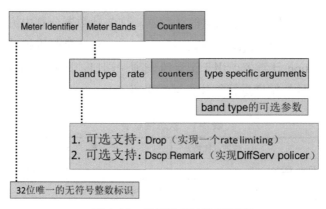

图 4-10　计量表项结构示意图

计量表项的计量标识（Meter Identifier）用来唯一标识这个计量表项，也是一个 32 位的无符号整数。计量表项的计数器（Counters）与流表中的功能类似，用来实时统计与该表项相关的状态信息，如该表项处理的数据包数目等信息。计量表项的计量带（Meter Bands）用来定义该表项对应的一组操作，在实际处理过程中，这些计量带的操作是没有优先级顺序的。

每个计量带指定一个网络数据流的传输速率阈值，也就是上图中的速率域。其中的 Band Type 定义了一种对应的包处理方式，通常只有网络数据流的当前流量速率超过这个速率阈值时，才会执行 Band Type 中的指定操作。每个计量带 Band 类型中的操作包括丢弃（Drop）和修改 DSCP 的 Remark，其中丢弃操作用于实现对应 Flow 的速率控制，DSCP Remark 操作用于实现一个简单的 DiffServ。计量表抽象子模型用速率域中指定的速率阈值来唯一标识这个计量带。计量带的计数器用来实时统计与该计量带的相关状态信息，比如该计量带已完成处理的数据包数目。计量带的类型参数（Type Specific Arguments）是一个保留域，用户可以自定义这个可选参数。

Meter 表子模型是一种转发表，其计量表项主要包括计量 ID 和计量带两部分。计量 ID 定义需要测量的 Flow，计量带定义如何对这个 Flow 进行测量。

状态信息表

前面三个小节讨论了 OpenFlow Switch 模型的三种表抽象子模型，接下来讨论 OpenFlow Switch 模型的另一种抽象子模型：计数器。这些计数器组合起来就构成了一个基于 Flow 的网络状态信息表，对特定 Flow 的数据包进行统计和记录。

OpenFlow Switch 模型定义了大量的计数器，这些计数器分别由流表、流表项、端口、队列、Group、Group Bucket（组操作桶）、Meter 和计量带维护着。其中有一种特殊的计数器——Duration 计数器，用于记录流表项、端口、队列、Group 和 Meter 的存活时间，通常按照纳秒的精度进行统计。详情见表 4-1。

表 4-1　状态信息表

名　　称	位宽（比特）	名　　称	位宽（比特）
Per Flow Table		Per Queue	
Reference Count	32	Transmit Packets	64
Packet Lookups	64	Transmit Bytes	64
Packet Matches	64	Transmit Overrun Errors	64
Per Flow Entry		Duration(seconds)	32
Received Packets	64	Duration(nanoseconds)	32
Received Bytes	64	Per Port	
Duration (seconds)	32	Received Packets	64
Duration (nanoseconds)	32	Transmitted Packets	64
Per Group		Received Bytes	64
Reference Count(flow entries)	32	Transmitted Bytes	64
Packet Count	64	Receive Drops	64
Byte Count	64	Transmit Drops	64
Duration(seconds)	32	Receive Errors	64
Duration(nanoseconds)	32	Transmit Errors	64
Per Group Buckets		Receive Frame Alignment Errors	64
Packet Count	64	Receive Overrun Errors	64
Byte Count	64	Receive CRC Errors	64
Per Meter		Collisions	64
Flow Count	32	Duration(seconds)	32
Input Packet Count	64	Duration(nanoseconds)	32
Input Byte Count	64	Per Meter Band	
Duration(seconds)	32	In Band Packet Count	64
Duration(nanoseconds)	32	In Band Byte Count	64

在具体实现中，OpenFlow Switch 模型中的计数器可以用软件实现，也可以用硬件

实现。

端口

端口子模型是 4.2.1 小节介绍的表抽象子模型和计数器子模型之外的第三种抽象子模型。对于网络设备而言，这是一种常见的抽象模型。端口是指在 OpenFlow Switch 模型和其他网络设备之间传输数据包的网络接口，通用硬件模型通过端口互相连接在一起，此处的连接强调逻辑上的连接。

OpenFlow Switch 模型定义了物理端口（Physical Port）、逻辑端口（Logical Port）和保留端口（Reserved Port）三种端口类型。所有物理端口、逻辑端口和保留端口中的本地（Local）类型统称为标准端口，只有这些标准端口才能用作网络数据包的输入和输出端口，才能在组表中使用，才能拥有端口计数器、端口状态和配置信息。

端口模型中的物理端口是指物理网络中的真实网络接口，与网络设备中的物理接口一一对应。逻辑端口与真实网络接口无直接对应关系，是一种抽象的逻辑端口，通常用来描述链路聚合组、隧道和环回接口等逻辑概念。保留端口是 OpenFlow Switch 模型中预留的虚拟端口类型。

端口模型中的不同类型的保留端口介绍见表 4-2。

表 4-2　保留端口类型

名　　称	描　　述
All	描述转发指定数据包到所有端口，其只能用作输出端口。使用 All 作为输出端口时，数据包会被复制，然后发送给除去数据包的输入端口和配置为 OFPPC_NO_FWD 的端口以外的所有标准端口
CONTROLLER	描述控制器的控制通道，可用作输入/输出端口。当用作输出端口时，将数据包封装在 Packet-in 消息中，按照协议规定的方式发送到控制器；当作为输入端口时，标识一个来自控制器的数据包
TABLE	描述通用转发模型处理流水线的起始位置，只有在 Packet-out 消息操作列表的 Output 操作中才有效，表明要将数据包提交给流水线的第一个流表来处理
IN_PORT	描述数据包的输入端口，只能用作输出端口，将数据包发送到自己的输入端口
ANY	用户没有指定端口类型时使用的端口类型，不能用作输入端口和输出端口
LOCAL	描述通用转发模型本地的网络栈和管理栈，可用作输入和输出端口。使得远端设备可以通过 OpenFlow 网络与通用转发模型交互，使用其网络服务，而不是通过一个独立的控制网络。结合流表项可以实现带内控制器连接

名　称	描　述
NORMAL	描述传统的非 OpenFlow 转发处理流水线，只能用作输出端口，实现将数据包从 OpenFlow 流水线转发到传统流水线继续处理。当通用模型不支持从 OpenFlow 流水线到传统处理流水线的转发时，必须声明不支持这种操作
FLOOD	描述传统数据平面中的泛洪操作，转发数据包到不包括输入端口和 OFPPS_BLOCKED 状态的其他所有端口，只能用作输出端口。转发模型需要用数据包 VLAN ID 选择向哪些端口执行 Flood 操作

综上所述，OpenFlow Switch 通用硬件模型定义了一组抽象子模型来描述这个网络通用转发模型。其中流表子模型描述具体的网络数据包处理模块，支持通过简单的 Match-Action 过程完成对网络数据包操作处理；组表子模型描述给一组端口执行某一类统一操作；Meter 表子模型描述基于 Flow 的网络测量行为。这三种抽象子模型都是一种特殊的转发表。而状态信息表子模型则由一组计数器组成，端口子模型则是网络设备中本来就有的一种网络资源模型。

4.2.2　通用处理指令

在理解网络通用处理指令的概念之前，需要先了解计算机处理器的指令集概念。经典著作《计算机组成与设计》这样解释指令集（Instruction-Set Architecture，ISA）：计算机程序要控制硬件工作，必须使用硬件所能识别的语言，这些语言及其用法统称为指令集。指令集在程序员和处理器之间提供了一个抽象层，程序员编写软件时只需要知道有哪些指令，以及如何使用即可，无须关心处理器如何实现。大多数计算机指令集都会包含三种类型的指令：存储器访问指令、数据运算指令和流控制指令。

与计算机指令集类似，OpenFlow Switch 的通用处理指令包括"网络处理控制指令 Instructions""网络数据操作指令 Actions"和"专用网络处理指令"三部分。接下来，将具体讨论这些通用处理指令的详细内容。

网络处理控制指令

OpenFlow Switch 定义的第一种网络通用处理指令是基于 Flow 的网络处理流程控制指令 Instructions，这种指令可以控制数据包在通用硬件模型流水线上的处理流程。控制指令有两种类型：第一类是对 Flow 数据包的操作指令集进行写入、应用或者删除等修改操作指令，比如写操作指令（Write-Actions）和应用操作指令（Apply-Actions）；第二类是指定 Flow 数据包在多个表中的处理顺序的跳转指令，比如 Goto-Table 指令等。

OpenFlow Switch 网络通用指令包含的控制指令类型如表 4-3 所示。

表 4-3　控制指令

名　称	描　述
Apply-Actions *actions*	立即执行指定的 actions，但对操作指令集不做任何修改。这种 instruction 可用于在两个流表之间修改数据包，或者执行相同类型的多个 actions 时，要执行的 actions 由 action list 来指定
Clear-Actions	立即删除操作指令集中的所有 action
Write-Actions *action*	把指定 action 添加到当前的操作指令集中，如果当前 set 中存在相同类型的 action，就重写这个 action，否则添加新的 action。
Write-Metadata *metadata/mask*	将拥有掩码的 metadata 数据写入到 metadata 域。mask 指定 metadata 寄存器中应该修改的比特，比如，new_metadata= old_metadata & ~mask | value & mask
Goto-Table *next-table-id*	将 Flow 数据包跳转到指定流表，其中 table-id 必须大于当前的流表序号，保持前向跳转。最后一个流表的流表项中没有这种 instruction。只有一个流表的 OpenFlow 转发模型也不需要实现这种 instruction

每个流表项中可以包括多个控制指令，这些控制指令组合成一个对应的指令集合。在实际的指令执行过程中，需要按照上表中的顺序来执行指令集合中的控制指令，比如应用操作指令在清除操作指令之前执行，清除操作指令需要在写操作指令之前执行，写操作指令需要在写 Metadata 指令之前执行，Goto-Table 指令应在最后执行。

对比计算机指令集中的三种类型，OpenFlow Switch 模型中定义的流水线控制指令 Instructions 与处理器中的流控制指令类似，用来控制网络数据处理的流程。

操作指令

OpenFlow Switch 定义的第二种网络通用指令是基于 Flow 的网络处理操作指令 Actions，这种指令完成对数据包的丢弃、复制、转发和修改等操作。每一个数据包在进入流水线时都会被分配一个 Action Set，用于保存处理数据的动作，其集合中同一类型的动作最多只能有一个。此外，OpenFlow Switch 还定义了一个 Action List 概念，其用于存储一组动作列表，同种类型的动作数目不受限制。

OpenFlow Switch 网络通用指令包含的操作指令类型如表 4-4 所示。

表 4-4　操作指令

名　称	描　述
Output *port no*	转发数据包到指定的端口。通常，OpenFlow 通用硬件模型必须支持转发到物理端口、支持的逻辑端口和必要的保留端口
Group *Group ID*	将数据包发送到指定 group 表项处理，并执行组表中的动作
Drop	丢弃数据包。当数据包的操作指令集合中没有 output 指令时执行丢弃操作。当流水线中的控制指令集合或操作指令桶为空时，或执行清除操作指令之后，将会执行这个丢弃操作指令
Set-Queue *queue id*	设定数据包的缓存队列 ID。当使用 Output 操作指令转发数据时，队列 ID 指定数据包使用的队列序号
Meter *meter id*	将数据包发送给计量表。经过指定计量带处理后，数据包可能会被丢弃，取决于计量带类型的配置和当前状态
Push-Tag/Pop-Tag	以 VLAN 为例，Push 标签操作将新的 VLAN 值添加到数据包，Pop 标签操作将数据包中的 VLAN 值取出来，其它标签有 MPLS 和 PBB
Set-Field *field type value*	不同的 Set-Field 型操作由被设置的域类型来区分，用于修改数据包每个包头域的值
Copy-Field *src field type* *dst field type*	在网络数据包头协议域和多级流水线参数之间进行数据复制，比如从某个数据包头协议域到另一个数据包头协议域，或者从数据包头协议域到流表流水线参数寄存器
Change-TTL *Ttl*	修改数据包的 IPv4 TTL、IPv6 hop 限制或 MPLS TTL

其中 Push-Tag/Pop-Tag 型 action 包含了一组子类型的处理指令，比如对 VLAN、MPLS 和 PBB 的操作等。Change-TTL 也包含了一组子类型的处理指令。有关这些子类型处理指令的细节，读者可以进一步阅读 OpenFlow Switch 文档。

当数据包到达 OpenFlow Switch 通用硬件模型时，OpenFlow Switch 模型会给数据包分配空的操作指令集。当数据包在流表中进行处理时，表项中的控制指令完成对操作指令集合的指令添加、更新和删除等操作。默认情况下，操作指令集命令的执行顺序如图 4-11 所示，而 Action List 中的命令执行顺序则是按照列表中的动作先后顺序执行。同样的，组表项中 Action Bucket 的默认操作指令执行顺序也是按照图 4-11 所示来进行。

copy TTL inwards => pop => push-MPLS => push-PBB => push-VLAN

=> copy TTL outwards => decrement TTL => set =>qos => group =>output

图 4-11　默认操作指令执行顺序

对比计算机指令集中的三种类型，OpenFlow Switch 模型中定义的操作指令 Actions 与处理器中的逻辑运算指令类似，用来描述对数据包执行具体的操作。

专用指令

OpenFlow Switch 定义的第三种网络通用指令是基于 Flow 的专用指令。这种专用指令通过一条指令实现某种特定的网络处理功能。在 OpenFlow Switch 模型中，Table-miss 是专用指令的代表。

Table-miss 指令定义了在流表中匹配不成功时处理网络数据包的行为，可通过在每个流表中实现一个 Table-miss 专用表项来实现 Table-miss 指令。对于 Table-miss 表项而言，不仅要省略所有匹配域，还要将优先级域设置成零，即最低优先级。所以，任何数据包在匹配不到正常流表项的情况下，都可以和 Table-miss 流表项匹配成功。

当一个网络数据包进入一个流表，却没有匹配到任何流表项时，就会默认执行 Table-miss 表项定义的指令，比如丢弃该数据包，转发给控制器或转发给另一个流表。从控制器的角度来看，这个专用流表项与其他流表项完全相同，也可以被控制器动态控制，也有失效时间。

综上所述，OpenFlow Switch 模型定义了类似计算机指令的三种网络处理通用指令，其中控制指令 Instructions 用来控制基于 Flow 的网络数据包处理流程；操作指令 Actions 用来实现对这些网络数据包的具体操作处理，比如转发、丢弃和修改包头协议域；专用指令通过专用流表项实现一种特定的网络数据包处理，比如典型的 Table-miss 指令。

4.2.3　小结

经过前面的介绍，相信读者已经初步了解了 OpenFlow Switch 通用可编程转发模型的详细内容。从 2009 年开始，OpenFlow Switch1.0 版本还只有单级流表，1.1 版本出现了多级流表和组表，再到 1.3 版本有了 Meter 表，OpenFlow Switch 通用转发模型一直在发展和完善，目前已经演进到 1.5 版。

作为一种对通用可编程数据平面的尝试，OpenFlow Switch 将传统网络设备中的转发处理抽象成通用的 Match-Action 过程。它分别在通用硬件模型和通用处理指令两方面进行模型定义的思路，一方面对网络转发处理行为进行通用抽象，建立一个通用转发抽象模型；另一方面对用户可编程的通用处理指令进行定义，使得用户可以通过软件编程的方式控制转发处理行为，给 SDN 数据平面的发展带来了很多启发。

但是，OpenFlow Switch 只是定义了一种通用可编程转发模型，其数据包协议解析模块和包调度模块还不具备可编程能力，所以依然有很大的发展空间。目前，OpenFlow Switch 还存在很多不足，比如不支持可编程的协议解析模块，在新协议扩展方面抽象能力不够；不支持可编程的网络数据包调度；不支持有状态的网络数据处理；只支持有限数量的网络数据处理操作，不支持新的处理操作扩展；在支持网络流量分析和监控方面有明显的不足。所以，OpenFlow Switch 只是通用可编程数据平面发展道路上第一个重要的里程碑，依然还有许多东西值得去探索和研究。

4.3　探索通用可编程数据平面

相比传统网络数据平面，通用可编程数据平面让网络用户可以自定义数据包的完整处理流程，实现理想的协议无关网络数据处理。而当下的 OpenFlow 模型还无法成为一种完全的通用可编程数据转发模型，还无法实现协议无关的转发。只有实现了真正的通用可编程数据平面，才会真正释放网络的可编程能力，从而逐步实现网络的软件化和程序化。

对于网络用户和网络服务供应商，通用可编程数据平面使得他们可以快速地开发新网络功能及部署新网络服务。网络用户可以从软件产业过去几十年已发展成熟的软件编程理论、软件工程实践和工具中受益。计算机软件工程师也能够很容易对网络数据平面设备进行编程、测试和调试，以一个完全可编程的方式来管理整个网络。

对于网络芯片供应商，通用可编程数据平面使他们能专注于设计及改进那些可重用的数据包处理架构和基本模块，而不是纠缠特定协议里错综复杂的细节和异常行为。而且，一旦证明这些架构和基本模块可行，供应商就可以在多代交换芯片的设计中重复使用它们，不必为客户不断产生的新需求而反复修改。

对于网络研究人员，通用可编程数据平面为他们验证新想法提供了新的契机。OpenFlow 数据平面设备早期被广泛用于网络科研领域这一事实也证明了这一点。网络研究人员基于通用可编程数据平面可以快速搭建满足新实验需求的网络系统，不需要等待设备厂商的产品升级。

从 OpenFlow Switch 通用转发模型诞生至今，学术界和产业界在通用可编程数据平面领域做了很多努力，持续推动了 SDN 数据平面的发展。其中典型的通用可编程数据平面设计思路是 The McKeown Group 的可编程协议无关交换机架构 PISA（Protocol-Independent Switch Architecture）[3]，如图 4-12 所示。

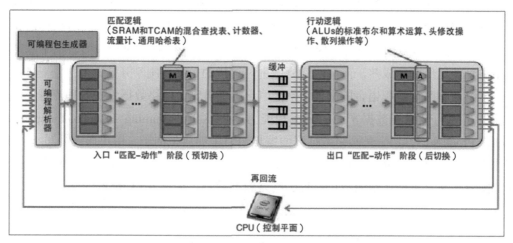

图 4-12　PISA 架构

PISA 是在 2013 年的 RMT（Reconfigurable Match Tables）架构[4]基础上发展起来的一种新的 SDN 数据平面。到达 PISA 系统的数据包先由可编程解析器解析，再通过入口侧一系列的 Match-Action 阶段，然后经由队列系统交换，由出口 Match-Action 阶段再次处理，最后重新组装发送到输出端口。

其中可编程协议解析器模型是 Glen Gibb 等在 2013 年提出的一种新的通用抽象模型[5]，实现了协议无关的网络数据包协议解析处理，改进了 OpenFlow Switch 在支持新网络协议方面的不足。可编程的 Match-Action 模型实现了协议无关的网络数据转发处理，包括匹配逻辑和行动逻辑两部分。匹配逻辑是通过静态随机存储器（SRAM）和三态内容寻址存储器（TCAM）的混合查找表，以及计数器、流量统计表和通用哈希表组合实现的。行动逻辑是通过一组 ALU 标准布尔和算数运算单元、数据包头修改操作和散列操作组合实现的。PISA 还提供了一条回流路径使一些特殊数据包能够被多次反馈到解析器和转发处理流水线。PISA 实现了一个可编程数据包生成器，使控制平面可以将频繁或周期性的数据包生成操作交给数据包生成器来完成。

可以看出，PISA 通用可编程数据平面在可编程协议解析处理和可编程数据包处理操作两个方面进行了扩展。但是中间数据包调度部分还是采用传统的设计思路，不支持用户可编程的数据包队列管理和调度处理。Sivaraman 等在 2015 年提出了一种通用可编程包调度处理模型[6]，实现了用户可编程的包调度处理，改进了 PISA 在数据包调度处理可编程性方面的不足。

但是，相比通用计算数据平面，PISA 在可编程生态上还有不足。通用计算数据平面就是通用处理器，就是我们所熟悉的如何在通用处理器上编程、基于高级编程语言描述具体的应用，以及编译这些程序并在通用处理器上运行。计算机领域的数据平面可编程生态系统已经非常成熟，而在网络领域里，这样的故事才刚刚开始。

网络数据平面编程语言的出现，使得用户可以自定义网络数据包的处理流程，进一步提升了通用可编程数据平面的可编程能力。P4（Programming Protocol-Independent Packet Processors）语言是网络数据平面编程语言中的典型例子。用户通过编写一段 P4 程序来定义数据包的处理流程，然后利用 P4 编译器将这段程序翻译成指定网络数据平面的配置信息，从而实现用户可编程的网络数据处理，如图 4-13 所示。

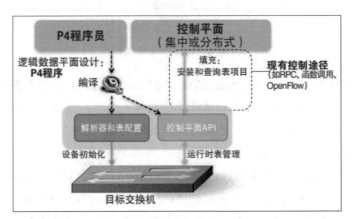

图 4-13　P4 语言

P4 数据平面编程语言框架是否能成为一种成功的通用可编程数据平面，其关键在于 P4 语言的建模能力和 P4 开发工具的完善程度。P4 语言的建模能力依赖于语言本身的发展和功能库的完善。每个 P4 程序包含 Header、Parser、Table、Action 和 Control Programs 五部分，其具体介绍见本书第 2 章。P4 联盟创建了一个开源社区，发布了广受支持的 1.0.2 版本和最新的 1.1.0 版本语言规范，也维护了一组 P4 程序案例。

现有的开源 P4 开发工具主要包括 P4 编译器、P4 交换机参考模型和测试框架。P4 编译器需要从 P4 程序的 Header 和 Parser 部分导出数据平面解析器的配置信息，从 Table、Action 和 Control Programs 中导出 Match-Action 表中的配置信息和所有依赖关系。同时，编译器还需要考虑目标数据平面硬件的功能和特性，尽可能支持更多的目标硬件。需要注意的是，通过编译 P4 程序，不仅可以生成数据平面设备的配置信息，还可以生成运行 API，来实现控制平面与数据平面之间的交互。在这些开发工具的支持下，用户可以很容易地编写和编译自己的 P4 程序，使用参考模型来运行和调试程序。

除此之外，在 OpenFlow Switch 通用转发模型的基础上，研究人员尝试建立更加通用的网络数据处理抽象模型。华为美国研究所的宋浩宇等提出了协议无关转发（Protocol Oblivious Forwarding，POF）框架[7]，通过对网络转发处理行为进行再次抽象，实现协议无关转发处理。具体来说，对任意报文，其报文解析和匹配域读取都可以抽象为在报文特定位置读取特定长度比特串 {offset, length}，转发面仅需要知道偏移量和长度就可以完成处理。同样，对于报文的处理也可以抽象为在报文特定位置的比特串的插入、删除、拷贝和修改等操作。在 POF 架构中，POF 交换机并没有协议的概念，它仅在 POF 控制器的指导下通过 {offset, length} 来定位待匹配的数据，从而完成网络数据转发处理。有关 POF 的详细介绍见本书第 2 章。

针对 OpenFlow Switch 不支持描述有状态网络处理的问题，罗马杜维嘉大学的 Giuseppe Bianchi 等在 OpenFlow Switch 基础上增加了新的抽象子模型 State Table，创建了支持有状态网络处理的新通用数据平面模型 OpenState[8]。明尼苏达大学的 Hesham Mekky 等提出的应用感知 SDN 架构[9]，在 OpenFlow Switch 基础上增加了新的应用 Table 子模块，增强了数据平面支持有状态网络处理的抽象能力。普林斯顿大学研究团队提出了一种新的网络数据处理原语 FAST（Flow-level State Transitions）[10]，使得用户可以通过 SDN 控制器对数据平面设备的有状态处理流程进行编程。这些新的研究思路都对 OpenFlow Switch 通用转发模型的抽象能力做了进一步扩展。

此外，日本的 NEC 公司在 OpenFlow Switch 通用转发模型基础上设计网络领域的专用指令集处理器（ASIP，Application Specific Instruction Set Processor）[11]。在网络数据平面发展过程中，网络处理器（NP，Network Processor）与通用可编程数据平面非常相似。网络处理器是一种可编程的网络处理硬件，它结合了 RISC 处理器的低成本、灵活性及定制芯片（ASIC）的高性能。网络处理器并不受限于某种具体的网络协议，可以适应任意一种网络协议。网络处理器类似于通用处理器，硬件架构保持固定，由软件决定网络处理器如何处理数据包[12]。相比通用可编程数据平面，网络处理器的设计与实现已经非常成熟，有很多完善的设计工具和案例可供参考。

任何技术的发展都不是一帆风顺的，也不可能一蹴而就。作为一种理想的 SDN 数据平面，通用可编程数据平面还不够完善，还需要在不断的尝试中摸索前进。

4.4　SDN 数据平面的发展趋势

本章前面部分讨论了 OpenFlow Switch 通用转发模型和通用可编程数据平面，相信读者已经对 SDN 数据平面有所了解。接下来，将首先介绍 SDN 数据平面的发展历史，然后讨论数据平面发展过程中的一种新商业模式 White Box Switches（白盒交换机）。

4.4.1　发展历史

早期的 SDN 数据平面设备以软件和可编程硬件两种实现方式为主。其中，软件实现的 SDN 数据平面设备中的代表性方案就是开源软件交换机 Open vSwitch[13]，这也是数据中心网络虚拟化领域使用最广泛的软件交换机，其支持通过软件编程实现网络的自动部署，还支持多种标准的网络协议和网络管理接口。有关 Open vSwitch 的详细内容将在第 5 章介绍。其他软件实现的 SDN 数据平面方案见表 4-5。

表 4-5　软件实现的SDN数据平面

名　　称	OF 版本	语　　言	描　　述
Indigo[14]	OF1.0	C	开源 OpenFlow 交换机软件，包括 Indigo Agent and LoxiGen
Ofsoftswitch13[15]	OF1.3	C	开源用户空间运行的 OpenFlow 交换机软件
LINC[16]	OF1.2/3/4	Erlang	基于 Erlang 语言的 OpenFlow 交换机软件，支持 OF-Config 1.1
OpenFaucet[17]	OF1.0	Python	基于 Python 语言 Twisted 库的 OpenFlow 软件交换机
Oflib-node[18]	OF1.0/1	Node.js	Node 类型的 OpenFlow 协议库

可编程硬件使得开发人员可以像软件编程一样快速实现新的硬件系统，这种思路的代表性方案是基于 NetFPGA[19]的 OpenFlow 交换机[20]。NetFPGA 是 The McKeown Group 研发的面向网络应用的硬件可编程加速卡。基于 NetFPGA 的 OpenFlow 交换机是搭建科

研型中小规模 SDN 实验网络的较好选择。斯坦福大学 The McKeown Group 初期的 SDN 实验方案中主要采用的就是这种 SDN 数据平面设备。其他可编程硬件实现的 SDN 数据平面方案有美国 SDN 初创公司 Corsa 的完全可编程网络设备，以及国内初创公司南京叠锶的基于 ONetSwitch 的 OpenFlow 交换机。

但是，基于软件或可编程硬件实现的 SDN 数据平面都有明显的不足。软件型 SDN 数据平面设备最明显的不足就是网络数据包处理性能较差。以 OVS 为例，其性能与硬件交换机的性能相比有较大差距。为了提升 OVS 的性能，各家厂商和研究机构做了很多工作，比如英特尔的数据平面开发套件（DPDK）加速方案[21]，Netronome 公司的网络处理器的加速方案[22]等。马萨诸塞大学 Luoyan 教授领导的研究团队也在用网络处理器来加速 OVS 的性能[23]。相比之下，可编程硬件型 SDN 数据平面的性能相比软件型已经有较大的提升，但是，这种类型的数据平面设备的成本太高，开发难度较大，无法支撑大规模网络部署。

中期的 SDN 数据平面设备以支持 OpenFlow 南向接口的传统网络设备为主。对于传统网络设备厂商而言，在现有网络设备基础上，尽可能寻找一种经济可行的 SDN 数据平面解决方案来支撑 SDN 架构的部署和演进，是一种相对稳妥的思路。这种思路本身又可以分为两个阶段。

第一阶段的代表是 Pica8、Cumulus 和 Big Switch 等初创公司，他们在现有网络交换机操作系统上实现了对 OpenFlow 南向接口的支持。比如 Pica8 公司的交换机操作系统 PicOS，通过新建一个硬件抽象层（HAL，Hardware Abstract Layer）来实现 OVS 与网络芯片之间的通信，这个硬件抽象层称之为 vASIC（virtual ASIC Technology）。PicOS 的系统架构如图 4-14 所示。

第二阶段的代表是博通、盛科等网络芯片厂商，他们在现有网络交换机芯片上实现了对 OpenFlow 南向接口和 OpenFlow Switch 通用转发模型的支持。比如博通公司提出的 OF-DPA[24]（OpenFlow Data Plane Abstraction）框架及由 ONF 提出的理念相似的 NDM[25]（Negotiable Datapath Model）。OF-DPA 框架在网络交换机芯片和 OpenFlow Agent 之间新建了一个硬件抽象层，如图 4-15 所示。这个硬件抽象层在芯片 SDK 的基础上实现了一个配置、编程和控制芯片硬件的软件驱动，其提供的 OF-DPA 编程接口支持用户通过 OpenFlow 接口编程控制网络芯片硬件，而 OpenFlow 消息的解析和处理由 OF-DPA 之上的 OpenFlow Agent 完成。目前的 OF-DPA 2.0 版本已经可以支持 OpenFlow 协议 1.3.4。

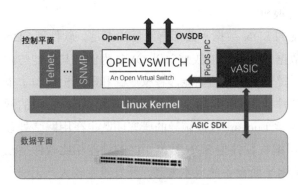

图 4-14　PicOS 框架图

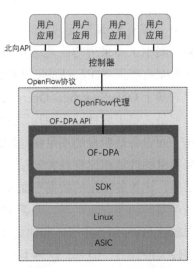

图 4-15　OF-DPA 框架图

OF-DPA 框架将现有网络芯片中的硬件资源映射成 OpenFlow Switch 中的子模型，比如流表和组表。国内网络芯片厂商盛科在这种过渡方案的基础上更进一步，在网络芯片硬件上实现了对 OpenFlow Switch 通用转发模型的支持。盛科公司的网络芯片 CTC8096[26]通过独创的 N-Flow TM 技术全面支持 OpenFlow，支持任意协议域的 Match-Action 处理，尤其在支持灵活的多级流表上表现卓越。

基于对 OpenFlow 局限性和 SDN 数据平面演进的共同认知，华为 POF 小组和 P4 研究团队及其他一些独立研究人员一起在 ONF 内部联合发布了针对未来网络芯片的软件定义网络编程框架 OpenFlow 协议无关层（OF-PI）[27]，如图 4-16 所示，其定义了一组网络设备的功能集合，并为应用层提供了一系列编程接口。

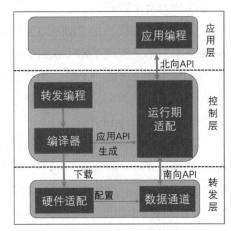

图 4-16　OF-PI 框架图

到了现阶段，通用可编程网络芯片和数据平面编程语言的出现，将会进一步推动 SDN 数据平面的发展。通用可编程数据平面中的代表性方案是 The McKeown Group 的 PISA 架构，初创公司 Barefoot 在 2016 年发布了基于 PISA 架构的可编程网络芯片 Tofino。网络芯片厂商 Cavium 在收购 SDN 初创公司 Xpliant 之后，在 Xpliant 芯片的基础上推出了基于完全可编程数据包处理架构的网络芯片 CNX880 系列[28]。数据平面编程语言中的代表是 P4 语言框架，这种数据包处理编程语言的出现，大大简化了网络数据平面编程的难度，提升了 SDN 数据平面的可编程能力。

回顾 SDN 数据平面发展历史，如图 4-17 所示。从早期的软件型和可编程硬件型的 SDN 数据平面设备开始，然后到支持 OpenFlow 南向接口的传统网络数据平面的出现，再到目前通用可编程数据平面和数据平面编程语言的出现，SDN 数据平面的可编程能力将逐步得到大幅度提高。

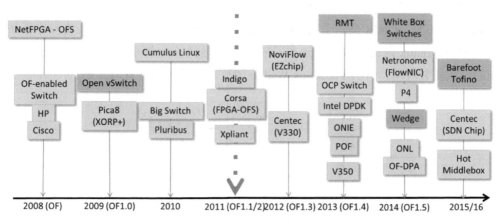

图 4-17　SDN 数据平面发展历史图

4.4.2　白盒交换机

在 SDN 数据平面的发展过程中，White Box Switches[29]模式的出现绝非偶然。这种新的网络数据平面类型不仅加速了 SDN 数据平面的创新速度，而且还带来了经济方面的竞争优势。

White Box Switches 也可以称为开放网络交换机，它是网络交换机硬件和操作系统解耦合的结果。在服务器领域，这种 White Box 模式已经非常成熟，但是在网络领域却是另一回事，网络设备厂商通常会将交换机硬件和操作系统紧紧绑定在一起销售。在 SDN 架构中数控分离理念的推动下，White Box Switches 模式使得用户可以自主选择交换机硬件和操作系统。网络世界的 Newman 从 10 个方面对 White Box Switches 和传统网络交换机进行了比较[30]，最终结果表明 White Box Switches 在价格、可移植性、性能和原生 Linux 支持上有明显的优势。

2014年Facebook推出了一个典型的开放网络交换机Wedge[31]，其系统架构如图4-18所示。Wedge硬件主要包括计算模块和网络交换模块两部分，其中计算模块是采用Intel架构处理器的微型服务器卡（MicroServer），使得用户可以像使用服务器一样操作网络交换机。Wedge网络交换模块是基于博通公司Trident II网络芯片的主板实现的。Wedge硬件采用了模块化设计思路，使得用户可以自主选择网络交换机的各种硬件模块，比如MIPS或ARM架构处理器的计算模块，Mellanox和Intel网络芯片的交换主板。

Wedge通过运行ONIE[32]（Open Network Install Environment，开放网络安装环境）支持多种开放网络交换机操作系统，比如Big Switch的ONL（Open Network Linux）[33]、Cumulus Linux等。ONIE是一个用于bare metal交换机的开源安装环境，将操作系统引导安装程序、Linux内核和BusyBox结合在一起，提供了一个可以安装任何交换机操作系统的开放安装环境。有关Facebook Wedge的技术细节可参考官方介绍。

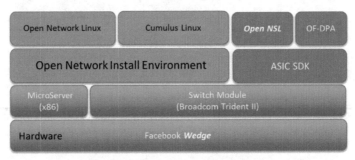

图4-18　Facebook 开放网络交换机

相比传统网络交换机，White Box Switches不仅有成本方面的优势，也给用户提供了更多的选择。为了满足多种多样的用户需求，传统网络设备厂商将自己的专用交换机操作系统与交换机硬件绑定在一起，同时会将大量的网络功能集成到操作系统中，然而对于大部分应用而言，网络用户只会使用其中的部分功能，但是却需要花购买全部功能的价格来买设备，造成很多不必要的花费。

White Box Switches模式使得网络用户可以自主选择购买原始设备制造商（ODMs，Original Design Manufacturers）的标准化交换机硬件，比如智邦科技（Accton）等。同样的，用户也可以自主选择安装第三方的交换机操作系统，甚至安装开源的交换机操作系统。White Box Switches的发展也推动了交换机操作系统的繁荣，出现了一个新的第三方交换机操作系统市场，其中典型的开放交换机操作系统见表4-6。

表 4-6　开放网络设备操作系统

名　称	OpenFlow	描　述
PicOS	支持	集成了传统的 L2 和 L3 网络功能，支持 OpenFlow 和 OVSDB
Cumulus Linux	不支持	集成了完整的传统网络功能，支持丰富的 Linux 网络操作工具
Switch Light	支持	商业版 Indigo，运行在 ONL 之上的 OpenFlow Agent，不支持传统网络功能
ONL	支持	开源网络设备 Linux 系统，支持 ONIE（开放网络安装环境），支持丰富的交换芯片硬件抽象层
OpenSwitch	暂不支持	集成了 L2/L3 功能的控制平面，支持 OVSDB

同时，White Box Switches 能显著地提升网络设备的可编程能力。传统网络交换机的专用操作系统通常只支持特定的命令行接口，这意味着网络管理员需要掌握不同的操作命令来配置不同厂商的交换机设备。White Box Switches 的开放操作系统使得网络用户可以自己定制开发需要的网络应用程序，使用熟悉的脚本和编程接口控制网络设备，从而提高网络设备的可编程能力。比如 Cumulus Linux 数据平面操作系统的特别之处在于其命令行接口与系统工程师熟悉的 Linux 网络操作工具完全一致，比如 ipconfig 和 route 命令等，使得管理员可以像管理服务器一样操作网络设备。

作为一种新的 SDN 数据平面商业模式，White Box Switches 已经得到了广泛的认可，这种模式将带来一场网络数据平面的变革。根据 Doyle Research 分析师 Lee Doyle 的预测[34]，White Box Switches 的市场规模在 2018 年将达到 5 亿美金。当然，相比整个以太网交换机市场，White Box Switches 目前只占据了很小的市场份额，但是其增长速度非常快，将给传统网络设备厂商带来很大的冲击。

综上所述，我们相信 SDN 数据平面将在未来几年成为一个通用的可编程平台，从而在网络领域重演计算领域的演进趋势。这种趋势将加速网络领域的创新速度，同时为网络用户、网络工程师和研究人员提供前所未有的创新机会。

4.5　本章小结

继前面章节对 SDN 的基本概念及控制平面的介绍之后，本章对 SDN 架构中的重要组成部分 SDN 数据平面进行了详细的介绍，其内容包括 SDN 数据平面简介、通用可编程转发模型、探索通用可编程数据平面及 SDN 数据平面发展趋势等内容。本章重点在于介绍通用可编程模型及其发展历程，从而尝试从转发模型的角度给读者重新诠释 SDN 数据平面。最后的发展趋势部分不仅介绍了 SDN 数据平面的发展历史，还引出了白盒交换机的介绍。而在近几年的 SDN 发展中，白盒交换机已经成为了新的发展趋势。

参考资料

[1] Casado M, Koponen T, Moon D, et al. Rethinking Packet Forwarding Hardware[C]// HotNets. 2008.

[2] "Software Defined Networks" ITC Keynote, San Francisco, September 2011.

[3] Nick McKeown. 高荣新,译. 用 P4 对数据平面进行编程[J]. 中国计算机学会通讯, 2016.

[4] Bosshart P, Gibb G, Kim H S, et al. Forwarding metamorphosis: Fast programmable match-action processing in hardware for SDN[C]//ACM SIGCOMM Computer Communication Review. 2013.

[5] Gibb G, Varghese G, Horowitz M, et al. Design principles for packet parsers[C]// Architectures for Networking and Communications Systems (ANCS), 2013 ACM/IEEE Symposium on. 2013.

[6] Sivaraman A, Subramanian S, Agrawal A, et al. Towards programmable packet scheduling[C]//Proceedings of the 14th ACM workshop on hot topics in networks. 2015.

[7] 宋浩宇. 从协议无感知转发到 OpenFlow 2.0. 中国计算机学会通讯, 2015.

[8] OpenState SDN project home page, http://www.openstate-sdn.org.

[9] Mekky H, Hao F, Mukherjee S, et al. Application-aware data plane processing in SDN[C]//Proceedings of the third workshop on Hot topics in software defined networking. 2014.

[10] Moshref M, Bhargava A, Gupta A, et al. Flow-level state transition as a new switch primitive for SDN[C]//Proceedings of the third workshop on Hot topics in software defined networking. 2014.

[11] Yamazaki K, Osaka T, Yasuda S, et al. Accelerating SDN/NFV with transparent

offloading architecture[C]// Open Networking Summit. 2014.

[12] Douglas E. Comer. Network Systems Design Using Network Processors[M]. Upper Saddle River: Prentice Hall, 2003.

[13] Open vSwitch, http://openvswitch.org/.

[14] Indigo, http://www.projectfloodlight.org/indigo/.

[15] OpenFlow 1.3 switch, https://github.com/CPqD/ofsoftswitch13.

[16] LINC-switch, https://github.com/FlowForwarding/LINC-Switch.

[17] OpenFaucet, http://rlenglet.github.io/openfaucet/.

[18] Oflib-node, https://github.com/TrafficLab/oflib-node.

[19] NetFPGA, http://netfpga.org/.

[20] Naous J, Erickson D, Covington G A, et al. Implementing an OpenFlow switch on the NetFPGA platform[C]//Proceedings of the 4th ACM/IEEE Symposium on Architectures for Networking and Communications Systems. 2008.

[21] Intel DPDK, https://software.intel.com/zh-cn/articles/using-open-vswitch-with-dpdk-for-inter-vm-nfv-applications.

[22] Netronome OVS Offload and Acceleration with Agilio™-CX Intelligent Server Adapters, https://www.netronome.com/media/redactor_files/WP_OVS_Benchmarking.pdf.

[23] Luo Y, Cascon P, Murray E, et al. Accelerating OpenFlow switching with network processors[C]//Proceedings of the 5th ACM/IEEE Symposium on Architectures for Networking and Communications Systems. 2009.

[24] OpenFlow Data Plane Abstraction, http://zh-cn.broadcom.com/products/ethernet-communication-and-switching/switching/of-dpa-software.

[25] ONF NDM(Negotiable Datapath Model), https://www.opennetworking.org/sdn-resources/technical-library.

[26] 盛科 CTC8096(GoldenGate), http://www.centecnetworks.com/cn/ProductList. asp?ID=287.

[27] OF-PI: A Protocol Independent Layer, https://www.opennetworking.org/images/stories/downloads/sdn-resources/white-papers/OF-PI__A_Protocol_Independent_Layer_for_OpenFlow_v1-1.pdf.

[28] XPliant® Ethernet Switch Product Family, http://www.cavium.com/XPliant-Ethernet-Switch-Product-Family.html.

[29] White box switches: Understanding the basics, http://searchsdn.techtarget.com/tip/White-box-switches-Understanding-the-basics.

[30] Is white-box switching the future of networking, https://cumulusnetworks.com/media/media_coverage/C43785_final_eprint.pdf.

[31] Introducing "Wedge" and "FBOSS" the next steps toward a disaggregated network，https://code.facebook.com/posts/681382905244727/introducing-wedge-and-fboss-the-next-steps-toward-a-disaggregated-network/.

[32] Open Network Install Environment, http://onie.org/.

[33] Open Network Linux, https://opennetlinux.org/.

[34] White-box switching: Three paths to network programmability, http://searchsdn.techtarget.com/feature/White-box-switching-Three-paths-to-network-programmability.

第 **5** 章

从零开始实践

通过前面章节的内容，读者应该对 SDN 的理论知识有了基本的了解。学习了基础的 SDN 理论知识之后，接下来的重点就是如何进行 SDN 的实践，因此本章将介绍如何从零开始实践 SDN。本章内容包括网络模拟器 Mininet、开源软件虚拟交换机 Open vSwitch、SDN 控制器 Ryu、网络虚拟化平台 OpenVirteX 和 SDN 控制器性能测试工具 Cbench 等入门实践指导。每节内容包括对应工具的简介、入门和简单示例，帮助读者学习如何从零开始 SDN 实践。

5.1 Mininet 实践

Mininet[1] 是 SDN 实践必不可少的工具之一，可用于快速构建 SDN 网络。本节将对 Mininet 进行简单介绍，并介绍其系统架构、安装方法和简单的使用案例。简介部分将介绍 Mininet 的发展历程和功能特性；系统架构部分将简要介绍 Mininet 的系统模块及其架构组成；安装部分将介绍 Mininet 的源码安装方式，帮助读者正确安装 Mininet；示例部分将介绍使用 Mininet 搭建自定义拓扑及如何在 Mininet 中拓展自定义功能。

5.1.1 Mininet 简介

Mininet 是由斯坦福大学的 Nick McKeown 教授（Nick 教授是 SDN 和 OpenFlow 的创始人之一，是 ON.LAB [2]组织的成员，也是现在 P4 语言的推动者）研究团队开发的开源软件，是一个基于 Linux Container 虚拟化技术的轻量级网络模拟器。Mininet 可以在普通个人电脑的操作系统上模拟出包括交换机、主机和控制器等软件定义网络的节点，从而满足网络研究人员对搭建网络环境的需求。

Mininet 功能强大，支持学术研究、原型验证、调试和测试等多种网络研究需求，其支持的功能可细分如下。

- 提供用于 OpenFlow 应用测试的简单、免费网络实验平台。
- 支持多用户独立地在同一张拓扑上进行并发操作。
- 支持系统级别的可重复、可封装的回归测试。
- 无须启动物理网络就可以支持复杂拓扑的测试。
- 提供用于网络调试和运行测试的 CLI，支持拓扑相关和 OpenFlow 相关命令。
- 支持任意拓扑，包括设置拓扑的基本参数，比如网络带宽等。
- 提供 Python API 用于拓展功能等编程，实现网络创新。

Mininet 采用 Python 语言编写，源码通俗易懂，整体代码也只有 3 千多行。Mininet 的交换节点支持 Open vSwitch 等多种软件交换机，可在启动拓扑时指定交换节点的类型。此外，为了方便测试，Mininet 还支持安装控制器 NOX、POX 和 Ryu 等，也支持安装交换机性能测试软件 OFlops 及 OpenFlow 的 WireShark 插件等其他软件。除了以上提到的安装特性，可以在安装 Mininet 时查看帮助信息获取更多的安装信息，具体内容将在安装部分介绍。Mininet 也支持在虚拟主机中启动 Iperf 等发包工具。如果希望 Mininet 支持更多的功能，读者也可以对 Mininet 进行扩展，具体示例会在本章后续小节介绍。

5.1.2 Mininet 系统架构

几乎所有的操作系统都支持通过进程抽象来实现计算资源的虚拟化。Mininet 就采用基于进程虚拟化的 Linux Container 虚拟化技术来实现网络环境的模拟。Linux 从 2.2.26 版本内核之后就支持轻量级的虚拟化技术 Network Namespace。Network Namespace 可以实现网络接口、ARP 表等资源的划分和隔离，使得每个 Network Namespace 均拥有属于自己的资源，从而被模拟成一个独立的通信节点。

Mininet 的系统架构如图 5-1[1]所示，其对应的是 Userspace Switch 的架构图。Mininet 支持 Kernel Switch 和 Userspace Switch，Kernel Switch 的转发逻辑直接编译到内核中，转发效率比 Userspace Switch 高效；Userspace Switch 的转发逻辑需要 ofdatapath 进程来完成。除此之外，Mininet 也支持使用 Open vSwitch 和 Indigo Switch 等其他交换机作为转发节点。一般情况下，Mininet 采用 Open vSwitch 作为交换机实例。

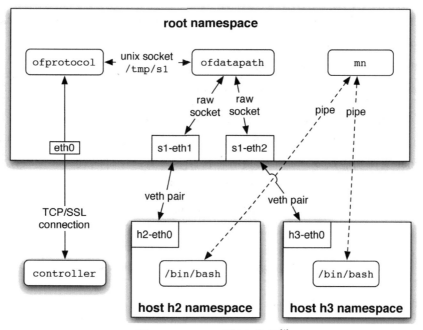

图 5-1　Mininet 系统架构图[1]

从图 5-1 可以发现，该系统架构中还包含 ofprotocol 模块，顾名思义，其作用是和控制器建立连接并解析 OpenFlow 协议。Mininet 创建的 Host，实际上就是一个 Namespace，其中运行着 /bin/bash 等进程。主机和交换机端口之间的链路及交换机之间的链路由 Veth Pairs（Virtual Ethernet Pairs）来模拟完成，此外，由于 Mininet 支持 TC（Traffic Control）类型的链路创建，所以用户可以自定义链路的带宽、丢包率等具体参数，实现更真实、更具体的自定义网络拓扑，从而满足复杂的实验需求。

Mininet 启动时，首先将会运行 /bin/mn 文件，其是一个 Python 文件。在 mn 文件中定义了 MininetRunner 类，用于完成 Mininet 的启动。Mininet 的启动主要分为参数解析、运行环境构建、Mininet 拓扑和主机创建等内容，可以分别由 MininetRunner 类的

self.parseArgs()、self.setup()和 self.begin()方法完成。

5.1.3　Mininet 安装

Mininet 可以通过源码、软件包[3]或官方提供的虚拟机三种方式来安装。最简单的方式是运行官方提供的虚拟机，但是这种方式需要安装虚拟机软件，且下载数据量较大。若网络质量较好且硬件资源充足，建议采用此方法。此处将介绍通过源码安装这种更加方便的方法来安装 Mininet。

从 Github 上下载 Mininet 官方的源码，如下。

```
$ git clone git://github.com/mininet/mininet
```

下载完成之后，进入 Mininet 文件夹的 utils 目录，运行 install.sh 脚本。该脚本是 Mininet 的安装脚本，通过"-h"参数可以查看全部的帮助信息，具体参数介绍如下所示。由于 Mininet 支持功能众多，完全安装所有特性容易出错且时间过久，建议读者根据实验需求进行自定义安装，建议读者在安装 Mininet 时，安装 Mininet 核心功能、OpenFlow1.3 支持模块及 2.5.0 版本的 Open vSwitch。

```
$ cd mininet/utils
$ ./install -h (查看所有的命令选项)
$ ./install -n3V 2.5.0 (安装Mininet核心功能、OpenFlow1.3支持模块及2.5.0版本的Open vSwitch)
```

Mininet 安装参数简介如下。

```
options:
 -a:   默认的，安装全部特性
 -b:   安装 Benchmark:oflops
 -c:   安装核心之后清空已有的配置
 -d:   删除某些敏感文件
 -e:   安装 Mininet 开发依赖
 -f:   安装 OpenFlow 协议支持模块
 -h:   打印这个帮助信息
 -i:   安装 Indigo Virtual Switch
 -k:   安装新的内核
 -m:   从源目录安装 Open vSwitch 内核模块
 -n:   安装 Mininet 依赖和核心文件
 -p:   安装 POX 控制器
 -r:   删除已存在的 Open vSwitch 包
 -s   <dir>: 依赖源码/构建树存储位置 <dir>
```

```
-t:    完成其他 Mininet 虚拟机的创建任务
-v:    安装 Open (V)switch
-V     <version>: 在 ubuntu 上安装指定版本的 Open (V)switch
-w:    安装(W)ireshark 的 OpenFlow 解析器
-y:    安装 R(y)u 控制器
-x:    安装 NO(X) Classic 控制器
-0:    (default) -0[fx] 安装 OpenFlow1.0 版本
-3:    -3[fx] 安装 OpenFlow 1.3 版本
```

安装 Mininet 时可以安装指定版本的 Open vSwitch，也可以安装 Ryu 或者 NOX/POX 等自带的控制器，具体命令不加赘述，读者可自行查看 Mininet 的帮助信息。本书推荐读者通过 Mininet 来安装 Open vSwitch，可以避免大量的配置，是一种简单高效的 Open vSwitch 安装方式。安装完成之后，通过"sudo mn"命令就可启动 Mininet，更多启动命令可以通过"sudo mn -h"来查看，关键参数介绍如下。

```
options:
--help:       显示打印信息
--switch:     设置 Mininet 中交换机的实例类型
--host:       设置 Mininet 中主机类型，如限制 CPU 类型的主机
--controller: 设置控制器类型，如 remote
--link:       设置链路类型，如 TCLink
--topo:       制定拓扑类型或文件
-c:           清除数据并退出
--test:       设置测试类型
--mac:        自动设置主机的 MAC
--arp:        自动生成主机的 ARP 表项
-v:           选择打印信息级别
```

启动 Mininet 之后，常用的命令介绍如下。

```
help:         打印帮助信息，help cmd 打印指定命令的帮助信息
nodes:        查看全部节点信息
net :         查看网络拓扑信息
dump:         输出节点信息
h1 ping h2:   测试主机之间的连通性
iperf:        指定节点之间的 TCP
iperfudp:     指定节点之间的 UDP 测试，可指定发送速率
xterm:        打开 xterm 窗口
dpctl:        操作 datapath
py:           运行 Python
sh:           执行 Shell 脚本
```

host cmd:	在主机中执行命令，如 h1 ifconfig
exit/quit:	退出 Mininet

具体的命令使用，读者可以通过帮助信息来获取。其他的 Mininet 命令行使用教程可参考 Mininet 官网，由于篇幅限制，此处不作展开。

5.1.4　Mininet 示例

学习如何使用 Mininet 来搭建自定义拓扑是 SDN 学习者的必修课。此外，Mininet 目前支持的功能还不够全面，学会如何拓展 Mininet 功能是 SDN 学习者需要掌握的重要技能，所以本小节将介绍搭建自定义拓扑和拓展自定义功能两个示例，第 2 个示例将重点介绍如何在 Mininet 中拓展功能。

1．搭建自定义拓扑

本示例的目的是为了让初学者了解掌握 Mininet 常用 API 的使用，在这个基础之上，读者可以根据需求创建 Fattree 等复杂拓扑，所以此处将以线性拓扑的搭建为例重点介绍如何调用 Mininet 的 API 来完成自定义拓扑创建。以线性拓扑为例的原因在于其已经完整地覆盖了搭建自定义拓扑时所需的所有 API，而且测试时仅需简单的二层交换应用即可，方便读者快速测试，而 Fattree 等复杂拓扑还需要考虑拓扑成环时的广播风暴问题，测试难度过高。

在本实例拓扑代码中，每个交换机挂接一个主机，且支持在启动时输入拓扑长度来建立对应长度的线性拓扑。详细代码展示如下。

```
1    #!/usr/bin/env python
2    from mininet.net import Mininet
3    from mininet.node import Controller, RemoteController
4    from mininet.cli import CLI
5    from mininet.log import setLogLevel, info
6    from mininet.link import Link, TCLink
7    from mininet.topo import Topo
8    import logging
9    import os
10
11
12   class LinearTopo(Topo):
13       def __init__(self, length):
14           logger.debug("Class SimpleTopo init")
15           self.switch_list = []
```

```
16              self.host_list = []
17              Topo.__init__(self)
18
19              self.create_nodes(length)
20              self.create_links(length)
21
22      def create_nodes(self, length):
23          for i in xrange(0, length):
24              self.switch_list.append(self.addSwitch('s' + str(i)))
25              self.host_list.append(self.addHost('h' + str(i)))
26
27      def create_links(self, length):
28          for i in xrange(0, length):
29              self.addLink(self.switch_list[i], self.host_list[i])
30          for i in xrange(0, length-1):
31              self.addLink(self.switch_list[i], self.switch_list[i+1])
32
33      def set_ovs_protocol_13(self):
34          for sw in self.switch_list:
35              cmd = "sudo ovs-vsctl set bridge %s protocols=OpenFlow13" % sw
36              os.system(cmd)
37
38
39  def create_topo(length):
40      topo = LinearTopo(length)
41      CONTROLLER_IP = "127.0.0.1"
42      CONTROLLER_PORT = 6633
43      net = Mininet(topo=topo, link=TCLink, controller=None)
44      net.addController('controller', controller=RemoteController,ip=CONTROLLER_IP,
45                          port=CONTROLLER_PORT)
46      net.start()
47      topo.set_ovs_protocol_13()
48      CLI(net)
49      net.stop()
50
51
52  if __name__ == '__main__':
53      logger = logging.getLogger(__name__)
54      setLogLevel('info')
55      if os.getuid() != 0:
56          logger.debug("You are NOT root")
```

```
57          elif os.getuid() == 0:
58              create_topo(3)
59
```

在编写拓扑代码时，我们需要将相关的模块导入，主要的模块包括 Mininet 目录下的 nodes、link、topo 和 cli，然后继承 topo.Topo 类创建自定义拓扑类，并在类中定义拓扑内容。在定义拓扑时需要使用 addSwitch、addHost 和 addLink 等方法来添加交换机、主机和链路对象。完成 topo 类定义之后，还需要建立 Mininet 的对象，并将初始化后的自定义 topo 对象作为其拓扑参数，并设置其他链路类型等参数，之后则可以启动自定义拓扑。将上述示例代码保存为 Python 文件，然后直接运行即可创建自定义拓扑，无须使用"sudo mn"等命令。

新版本的 Mininet 支持可视化地创建拓扑，读者可以使用可视化的工具，通过拖拽的方式，创建可视化的拓扑。该可视化操作界面的启动方式非常简单，仅需进入 mininet/examples 目录，并运行 miniedit.py 文件即可。该可视化工具支持搭建 OpenFlow 交换机、传统交换机，传统路由器，主机和控制器等网元，适合搭建简单的拓扑，复杂的网络拓扑不建议读者使用拖拽方式创建。该工具还支持将拓扑文件导出为 Python 脚本。更多详细操作不加赘述，读者可自行尝试。运行结果如图 5-2 所示。

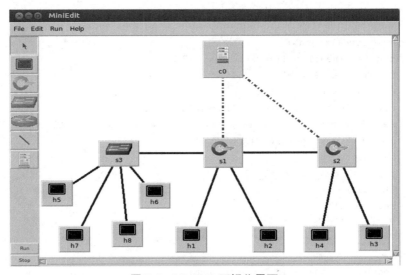

图 5-2　MiniEdit 可视化界面

此外，mininet/examples 目录下的 console.py 文件支持资源可视化展示，支持查看 Host、

Switch 和 Controller 等信息，也支持 Ping 和 Iperf 两种基本测试，以及中断、清空和退出等基本操作。使用该模块可以直观地查看 Mininet 网络信息和进行基本的网络测试操作。不过 Mininet 的可视化界面做得都比较简单，还不够美观，其运行结果如图 5-3 所示。

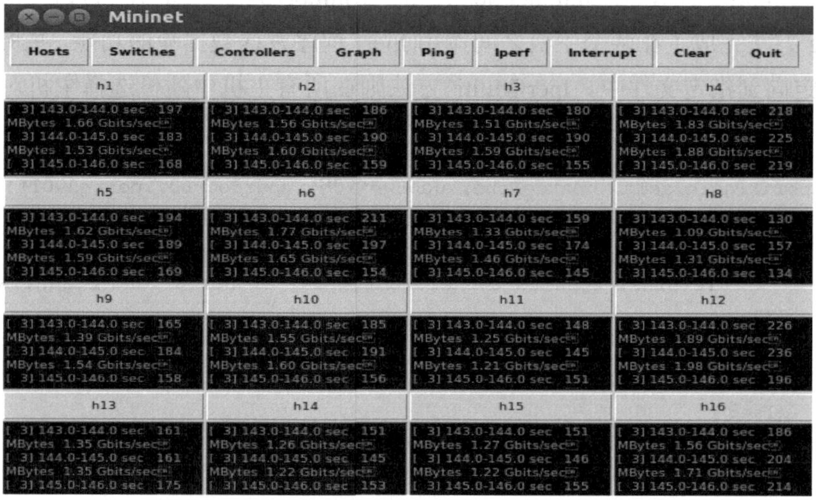

图 5-3　console.py 展示的可视化操作界面

若读者需要创建更多复杂的拓扑，如多控制器、Fattree 拓扑和与 Internet 互联互通等拓扑，则可参考 Mininet 的 examples 目录下的相关示例文件。该目录下包含多种示例文件，可以给读者很多启发，基本满足大部分的实验需求。若 Mininet 的现有功能不满足实验需求，读者也可以尝试通过修改 Mininet 的源码来增加新功能，具体内容请看下面"拓展自定义功能"部分。

2．拓展自定义功能

在做实验的过程中，会遇到各种各样的需求，但 Mininet 的功能还不够全面，所以有时需要对 Mininet 进行功能拓展才能满足需求，比如 Mininet 无法模拟数据中心的 Random 流量模型[4]。Random 模式的流量模型指在网络主机之间随机选择主机对（Host Pair）进行数据通信，从而模拟数据中心中流量的真实随机状况。但是目前 Mininet 并不支持在多主机之间进行随机发包的功能，所以要完成流量模拟就需要对 Mininet 进行功能拓展。因此，接下来的内容将以 iperfmulti 功能为例，介绍如何在 Mininet 中拓展自定义功能。

在 Mininet 中拓展功能十分简单，仅需要完成以下三个基本步骤。

（1）在 net.py 的 Mininet 类中增加对应的方法功能。

（2）在 cli 的 CLI 类中添加命令解析方法。

（3）运行 install.sh 文件，重新编译安装 Mininet。

以 Iperfmuti 为例，在 mininet/net.py 的 Mininet 类中添加对应的如下代码。其中 iperfSingle 方法完成了在两个主机之间调用 Iperf 程序发送数据流的功能，并将程序的输出结构重定向到指定文件中。IperfMulti 方法则在所有主机中随机选择主机对，然后调用 iperfSingle 方法完成流量生成，从而实现随机打流的流量模拟。

```
1    def iperfSingle(self, hosts=None, udpBw='10M', period=60, port=5001):
2        """  Run iperf between two hosts using UDP.
3               hosts: list of hosts; if None, uses opposite hosts
4               returns: results two-element array of server and client speeds
5        """
6        if not hosts:
7                return
8        else:
9                assert len( hosts ) == 2
10       client, server = hosts
11       filename = client.name[1:] + '.out'
12       output( '*** Iperf: testing bandwidth between ' )
13       output( "%s and %s\n" % ( client.name, server.name ) )
14       iperfArgs = 'iperf -u '
15       bwArgs = '-b ' + udpBw + ' '
16       print "***start server***"
17       server.cmd( iperfArgs + '-s -i 1' + ' > ./' + filename + '&')
18       print "***start client***"
19       client.cmd(iperfArgs + '-t '+ str(period) + ' -c ' + server.IP() + ' ' +
                    bwArgs +' > ./' + 'client' + filename +'&')
20
21   def iperfMulti(self, bw, period=60):
22       base_port = 5001
23       server_list = []
24       client_list = [h for h in self.hosts]
25       host_list = []
26       host_list = [h for h in self.hosts]
27
28       cli_outs = []
29       ser_outs = []
30
31       _len = len(host_list)
32       for i in xrange(0, _len):
```

```
33              client = host_list[i]
34              server = client
35              while( server == client ):
36                  server = random.choice(host_list)
37              server_list.append(server)
38              self.iperfSingle(hosts = [client, server], udpBw=bw, period= period,
                                 port=base_port)
39              sleep(.05)
40              base_port += 1
41
42          sleep(period)
43
```

下一步需要在 mininet/cli.py 的 CLI 类中增加对应的命令解析方法 do_iperfmulti。该方法主要完成对 iperfmulti 命令的参数进行解析的工作，若参数解析正确则执行方法，若解析失败则提示输入参数格式，代码展示如下。

```
1   def do_iperfmulti(self, line):
2       """Multi iperf UDP test between nodes"""
3       args = line.split()
4       if len(args) == 1:
5           udpBw = args[ 0 ]
6           self.mn.iperfMulti(udpBw)
7       elif len(args) == 2:
8           udpBw = args[ 0 ]
9           period = args[ 1 ]
10          err = False
11          self.mn.iperfMulti(udpBw, float(period))
12      else:
13          error('invalid number of args: iperfmulti udpBw period\n' + udpBw
                  examples: 1M 120\n')
14
```

至此，已经完成了在 Mininet 中拓展自定义功能的源码修改工作，最后，还需要重新安装 Mininet 的核心模块。进入 mininet/utils 目录，运行 install.sh 进行 Mininet 的重新安装，具体操作命令如下。

```
$ cd mininet/utils
$ ./install.sh -n
```

重新安装之后启动 Mininet，输入 iperf，然后按 Tab 键将会提示所有和 iperf 相关的命令。若拓展成功，则可以找到 iperfmulti 命令，否则添加失败。然后按照正确的格式输入 iperfmulti 及其参数，按回车完成输入就可以运行自定义的 Mininet 拓展功能。详细情况如图 5-4 所示。

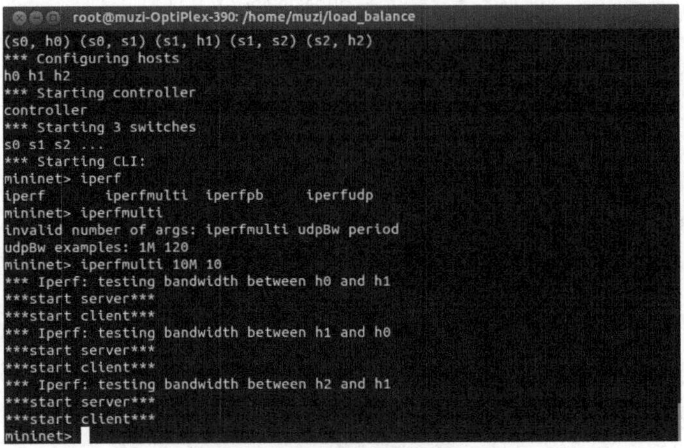

图 5-4　Mininet 拓展功能 iperf 运行结果

至此，Mininet 的示例介绍结束。通过以上的两个示例，相信读者已经掌握了如何在 Mininet 中自定义拓扑及如何在 Mininet 中拓展自定义功能。若读者希望进一步学习 Mininet，推荐读者阅读 Mininet 的源码，会对使用 Mininet 带来很大的帮助。若仅仅是使用 Mininet，则 Mininet 官网的教程将是很好的选择。

5.2　Open vSwitch 实践

在 Mininet 中可以指定使用 Open vSwitch[5]（以下简称 OVS）来创建交换机实例，从而模拟真实交换机的行为。为了进一步学习，本节将介绍 OVS 的简要信息、基本框架及其安装方法和简单的使用案例。简介部分将介绍 OVS 的发展历程和功能特性；基本框架部分将介绍 OVS 的模块架构，让读者从整体方面把握 OVS；安装部分将介绍源码安装的几种方式，帮助读者正确安装 OVS；示例部分将介绍简单的 OVS 使用案例，为读者快速入门 OVS 提供帮助。由于本章重点在 OVS 入门部分，所以对 OVS 的代码等深入内容将不作介绍。

5.2.1　OVS 简介

　　OVS 是当下最流行的开源软件交换机，其代码遵循 Apache2.0 许可证。 OVS 支持通过软件编程实现网络的自动部署，还支持标准的网络协议和网络管理接口，如 NetFlow、sFlow、IPFIX、 RSPAN、 CLI、 LACP、 802.1ag。 此外，OVS 还是类似于 VMware's vSwitch 和思科的 Nexus 1000V 那样的软件实现的分布式交换机。OVS 还支持 Xen/XenServer、KVM 和 VirtualBox 等多种 Linux 虚拟化技术。

　　自 OVS 诞生以来，其版本不断迭代更新，支持的特性也越来越多，目前最新的 LTS （Long Term Support）版本已经更新至 2.5.0。最新版本支持 Rapid Spanning Tree Protocol （IEEE 802.1D-2004），IGMP 版本 1、版本 3 和版本 4，OpenFlow1.4 协议，VXLAN、GRE，LACP 和 DPDK 等。

5.2.2　OVS 架构

　　OVS 架构如图 5-5 所示，其架构由 OVS 内核模块的 datapath、用户空间的 vswitchd 和 ovsdb 组成。内核的 datapath 负责数据的转发，其从网卡中读取数据，并快速匹配流表中的流表项，成功则直接转发，失败则上交给 vswitchd 处理。datapath 模块可以通过 ovs-dpctl 命令来配置和操作。vswitchd 是 OVS 的核心模块，负责与 OpenFlow 控制器和其他第三方软件通信，是 OVS 的主程序，支持通过 ovs-ofctl 来配置。ovsdb 模块则是用于存储 OVS 具体配置的数据库模块，支持通过 ovs-vsctl 和 ovsdb-tool 命令来配置。

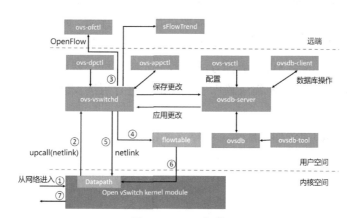

图 5-5　OVS 架构

OVS 的数据包匹配分为 Fast Path（快速通道）和 Slow Path（慢通道）两种。快速通道是指数据包进入 OVS 之后，由 datapath 模块处理，直接匹配内核的缓存流表项，匹配成功则直接转发的通道。因为直接在内核态处理，无须 upcall 到上层，所以处理速度快，称之为快速通道。反之，在 datapath 匹配失败之后将数据 upcall 到 ovs-vswitchd 模块，ovs-vswitchd 模块处理之后再通过 netlink 将数据交给 datapath 转发的通道称之为慢通道。ovs-vswitchd 模块的处理流程为：接到数据包后，匹配用户态的流表项，成功则交由 datapath 转发，并将对应流表项重新写入内核中的缓存流表中，从而让数据流的后续数据包得以快速转发。如果匹配失败，则根据 OpenFlow 版本的规范处理，比如上报给控制器或丢弃。如果控制器处理成功则下发 Flow_mod 报文，OVS 将对应 Flow_mod 报文中的流表项写入到用户态的流表中，用于后续匹配。

内核态的缓存流表空间很小，所以更新速度很快，存放的都是最新命中、最高命中率的流表项。用户态流表和内核态流表的设计与计算机系统中的内存和缓存设计类似，高速缓存、速度快，存放高命中的内容，而内存中存放普通的内容。根据命中率来实现缓存中数据的更新，以此来提高整体性能和资源的利用率。所以内核态缓存流表的设计可以提高整体数据包处理的真实性能。

5.2.3　OVS 安装

OVS 的安装过程比较繁杂，容易出错，所以推荐读者使用一键安装脚本进行安装[6]。一键安装脚本的内容包括了 OVS 源码压缩包的下载、解压缩和安装、配置等命令。在 OVS 的安装过程中，读者可以根据开发需要进行自定义配置。此外，也可以通过 Mininet 安装指定版本的 OVS，操作更加简单，不过无法自定义配置。以下内容将介绍脚本安装 OVS 和通过 Mininet 安装 OVS 两种方法。若在安装过程中遇到依赖库不满足的情况，请参考官方安装文档[7]，将所需依赖库安装，即可进行后续安装流程。

1. 脚本安装

OVS 安装脚本的命令如下所示，具体含义以注释形式介绍。

```
1    #!/bin/bash
2    # 需要 root 权限
3    if [ "$(id -u)" != "0" ]; then
4        echo "You need to be 'root' dude." 1>&2
5        exit 1
6    fi
```

```
7    # 缺省版本为 2.3.1，可在启动时安装指定版本 OVS
8    version = "2.3.1"
9    if ["$1" != "" ]; then
10           version = $1
11   fi
12
13   # 安装相关依赖，若已安装可注释
14   #apt-get update
15   apt-get install -y build-essential
16
17   echo "===================INSTALL OpenvSwitch-$1==================="
18   #apt-get install -y  uml-utilities libtool python-qt4 python-twisted-conch
     debhelper python-all
19
20   if [  -f openvswitch-$1.tar.gz ]
21   then
22         echo "openvswitch-$1.tar.gz has exist"
23   else
24         wget http://openvswitch.org/releases/openvswitch-$1.tar.gz
25   fi
26
27   if [  -d openvswitch-$1 ]
28   then
29         rm -r openvswitch-$1
30   fi
31   tar -xzf openvswitch-$1.tar.gz
32
33   # 安装 OVS
34   cd openvswitch-$1
35   make clean
36   ./configure --with-linux=/lib/modules/`uname -r`/build 2>/dev/null
37   make && make install
38
39   # 安装 Open vSwitch 内核模块
40   insmod datapath/linux/openvswitch.ko
41   make modules_install
42
43   mkdir -p /usr/local/etc/openvswitch
44   ovsdb-tool create /usr/local/etc/openvswitch/conf.db vswitchd/vswitch.ovsschema
                  2>/dev/null
45
46   ovsdb-server -v --remote=punix:/usr/local/var/run/openvswitch/db.sock \
47                  --remote=db:Open_vSwitch,Open_vSwitch,manager_options \
```

```
48                    --private-key=db:Open_vSwitch,SSL,private_key \
49                    --certificate=db:Open_vSwitch,SSL,certificate \
50                    --bootstrap-ca-cert=db:Open_vSwitch,SSL,ca_cert \
51                    --pidfile --detach
52
53   #ovsdb-server -v --remote=punix:/usr/local/var/run/openvswitch/db.sock -pidfile
      --detach  --log-file
54
55   ovs-vsctl --no-wait init
56   ovs-vswitchd --pidfile --detach
57
58   ovs-vsctl show
59   depmod -A openvswitch
60
```

　　将以上脚本保存成文件，比如 ovsinstallhelper.sh，就可以在终端运行。运行脚本时可指定安装 OVS 的版本，如在终端输入"sudo bash ovsinstallhelper.sh 2.5.0"命令则可以安装 2.5.0 版本的 OVS。以上的安装脚本已经在 Ubuntu12.04 LTS 系统中验证通过。如果读者需要对 OVS 进行自定义安装，则可以在配置 ovsdb 部分自行配置，具体命令已在脚本中，详细参数内容将不再介绍。

　　除了通过脚本安装 OVS，也可以通过 Mininet 安装 OVS，可省去复杂的依赖库安装和文件配置步骤，方法十分简单，也是一种推荐的安装方式。

　　2．通过 Mininet 安装

　　在使用 install.sh 安装 Mininet 时，通过参数 V 来安装指定版本的 OVS。如安装支持 OpenFlow1.3 协议的 2.5.0 版本的 Open vSwitch，可以通过以下的命令进行安装，其中 -n 代表安装 Mininet 核心内容，-3 表示支持 OpenFlow1.3 协议，-V 为特定版本。

```
$ ./install.sh -n3V 2.5.0
```

5.2.4　OVS 示例

　　本小节内容将介绍如何使用 OVS 创建网桥并组网运行和如何在 OVS 上配置 QoS 策略两个案例。通过 OVS 组网示例介绍，可以让读者掌握 OVS 的基本使用和配置。此外，QoS 的配置是网络中的基本操作之一，在各种网络场景中均需要对 QoS 策略进行配置，所以第二部分内容为配置 QoS 示例。

OVS 组网

本示例将创建两个 OVS 实例和两个主机，其中每个 OVS 上接入一个主机，OVS 实例之间有链路连接，形成一个链状拓扑。在 OVS 组网完成之后，再通过手动方式添加流表，实现网络通信，从而验证实验可行性。具体步骤如下。

创建 OVS 交换机实例

通过如下命令创建两个 OVS 交换机实例，名称为 s1 和 s2。

```
$ ovs-vsctl add-br s1
$ ovs-vsctl add-br s2
```

然后可以通过 ovs-vsctl show 来查看已建立的交换机实例，如图 5-6 所示。

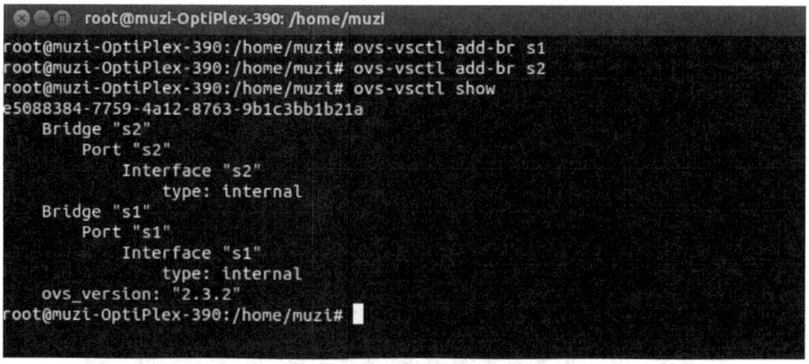

图 5-6　OVS 网桥信息

添加端口

在创建 OVS 实例时，会自动创建 LOCAL 端口，名称和交换机名称一致。为了实现通信，我们还需要创建其他的数据端口。创建端口命令如下，其中第一个参数为交换机名称，第二个参数为端口名称。

```
$ ovs-vsctl add-port s1 p1
```

没有端口汇聚的情况下，port 和 interface 是一一对应的。创建端口之后，需要对端口/接口的端口号等特性进行配置，比如设置 OpenFlow 端口号为 10。为了不影响正常通信，我们将端口设置为 Internal 模式，从而在系统中创建一个虚拟的网络设备。

```
$ ovs-vsctl set Interface p1 ofport_request=10
$ ovs-vsctl set Interface p1 type=internal
$ ethtool -i p1
```

同理，创建交换机 s1 上的端口 p2，s2 上的端口 p3、p4。

```
$ ovs-vsctl add-port s1 p2
$ ovs-vsctl set Interface p2 ofport_request=11
$ ovs-vsctl set Interface p2 type=internal
$ ethtool -i p2

$ ovs-vsctl add-port s2 p3
$ ovs-vsctl set Interface p3 ofport_request=1
$ ovs-vsctl set Interface p3 type=internal
$ ethtool -i p3

$ ovs-vsctl add-port s2 p4
$ ovs-vsctl set Interface p4 ofport_request=2
$ ovs-vsctl set Interface p4 type=internal
$ ethtool -i p4
```

通过以下命令可查看端口详情，br 参数为交换机名称，需替换为确定的名称，详情如图 5-7 所示。

```
$ ovs-ofctl show br
```

图 5-7　网桥端口信息

此外，为了不影响网络中已有地址发生冲突，需要创建 Namespace 作为实验的终端主机。创建主机之后，需要为其设置虚拟 IP，最后将其连接到 OVS 的数据端口，完成主机接入工作。本实验中，我们创建了 h1 和 h2 两个虚拟主机，设置 IP 分别为 192.168.10.10 和 192.168.10.11，并将这两个主机分别接入到两个OVS实例上。

```
$ ip netns add h1
$ ip link set p1 netns h1
$ ip netns exec h1 ip addr add 192.168.10.10/24 dev p1
$ ip netns exec h1 ifconfig p1 promisc up
```

同理创建 h2，并设置 IP 为 192.168.10.11 且将其接入到 s2 上的 p4 端口。

```
$ ip netns add h2
$ ip link set p4 netns h2
$ ip netns exec h2 ip addr add 192.168.10.11/24 dev p4
$ ip netns exec h2 ifconfig p4 promisc up
```

接下来，还需要建立交换机之间的链路。首先，需要将对应的端口设置为 patch 类型。

```
$ ovs-vsctl set interface p2 type=patch
$ ovs-vsctl set interface p3 type=patch
```

此时，接口类型信息如图 5-8 所示。

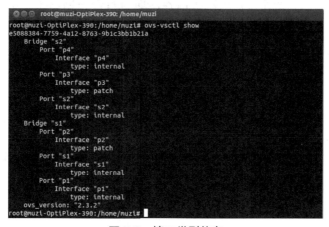

图 5-8　接口类型信息

然后，需要创建 p2 到 p3 的内部链路，命令如下。

```
$ ovs-vsctl  set interface p2 options:peer=p3
$ ovs-vsctl  set interface p3 options:peer=p2
```

最后，还需要向交换机添加对应的流表项，将交换机 s1 从 10 端口进入的数据转发到 11 端口，反向同理，s2 操作同 s1，具体操作如下。

```
$ ovs-ofctl add-flow s1 "in_port=10, actions=output:11"
$ ovs-ofctl add-flow s1 "in_port=11, actions=output:10"
$ ovs-ofctl add-flow s2 "in_port=2, actions=output:1"
$ ovs-ofctl add-flow s2 "in_port=1, actions=output:2"
```

创建完成之后，在 Network Namespace h1 环境下执行 ping 192.168.10.11 的操作，结果成功，具体如图 5-9 所示。

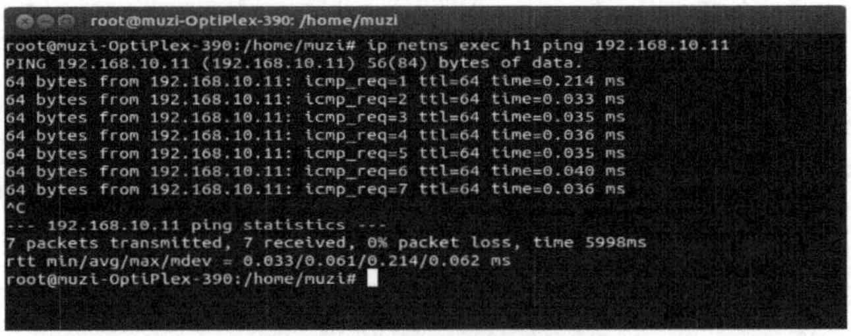

图 5-9　组网测试结果

至此，使用 OVS 搭建简单 SDN 网络实验完成。以上的实验内容介绍了如何创建 OVS 实例，添加端口、链路及流表项等内容，均为 OVS 的基本操作，相信可以给读者带来一定的帮助。若希望使用远程的控制器，可以通过 ovs-vsctl set-controller 命令完成设置。更多操作读者可自行学习，本节不再赘述。

QoS 配置

在许多网络场景中，都需要根据需求对网络流量部署服务质量（QoS）保障策略，比如限制指定主机的最大接入带宽等需求。本节将介绍如何在 OVS 上添加队列，并完成数据的入队操作，从而完成 QoS 策略部署。为方便操作，我们通过 Mininet 启动最小的网络拓扑来实验，这个拓扑包含一个 OVS 实例和挂接的两个主机。

创建网络

```
$ sudo mn
```

以上命令启动了一个 OVS 实例 s1 和 h1 及 h2 两个主机，且 h1 和 h2 分别接入在 s1 的端口 1 和端口 2。不指定控制器时，Mininet 将自动连接到自带的简单控制器。

添加队列

首先，在交换机 s1 的端口 1 上创建了 qos 策略 newqos，并在策略中创建类型为

linux-htb 的队列 q0 和 q1， 两者最大带宽分别为 10G 和 5G，具体命令如下所示。

```
$ ovs-vsctl -- set port s1-eth1 qos=@newqos -- --id=@newqos create qos type=linux-htb
queues=0=@q0,1=@q1 -- --id=@q0 create queue other-config:max-rate=10000000 -- --id=@q1
create queue other-config:max-rate=5000000
```

添加流表

然后，在交换机 s1 上添加流表，使 OVS 能正确转发数据，实现 h1 和 h2 通信。添加流表项之后，使用 Iperf 测试，其测试结果为 32Gbit/s，如图 5-10 所示。此处 Iperf 使用了默认参数，完整命令为：iperf h1 h2。

```
$ ovs-ofctl add-flow s1 "in_port=2, actions=output:1"
```

如果 Mininet 连接到控制器，控制器会下发对应流表项，比如 h1 到 h2 的流表项就是由控制器下发的。只不过通过手动输入的方式可以防止控制器下发优先级更高的流表项，从而导致后续的流表项修改失效。

测试之后通过以下命令修改流表项，将 h2 发往 h1 的数据导入队列 0，队列 0 的最大限速为 10Gbit/s。

```
$ ovs-ofctl add-flow s1 "in_port=2, actions=enqueue:1:0"
```

再次使用 Iperf 测试，结果为 10Gbit/s，如图 5-10 所示。

最后再次修改流表项，将数据导入到队列 1 中，此时最大限速 5Gbit/s。

```
$ ovs-ofctl add-flow s1 "in_port=2, actions=enqueue:1:1"
```

再次使用 Iperf 测试，结果为 4.89Gbit/s，如图 5-10 所示，所以 QoS 限速实验成功。

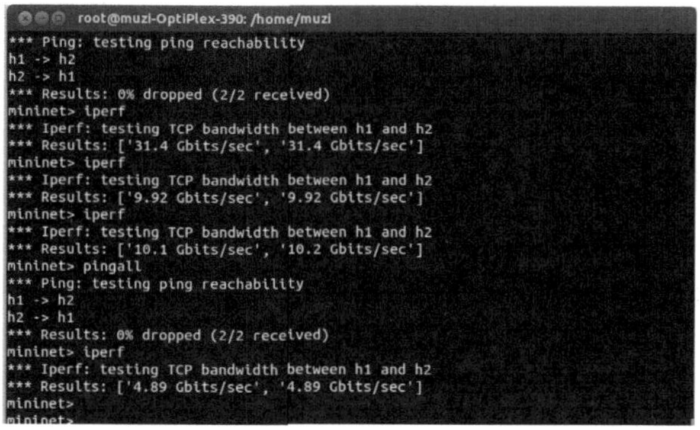

图 5-10　Iperf 测试结果图

至此，关于使用 OVS 组网和在 OVS 上部署 QoS 策略的示例应用介绍完成。OVS 组网示例中介绍了如何使用 OVS 的命令创建 OVS 实例、创建链路、手动添加流表等内容；OVS 上的 QoS 策略部署部分介绍了如何在 OVS 实例上添加 QoS 策略，并通过流表项将流量导入对应的队列中，实现服务质量保障。更多操作细节，读者可以通过官网手册[8]学习更多内容，此处不再介绍。

5.3　Ryu 实践

SDN 控制器是 SDN 架构中的大脑，指挥 SDN 数据平面的数据转发等动作，所以学习如何使用 SDN 控制器是 SDN 实践中最核心的内容。本节将以 Ryu 作为 SDN 控制器实例进行简单介绍，内容包括 Ryu 简介、架构、安装和示例应用。简介部分将介绍 Ryu 的来历和功能特性；架构部分介绍 Ryu 的基础架构及模块启动顺序；安装部分将介绍源码安装等几种安装方式，帮助读者正确安装 Ryu；示例部分将介绍基于 Ryu 的二层应用和流量统计应用，帮助读者掌握 Ryu 的基本使用方法。

5.3.1　Ryu 简介

Ryu 是由日本 NTT 公司在 2012 年推出的开源 SDN 控制器，其名字的日文意思是"Flow"和"Dragon"的意思，Flow 与 OpenFlow 相对应，而龙则是一种美好的希冀，所以 Ryu 的标志是一条绿色的龙。Ryu 基于 Python 语言开发，其代码风格优秀，模块清晰，可拓展性很强。此外，Ryu 使用了 OpenStack 的 Oslo 库，整体代码风格迎合 OpenStack，并开发了 OpenStack 的插件，支持和 OpenStack 的整合部署。

作为一个开源控制器，Ryu 开源社区非常活跃，版本迭代也十分快速，是一个充满活力的 SDN 框架。Ryu 自推出以来，不断迭代新版本，目前已经迭代到 4.7 版。Ryu 作为一个简单易用的轻量级 SDN 控制器，得到了 SDN 初学者的青睐，成为目前主流的控制器之一。此外，Ryu 也得到了一些交换机厂商的认可，比如被 Pica8 采用作为交换机的预安装控制器。在一些小型的网络中，比如校园网中，Ryu 也有一些部署案例。

5.3.2　Ryu 架构

Ryu 代码模块化风格明显，其整体架构与其他 SDN 控制器架构类似，大致可以分为控制层和应用层，其架构如图 5-11 所示。控制层主要包含协议解析、事件系统、基本的网络报文库和内建应用等组件，而应用层则是利用控制层提供的 API 来编写的网络应用及和其他系统协同工作的组件和模块。Ryu 通过南向接口与数据平面的交换机进行通信，通过北向接口完成应用层和控制层的通信。当转发设备与 Ryu 建立连接之后，则通过对应的南向协议如 OpenFlow 协议来传递信息。面向北向，Ryu 提供了 REST API 和 RPC 等接口，允许外界的进程与 Ryu 进行通信。

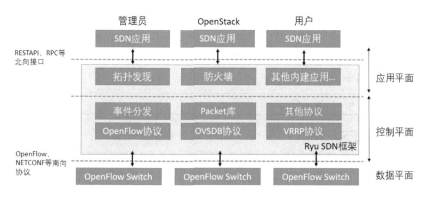

图 5-11　Ryu 架构

Ryu 启动时，首先需要读取输入的预启动应用及其依赖的应用模块，并将这些应用模块放在启动队列中，然后按序启动。如果启动时没有指定任何应用的话，将会启动 ofp_handler 应用。ofp_handler 模块是处理 OpenFlow 的主要模块，主要负责交换机管理和基础的 OpenFlow 事件处理。该模块启动时，会实例化 controller/controller.py 应用中的 OpenFlow Controller 实例。OpenFlow Controller 对象实例是一个 socket 服务端程序，负责交换机的通信连接请求，并与交换机进行通信，是 Ryu 控制器最底层的模块之一。每个交换机与控制器相连之后都会在该模块中初始化一个 Datapath 对象来对描述交换机。Datapath 对象完成了数据的收发工作，包括从字节流解析 OpenFlow 报文、OpenFlow 事件的生成、OpenFlow 消息的序列化及发送工作。此外，在启动 Ryu 时，也启动了 App Manager 实例，该实例负责应用的注册、事件的注册和监听等内容，是 Ryu 的信息管理中心模块。

5.3.3 Ryu 安装

Ryu 的安装方式有多种，可以通过 Pip 安装或通过编译源码安装。通过 Pip 安装非常简单，仅需在终端输入 pip install ryu 命令即可完成。若选择源码安装，则需从官方 Github：https://github.com/osrg/ryu 上下载源码，然后按照以下步骤进行安装。采用源码安装时，请先更新 apt，安装 git、 pip 等常用的软件，并将其更新到最新版本，然后再安装相关依赖，以确保依赖包的版本满足要求。如果所需软件已是最新版本，可跳过此步骤。Ryu 的安装过程比较麻烦，需要读者查看安装信息进行逐步安装。

预安装命令如下。

```
$ sudo apt-get update
$ sudo apt-get install git
$ sudo apt-get install python-pip
$ sudo pip install --upgrade pip six
```

下载源码命令如下。

```
$ git clone https://github.com/osrg/ryu.git
```

安装 Ryu 命令如下。

```
$ cd ryu
$ sudo pip install -r tools/pip-requires
$ sudo python setup.py install
```

安装 Ryu 时，需要安装 python-eventlet、python-routes、python-webob 和 python-paramiko 等依赖包，可以通过 pip install 命令将写在 tools/pip-requires 里面的依赖安装，也可以使用如下命令逐个安装。同理，测试所需的依赖软件记录在 test-requires 文件中，也可以通过 pip install -r tools/test-requires 来安装。

```
$ sudo apt-get install python-eventlet python-routes python-webob python-paramiko
```

如果安装过程中遇到如下的常见问题，可通过如下命令来安装对应的依赖库，然后再重新安装并运行 Ryu。

（1）setuptools 模块未安装。

```
$ curl https://bitbucket.org/pypa/setuptools/raw/bootstrap/ez_setup.py | python
```

（2）如果出现 The 'webob>=1.2' distribution was not found and is required by ryu

错误。

```
$ sudo easy_install webob==1.2.3
```

（3）如果出现 The 'routes' distribution was not found and is required by ryu 错误。

```
$ sudo easy_install routes
```

（4）如果出现 The 'oslo.config>=1.2.0' distribution was not found and is required by ryu 错误。

```
$ sudo easy_install oslo.config==3.0.0
```

（5）lxml 未安装。

```
$ apt-get install libxml2-dev libxslt1-dev python-dev
$ apt-get install python-lxml
```

（6）six 版本不足。

```
$ pip uninstall six
$ pip install six
```

（7）如果出现 The 'ovs' distribution was not found and is required by ryu 错误。

```
$ sudo pip install -r tools/pip-requires
```

（8）stevedore 未安装或者版本不足时，有如下操作。

```
$ sudo pip install stevedore
```

（9）debtcollector 未安装或版本不足时，有如下操作。

```
$ sudo pip install debtcollector
```

由于所需 Python 库较多，所以笔者建议采用一键安装脚本的形式进行安装。由台湾的 SDN 开发者共同完成的 Ryu 一键安装脚本：ryuinstallhelper（https://github.com/sdnds-tw/ryuinstallhelper）可以帮助 SDN 学习者顺利安装 Ryu。如采用脚本依然会出现以上的问题，读者需自行谷歌查找解决方案。

5.3.4 Ryu 示例

本小节将介绍如何在 Ryu 上开发二层 MAC 自学习交换（以下简称二层交换）应用

和基于端口及流表项统计信息的流量监控应用。二层交换应用是最基础的计算机网络应用，通过开发二层交换应用，帮助读者学习使用 Ryu 控制器开发网络应用。流量监控是网络常见的需求之一，可用于快速定位网络故障。基于实时的网络流量信息也可以部署相应的流量调度工程。

二层交换应用

本示例完成了简单的二层交换[10]应用，即模拟实现了二层交换机的运作原理：交换机具有自学习能力，能记录源 MAC 地址和入端口的对应关系。当一个数据包从某端口进入交换机，交换机将记录其源 MAC 地址和入端口的对应关系，然后查询对应的目的 MAC 地址对应的端口记录是否存在。若查询成功，则将数据包转发到查询所得端口，若查询失败，则进行泛洪处理。

二层交换应用被广泛应用于局域网环境，是基础的计算机网络应用。但是二层交换应用无法单独应用在有回环的网络拓扑中，还需要其他协议或者算法来辅助，解决广播数据包在环路中泛洪产生的广播风暴。所以在测试本应用时，读者需搭建无环拓扑。若搭建有环拓扑，则需运行 STP（Spanning Tree Protocol）协议或者其他算法来解决环路风暴问题。本示例应用使用 OpenFlow1.3 版本协议，详细代码如下所示。

```
1    from ryu.base import app_manager
2    from ryu.controller import ofp_event
3    from ryu.controller.handler import CONFIG_DISPATCHER, MAIN_DISPATCHER
4    from ryu.controller.handler import set_ev_cls
5    from ryu.ofproto import ofproto_v1_3
6    from ryu.lib.packet import packet
7    from ryu.lib.packet import ethernet
8
9
10   class SimpleSwitch13(app_manager.RyuApp):
11       OFP_VERSIONS = [ofproto_v1_3.OFP_VERSION]
12
13       def __init__(self, *args, **kwargs):
14           super(SimpleSwitch13, self).__init__(*args, **kwargs)
15           self.mac_to_port = {}
16
17       @set_ev_cls(ofp_event.EventOFPSwitchFeatures, CONFIG_DISPATCHER)
18       def switch_features_handler(self, ev):
19           datapath = ev.msg.datapath
20           ofproto = datapath.ofproto
```

```
21                   parser = datapath.ofproto_parser
22
23                   match = parser.OFPMatch()
24                   actions = [parser.OFPActionOutput(ofproto.OFPP_CONTROLLER,
25                                           ofproto.OFPCML_NO_BUFFER)]
26                   self.add_flow(datapath, 0, match, actions)
27
28           def add_flow(self, datapath, priority, match, actions):
29                   ofproto = datapath.ofproto
30                   parser = datapath.ofproto_parser
31
32                   inst = [parser.OFPInstructionActions(ofproto.OFPIT_APPLY_ACTIONS, actions)]
33
34                   mod = parser.OFPFlowMod(datapath=datapath, priority=priority,
35                                                   idle_timeout=0, hard_timeout=0,
36                                                   match=match, instructions=inst)
37                   datapath.send_msg(mod)
38
39           @set_ev_cls(ofp_event.EventOFPPacketIn, MAIN_DISPATCHER)
40           def _packet_in_handler(self, ev):
41                   msg = ev.msg
42                   datapath = msg.datapath
43                   ofproto = datapath.ofproto
44                   parser = datapath.ofproto_parser
45                   in_port = msg.match['in_port']
46
47                   pkt = packet.Packet(msg.data)
48                   eth = pkt.get_protocols(ethernet.ethernet)[0]
49
50                   dst = eth.dst
51                   src = eth.src
52
53                   dpid = datapath.id
54                   self.mac_to_port.setdefault(dpid, {})
55
56                   self.logger.info("packet in %s %s %s %s", dpid, src, dst, in_port)
57
58                   # learn a mac address to avoid FLOOD next time.
59                   self.mac_to_port[dpid][src] = in_port
60
61                   if dst in self.mac_to_port[dpid]:
62                           out_port = self.mac_to_port[dpid][dst]
63                   else:
64                           out_port = ofproto.OFPP_FLOOD
```

```
65
66                  actions = [parser.OFPActionOutput(out_port)]
67
68                  # install a flow to avoid packet_in next time
69                  if out_port != ofproto.OFPP_FLOOD:
70                      match = parser.OFPMatch(in_port=in_port, eth_dst=dst)
71                      self.add_flow(datapath, 1, match, actions)
72
73                  data = None
74                  if msg.buffer_id == ofproto.OFP_NO_BUFFER:
75                      data = msg.data
76
77                  out = parser.OFPPacketOut(datapath=datapath, buffer_id=msg.buffer_id,
78                              in_port=in_port, actions=actions, data=data)
79                  datapath.send_msg(out)
80
```

代码中的 SimpleSwitch13 类继承了 RyuApp 父类，RyuApp 是 Ryu 应用的抽象功能描述类。RyuApp 类完成了 Ryu 应用所需要完成的基本操作，从而使得开发者在开发应用时专注于业务逻辑的实现。SimpleSwitch13 类的 mac_to_port 字典用于保存 MAC 地址和交换机端口的对应关系。

当 datapath（此处的 datapath 等同于交换网桥，可以大致理解为一台交换机）与控制器建立连接之后，会通过 features 消息回复 datapath 的特性。switch_features_handler 方法通过 @set_ev_cls 装饰器注册了 EventOFPSwitchFeatures 事件。当 EventOFPSwitchFeatures 事件在 CONFIG_DISPATCHER 阶段生成时，就会被分发到 switch_features_handler 方法，从而执行处理方法，完成事件处理。@set_ev_cls 装饰器的第一个参数是事件类型，第二个参数为产生事件的状态。

Ryu 的 ofp_event 模块定义了系统使用到的事件，包括 OpenFlow 事件和一些内部使用的自定义事件。Ryu 定义了 HANDSHAKE_DISPATCHER、CONFIG_DISPATCHER、MAIN_DISPATCHER 和 DEAD_DISPATCHER 四种状态，用于描述 datapath 的 OpenFlow 通道连接的通信状态。switch_features_handler 方法给 datapath 下发一条 table-miss 流表项，用于指导交换机将匹配流表项失败的数据包用 Packet-in 的方式发送到控制器。

_packet_in_handler 方法注册了 EventOFPPacketIn 事件，当 EventOFPPacketIn 事件在 MAIN_DISPATCHER 状态下产生时，就会被分发给 _packet_in_handler 方法处理。处理方法首先对数据包进行必要的解析，然后按照交换机 dpid 的入端口号为键值，将源 MAC 地址记录到 mac_to_port 字典中：mac_to_port[dpid][in_port] = SRC_MAC。然后查

看其目的 MAC 地址是否在 mac_to_port 字典数据项的值中。若目的 MAC 地址不在表中，则将出端口设置为 ofproto.OFPP_FLOOD，并通过 Packet-out 报文指示交换机将数据包泛洪；若查询成功，则将出端口设置为查询所得端口；最后调用 add_flow 方法将流表项下发到 datapath，从而完成二层交换应用。

写完以上代码之后将其保存为 Python 文件，如 simple_switch_13_test.py，然后保存到 ryu/app 目录下。由于这个文件是新加的，Ryu 编译文件中并没有，所以还需要将 Ryu 重新编译安装才行。重新安装之后，通过 ryu-manager 命令启动 Ryu 控制器并加载新写的应用即可。具体命令如下。

```
$ cd ryu # 进入到 ryu 顶级目录
$ sudo python setup.py install
$ sudo ryu-manager ryu/app/simple_switch_13_test.py   #命令的参数为新加文件的相对路径。
```

启动 Ryu 之后，通过 Mininet 启动任意无环拓扑并连接到控制器。连接成功之后，在 Mininet 中进行 pingall 测试，具体测试结果如图 5-12 所示。

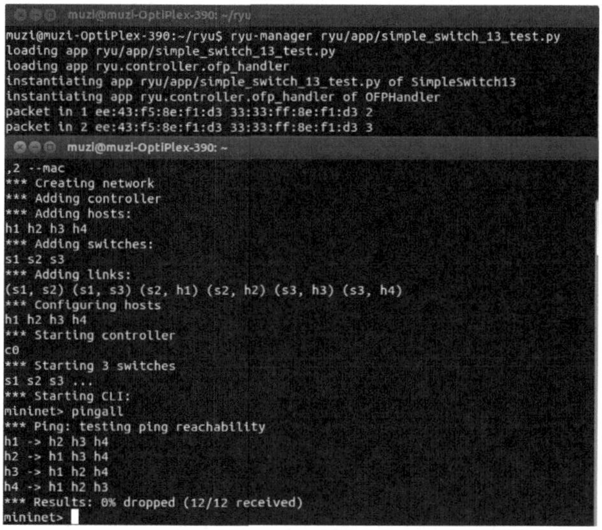

图 5-12   simple_switch_13_test 模块运行结果

至此，二层交换应用示例介绍便结束了，希望可以给 SDN 初学者提供一些帮助。接下来，将介绍基于 Ryu 开发的网络流量监控应用。

流量监控应用

在互联网越来越发达的时代，网络上承载着越来越多的业务，所以维护网络的稳定非常重要。当网络发生异常时，需要快速定位故障点，从而快速修复网络，保障业务的畅通。流量监控可以实时获取网络的流量状况，实现网络流量状态可视化。在故障发生时，通过流量监控应用可以快速定位故障点，缩短故障恢复时长。此外，流量监控的数据也可以为流量工程提供数据支撑，从而提升网络整体的带宽利用率。

本示例应用完成了基于 OpenFlow1.3 协议的流量统计信息[11]的获取，包括基于端口的流量统计信息和基于流表项的统计信息。由于篇幅限制，本示例仅介绍如何获取统计信息，统计信息的处理和呈现将不做介绍，更多信息可以参考完整版流量监控应用链接[12]。本示例详细代码如下所示。

```
1    from operator import attrgetter
2    from ryu.app import simple_switch_13
3    from ryu.controller import ofp_event
4    from ryu.controller.handler import MAIN_DISPATCHER, DEAD_DISPATCHER
5    from ryu.controller.handler import set_ev_cls
6    from ryu.lib import hub
7
8
9    class SimpleMonitor(simple_switch_13.SimpleSwitch13):
10
11       def __init__(self, *args, **kwargs):
12           super(SimpleMonitor, self).__init__(*args, **kwargs)
13           self.datapaths = {}
14           self.monitor_thread = hub.spawn(self._monitor)
15
16       @set_ev_cls(ofp_event.EventOFPStateChange,
17                   [MAIN_DISPATCHER, DEAD_DISPATCHER])
18       def _state_change_handler(self, ev):
19           datapath = ev.datapath
20           if ev.state == MAIN_DISPATCHER:
21               if not datapath.id in self.datapaths:
22                   self.logger.debug('register datapath: %016x', datapath.id)
23                   self.datapaths[datapath.id] = datapath
24           elif ev.state == DEAD_DISPATCHER:
25               if datapath.id in self.datapaths:
26                   self.logger.debug('unregister datapath: %016x', datapath.id)
```

```
27                              del self.datapaths[datapath.id]
28
29          def _monitor(self):
30              while True:
31                  for dp in self.datapaths.values():
32                      self._request_stats(dp)
33                  hub.sleep(10)
34
35          def _request_stats(self, datapath):
36              self.logger.debug('send stats request: %016x', datapath.id)
37              ofproto = datapath.ofproto
38              parser = datapath.ofproto_parser
39
40              req = parser.OFPFlowStatsRequest(datapath)
41              datapath.send_msg(req)
42
43              req = parser.OFPPortStatsRequest(datapath, 0, ofproto.OFPP_ANY)
44              datapath.send_msg(req)
45
46          @set_ev_cls(ofp_event.EventOFPFlowStatsReply, MAIN_DISPATCHER)
47          def _flow_stats_reply_handler(self, ev):
48              body = ev.msg.body
49
50              self.logger.info('datapath         '
51                               'in-port  eth-dst          '
52                               'out-port packets  bytes')
53              self.logger.info('---------------- '
54                               '-------- ----------------- '
55                               '-------- -------- --------')
56              for stat in sorted([flow for flow in body if flow.priority == 1],
57                                 key=lambda flow: (flow.match['in_port'],
58                                                   flow.match['eth_dst'])):
59                  self.logger.info('%016x %8x %17s %8x %8d %8d',
60                                   ev.msg.datapath.id,
61                                   stat.match['in_port'], stat.match['eth_dst'],
62                                   stat.instructions[0].actions[0].port,
63                                   stat.packet_count, stat.byte_count)
64
65              self.logger.info('datapath           '
66                               'tcp-src in-port  eth-dst          '
```

```
67                                                 'out-port packets  bytes')
68                      self.logger.info('---------------- '
69                                        '-------- -------- ----------------- '
70                                        '-------- -------- --------')
71                  for stat in sorted([flow for flow in body if flow.priority == 2],
72                                      key=lambda flow: (flow.match['tcp_src'],
73                                                         flow.match['in_port'],
74                                                         flow.match['eth_dst'])):
75                      self.logger.info('%016x %8d %8x %17s %8x %8d %8d',
76                                        ev.msg.datapath.id,
77                                        stat.match['tcp_src'], stat.match['in_port'],
                                          stat.match['eth_dst'],
78                                        stat.instructions[0].actions[0].port,
79                                        stat.packet_count, stat.byte_count)
80
81          @set_ev_cls(ofp_event.EventOFPPortStatsReply, MAIN_DISPATCHER)
82          def _port_stats_reply_handler(self, ev):
83              body = ev.msg.body
84              self.logger.info('datapath         port     '
85                                'rx-pkts  rx-bytes rx-error '
86                                'tx-pkts  tx-bytes tx-error')
87              self.logger.info('---------------- -------- '
88                                '-------- -------- -------- '
89                                '-------- -------- --------')
90              for stat in sorted(body, key=attrgetter('port_no')):
91                  self.logger.info('%016x %8x %8d %8d %8d %8d %8d %8d',
92                                    ev.msg.datapath.id, stat.port_no,
93                                    stat.rx_packets, stat.rx_bytes, stat. rx_errors,
94                                    stat.tx_packets, stat.tx_bytes, stat. tx_errors)
95
```

在初始化 SimpleMonitor 对象时，会启动一个协程[13]去周期运行_monitor 方法。_monitor 方法中调用了_request_stats 方法，该方法向 datapath 发送了流表统计信息请求 OFPFlowStatsRequest 和端口统计信息请求 OFPPortStatsRequest。这两个请求报文发送到 datapath 之后，交换机需要回复控制器对应的统计信息回复报文。

_flow_stats_reply_handler 方法 和 _port_stats_reply_handler 分 别 注 册 了 EventOFPFlowStatsReply 事件和 EventOFPPortStatsReply 事件。当交换机回复统计信息报文时，会触发对应的处理方法。比如交换机通过 OFPPortStatsReply 报文回复控制器

其端口统计信息，在 Ryu 内部就会产生 EventOFPPortStatsReply 事件，该事件会分发到所有注册了该事件的 handler，其中就包括_port_stats_reply_handler。_port_stats_reply_handler 方法被调用之后，会将报文信息解析并打印相关信息，从而完成统计报文的解析处理工作。同理，流表项统计信息的回复信息的处理也是如此。

在成功解析到流量统计信息之后，可以将其保存到对应的数据结构中。然后使用当前数据减去前一周期获取的统计数据，再通过两个统计信息的时间信息，相减得到时间间隔。最后将统计信息数值的差除以时间间隔，从而获得统计流量速度信息，完成流量监控程序。由于代码较长，且此部分内容不属于本示例展示重点，所以此处不再介绍具体实现，读者可以下载笔者已完成的流量统计应用[12]。

完成以上代码编写之后，同样将其保存到 ryu 对应目录下，然后重新安装 Ryu，最后运行 Ryu 并加载流量统计应用。启动 Mininet 无环拓扑并连接到 Ryu 控制器，则可以在运行 Ryu 的终端查看到周期的流量统计信息。

图 5-13　simple_monitor 运行结果

至此，关于二层应用和流量监控的 Ryu 示例应用介绍便结束了，示例中介绍了 Ryu 简单 API 的使用，希望能给读者提供一定的帮助。更多关于 Ryu 应用开发的案例推荐读者查看 Ryu 官方文档 RyuBook。此外，Ryu 控制器自带了许多简单的示例应用，详读这些案例将会帮助读者更好地掌握如何在 Ryu 上开发应用。

5.4　网络虚拟化平台实践

网络虚拟化是 SDN 的杀手级应用之一，所以对 SDN 初学者而言，学习网络虚拟化平台的使用，从而进行网络虚拟化应用实践非常重要。因此，本节将对网络虚拟化平台 OpenVirteX[14]进行简单介绍，并介绍其架构、安装方法和简单的使用案例。架构部分内容将介绍 OpenVirteX 的基础架构及其功能；安装方法部分将介绍源码安装等几种安装方式；示例部分将介绍简单的 OpenVirteX 的使用案例。最后还将介绍 FlowVisor、NSX 等其他网络虚拟化平台。

5.4.1　OpenVirteX 简介

随着云计算的发展，数据中心对网络虚拟化的需求更加迫切。网络虚拟化可以将一个物理网络虚拟成多张虚拟网络，提供给不同的用户。虚拟网络用户并不需要关心底层物理网络的情况，只需关注虚拟网络即可，其虚拟网络到物理网络的映射关系由网络虚拟化平台完成。

开源网络虚拟化平台产品中，出现较早的有 ON.Lab 开发的 FlowVisor[15]，其根据 FlowSpace 将网络划分为网络切片，完成网络虚拟化。FlowVisor 以流表项的字段组合来区分不同的网络，可以做到细粒度的网络虚拟化。然而由于 FlowVisor 的代码过于复杂，也存在较多代码 BUG，在使用过程中并不顺利。所以在 2014 年，ON.Lab 推出更简单、更高效的网络虚拟化平台产品 OpenVirteX，　而且它很快就替代了 FlowVirsor。

OpenVirteX（以下简称 OVX）可以实现多租户的网络虚拟化。OVX 是介于租户控制器和交换机之间的转换平台，如图 5-14 所示。面对租户，OVX 就是一个数据平面网络，而面对交换机，OVX 就是控制器。对于租户而言，仅需要在 OVX 上完成注册，申请资源等操作就可以使用和管理从物理网络虚拟出的一张虚拟网络。OVX 根据租户的需求，将租户的虚拟网络拓扑映射到具体的物理拓扑上，租户只能看到租户虚拟网络，无法感知真实物理拓扑，也不需要关心真实拓扑。这种实现方式一方面提供了面向租户的网络，另一方面对用户屏蔽底层物理网络也将提高网络安全性。

OVX 提供的网络虚拟化服务允许多租户共享同一网络基础设施，同时允许租户对其虚拟网络进行自主控制。OVX 为租户提供了完整的虚拟拓扑和任意的网络地址空间，不仅允许租户自定义网络拓扑，也允许租户使用任意的网络地址。

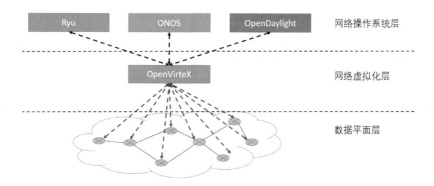

图 5-14　OpenVirteX 架构图

5.4.2　OpenVirteX 架构

OVX 介于租户控制器和底层网络之间，其架构如图 5-15 所示。OVX 内部分为三大部分：面向底层物理网络的物理网络描述部分、面向租户控制器的虚拟网络服务部分和介于这两者之间的全局映射表部分。

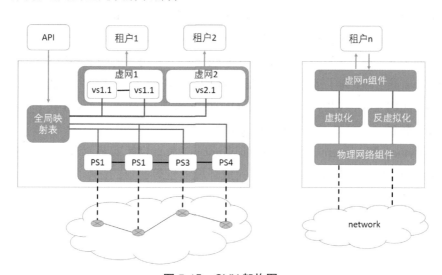

图 5-15　OVX 架构图

面向物理网络的物理网络描述部分和普通控制器的功能并无差异，负责收集网络拓扑等信息，完成物理网络的逻辑描述工作。为了实现向租户提供虚拟网络服务，需要模拟出虚拟交换机、虚拟链路等虚拟网络元件，这部分功能由面向租户的虚拟网络描述部分完成。为实现虚拟网络和物理网络资源的映射，还需要保存全局的映射关系表。该表由 OVX 核心维护，可通过 API 来提交映射规则，也支持自动的映射规则。

基于资源映射关系，OVX 作为中间代理将底层交换机的数据转发给指定的控制器，也负责将租户的消息翻译转发给指定的交换机。所以，上行的处理流程称之为虚拟化（Virtualize），而下行的处理流程称之为反虚拟化（Devirtualize）。OVX 通过修改、重写 OpenFlow 报文来实现租户控制器与租户租用的物理网元之间的通信。这种方法使得 OVX 具有以下两种能力。

（1）OVX 提供支持 OpenFlow 的可编程虚拟网络，从而使得租户可以指定租户控制器来控制网络。

（2）OVX 支持透明代理。对于租户而言，OVX 是底层网络，而对于底层网络而言，OVX 是控制器，租户和底层网络都无须做任何修改，无法感知 OVX 的存在。

5.4.3　OpenVirteX 安装

由于中国大陆网络状况不佳，在编译 OVX 时无法下载 Google Code 上的文件内容，导致源码安装 OVX 十分麻烦，所以建议读者下载编译好的 OVX 官方镜像：http://ovx.wpengine.com/wp-content/uploads/ovx-vm-x86_64-2014-10-14.zip。下载完成之后，安装虚拟机即可。虚拟机默认帐号和密码均为：ovx。官方推荐安装环境需要 4G 的内存和 4G 的 Java 堆空间，为了运行 OVX，运行环境至少需要 2G 内存和 1G 的 Java 堆空间。

若选择源码安装，则需要安装 Git、Oracle Java 7、Apache Maven 和 Python 2.7+，若想持久化数据，则可以选择安装 MongoDB。

Git、Python 和 Maven[16]等软件可通过 apt-get 命令直接安装。若 Maven 安装失败，可查看参考资料[16]。自动安装 Java 7 并完成环境变量等配置的命令如下所示，其他自定义安装方式请参考参考资料[17]。

```
$ sudo apt-get install git python
$ sudo apt-get install maven
$ sudo apt-get install oracle-java7-set-default
```

安装依赖程序之后，从 Github 上下载稳定版本的 OpenVirteX 源码。以下命令中，"-b" 之后的 0.0-MAINT 是版本号，若希望使用新特性，可更换版本号，下载更新版本源码。

```
$ git clone https://github.com/OPENNETWORKINGLAB/OpenVirteX.git -b 0.0-MAINT
```

下载完成之后，运行 OpenVirteX/scripts 目录下的 ovx.sh 脚本运行 OVX 即可。若依赖软件安装正确，网络正常，则下载远端文件，可正确编译 OVX。

```
$ sudo sh OpenVirteX/scripts/ovx.sh
```

安装完成之后即可进行以下的示例应用学习。

5.4.4 OpenVirteX 示例

本小节内容将介绍如何使用 OpenVirteX，包括和 Mininet 建立连接、创建虚拟网络和启动虚拟网络等内容。对于租户而言，租户可以在 OVX 上建立虚拟拓扑，使用任意的 IP 地址，而虚拟拓扑到真实物理拓扑之间的映射将由 OVX 完成，所以租户只能看到自己设置的网络，而无法感知真实拓扑。

启动 Mininet

首先，我们使用 Mininet 模拟真实网络，启动 Mininet，并连接到 OVX 的 6633 端口，本例中 OVX 的 IP 地址为 10.108.146.174，读者可根据实际情况设置 IP 地址。网络建立成功的信息图如图 5-16 和 5-17 所示。网络拓扑创建之后，可以进行 pingall 测试网络连通性，可以发现当下无法完成主机之间的 ping 测试。其原因在于 OVX 无法确认这些流量归属于哪一个虚拟网络，所以无法将数据转发给租户控制器，自然就无法完成数据处理。

```
$ sudo mn --topo=tree,2,2 --controller=remote, ip=10.108.146.174
```

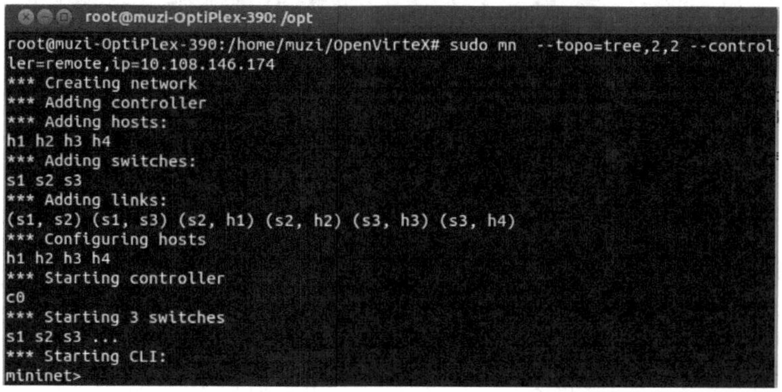

图 5-16　Mininet 连接到 OpenVirteX

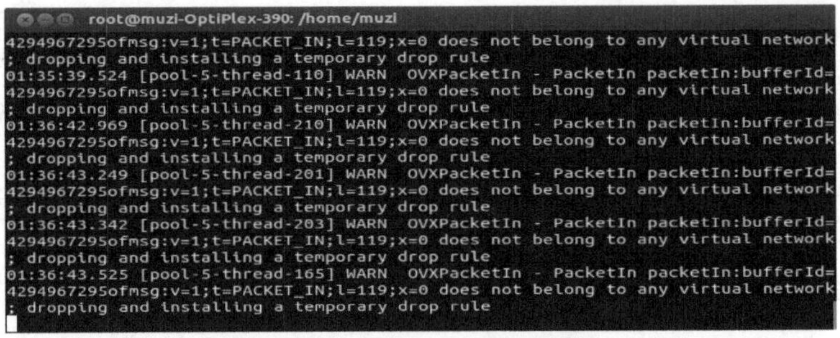

图 5-17　OpenVirteX 显示信息

创建虚拟网络

　　OVX 通过运行 utils/ovxctl.py 文件完成网络输入参数的定义和解析，开发者可以通过使用此文件创建和启动虚拟网络、虚拟交换机、虚拟端口、虚拟链接和租户控制器。此脚本和前一代网络虚拟化产品 FlowVisor 的 fvctl 很相似，是在前者的基础之上修改而来的。

　　进入到 OpenVirteX/utils 目录，输入以下示例命令运行 ovxctl.py，创建虚拟网络，如图 5-18 所示。该命令创建了网络 10.0.0.0/16，掩码长度为 16 位，可用地址为 167772160 个，租户控制器的地址为 localhost:10000，租户 ID 为 1。同理，通过此命令也可以创建其他的虚拟租户网络。在启动网络之前必须要确认的是租户控制器已经开启，启动 OVX 时，OVX 虚拟机已经预先在 10000 端口启动了 Floodlight 控制器。如果需要指定到用户自定义的控制器，则只需再启动控制器，然后通过以下命令指定控制器 IP 即可。

```
$ python ovxctl.py -n createNetwork tcp:localhost:10000 10.0.0.0 16
```

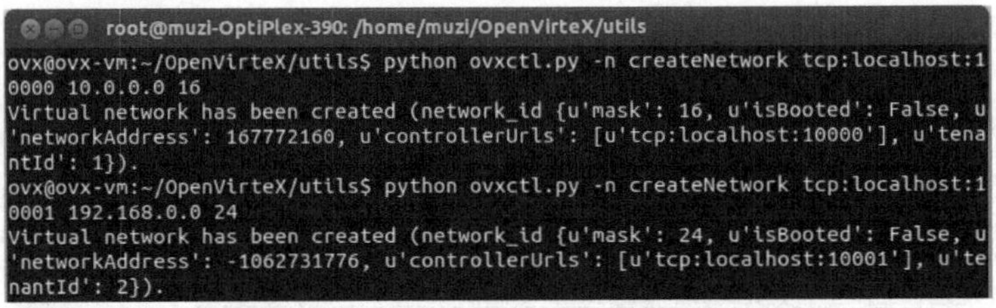

图 5-18　OpenVirteX 创建虚拟网络

创建虚拟交换机

　　在 tenantId=1 的网络中创建两个虚拟交换机，分别对应 dpid 为 2 和 3 的底层交换机。OVX 创建成功后，会返回虚拟交换机的租户 ID 和交换机 ID，详情如图 5-19 所示，命令如下。

```
$ python ovxctl.py -n createSwitch 1 00:00:00:00:00:02
$ python ovxctl.py -n createSwitch 1 00:00:00:00:00:03
```

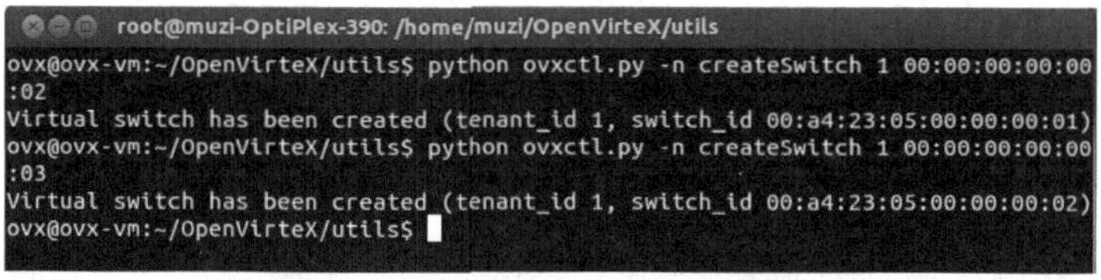

图 5-19　OpenVirteX 创建虚拟交换机

创建虚拟端口

　　OVX 创建网络还需要创建对应的虚拟端口。虚拟端口用于连接主机，在创建虚拟端口时需指定底层交换机的 dpid 和物理端口号，从而建立与真实网络的映射关系，创建命令如下所示。创建成功后，OVX 会返回对应的虚拟端口信息，详细信息如图 5-20 所示，命令如下。

```
$ python ovxctl.py -n createPort 1 00:00:00:00:00:02 1
$ python ovxctl.py -n createPort 1 00:00:00:00:00:02 2
$ python ovxctl.py -n createPort 1 00:00:00:00:00:02 3
$ python ovxctl.py -n createPort 1 00:00:00:00:00:03 1
$ python ovxctl.py -n createPort 1 00:00:00:00:00:03 2
$ python ovxctl.py -n createPort 1 00:00:00:00:00:03 3
```

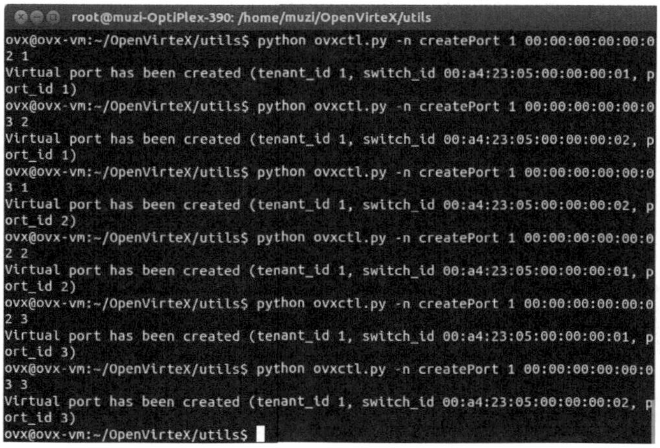

图 5-20　OpenVirteX 创建虚拟端口

创建虚拟链路

虚拟链路用于完成交换机之间的链接建立。通过指定租户 ID（TenantID）、源虚拟交换机 ID、源虚拟端口号、目的虚拟交换机 ID、目的虚拟端口号、算路算法及备份路由的份数来创建虚拟链接。命令如下所示，运行结果如图 5-21 所示。

```
$ python ovxctl.py -n connectLink 1 00:a4:23:05:00:00:00:01 3 00:a4:23:05:00:00:00:02
  3 spf 1
```

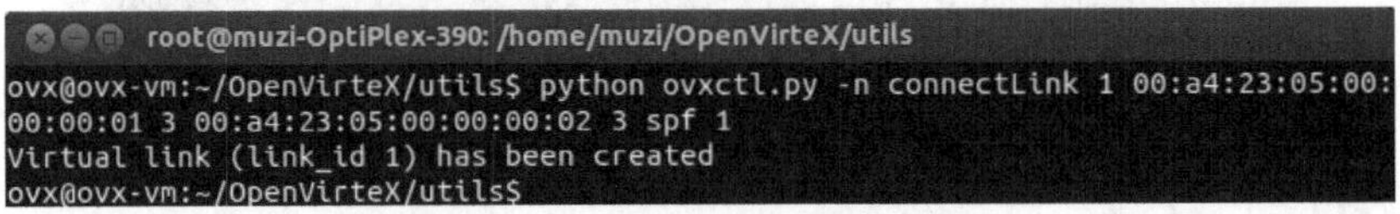

```
root@muzi-OptiPlex-390: /home/muzi/OpenVirteX/utils
ovx@ovx-vm:~/OpenVirteX/utils$ python ovxctl.py -n connectLink 1 00:a4:23:05:00:
00:00:01 3 00:a4:23:05:00:00:00:02 3 spf 1
Virtual link (link_id 1) has been created
ovx@ovx-vm:~/OpenVirteX/utils$
```

图 5-21　OpenVirteX 连接链路

连接主机

主机的创建和以上的命令相似，同样需要指定租户的网络 ID、接入虚拟交换机的虚拟 ID、虚拟端口号及主机的 MAC 地址。主机的 MAC 地址信息可以通过 Mininet 查看，在 Mininet 中输入“主机名（空格）ifconfig”即可查看。本实验中，我们在底层交换机 s2 和 s3 上挂接了 h1、h2、h3 和 h4 四个主机，将其分别接入到虚拟网络中即可。本质上物理链接已经存在，此处在于告知 OVX 主机的逻辑归属，进而完成虚拟网络的创建，命令如下所示，运行结果如图 5-22 所示。

```
$ python ovxctl.py -n connectHost 1 00:a4:23:05:00:00:00:01 1 42:71:b9:07:8e:4b
$ python ovxctl.py -n connectHost 1 00:a4:23:05:00:00:00:01 2 fa:ac:54:4e:f3:db
$ python ovxctl.py -n connectHost 1 00:a4:23:05:00:00:00:02 1 b2:e8:1b:16:4c:a9
$ python ovxctl.py -n connectHost 1 00:a4:23:05:00:00:00:02 2 8a:f3:56:42:c7:be
```

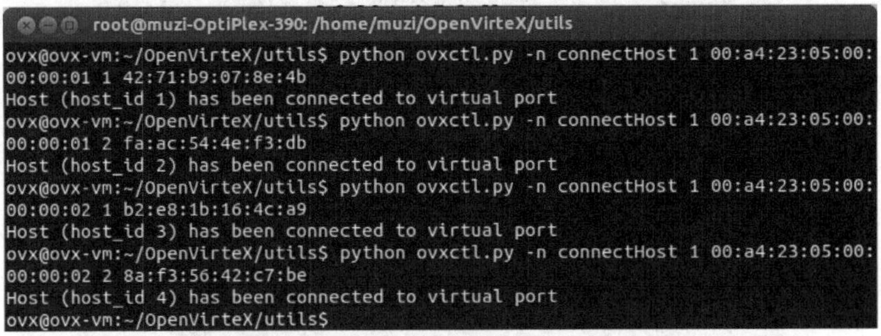

```
root@muzi-OptiPlex-390: /home/muzi/OpenVirteX/utils
ovx@ovx-vm:~/OpenVirteX/utils$ python ovxctl.py -n connectHost 1 00:a4:23:05:00:
00:00:01 1 42:71:b9:07:8e:4b
Host (host_id 1) has been connected to virtual port
ovx@ovx-vm:~/OpenVirteX/utils$ python ovxctl.py -n connectHost 1 00:a4:23:05:00:
00:00:01 2 fa:ac:54:4e:f3:db
Host (host_id 2) has been connected to virtual port
ovx@ovx-vm:~/OpenVirteX/utils$ python ovxctl.py -n connectHost 1 00:a4:23:05:00:
00:00:02 1 b2:e8:1b:16:4c:a9
Host (host_id 3) has been connected to virtual port
ovx@ovx-vm:~/OpenVirteX/utils$ python ovxctl.py -n connectHost 1 00:a4:23:05:00:
00:00:02 2 8a:f3:56:42:c7:be
Host (host_id 4) has been connected to virtual port
ovx@ovx-vm:~/OpenVirteX/utils$
```

图 5-22　OpenVirteX 连接主机

启动网络

至此，OVX 创建虚拟租户网络完成，最后启动虚拟网络，如图 5-23 所示。

```
$ python ovxctl.py -n startNetwork 1
```

图 5-23　启动 OVX 虚拟租户网络

启动虚拟网络之后，在 Mininnet 中输入 pingall 命令验证实验结果，并打印出交换机的流表项，结果如图 5-24 所示。从图上信息可知，pingall 测试成功；由于流表项信息太多，仅截取部分内容。为进一步验证实验正确性，在浏览器中打开http://localhost:1000/ui/index.html 查看到控制器 Floodlight 的信息，详细信息如图 5-25所示，可见实验成功。

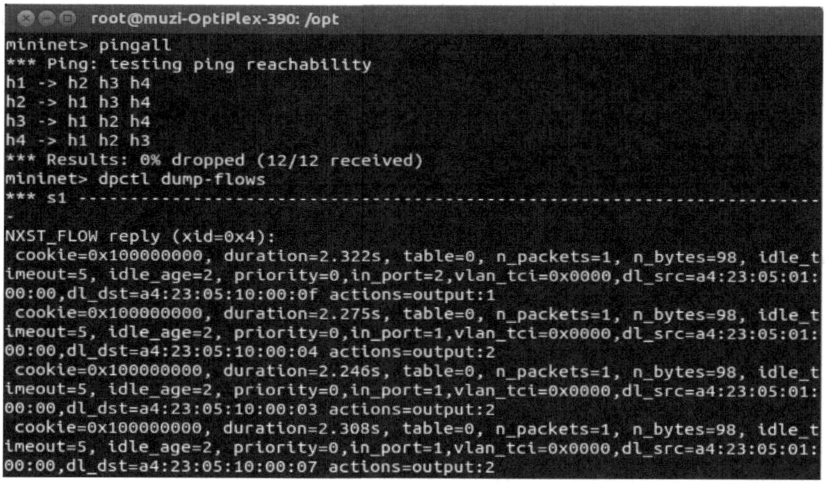

图 5-24　pingall 测试结果

正如本节前面提到的，OVX 是介于数据平面到控制平面之间的中间层。对于数据平面，OVX 是控制器，而对于租户控制器而言，OVX 就是底层数据平面。目前，OVX已经实现了"多虚一"、"一虚多"等网络映射，可提供丰富的网络虚拟化功能。而且OVX 还提供了自动映射功能，管理员无须通过 API 来编写映射规则就可以完成简单的虚拟网络映射。

图 5-25　控制器信息显示

由于数据平面交换机都接入到 OpenVirteX，所以 OpenVirteX 成为 SDN 网络可拓展性上的新瓶颈。因此，OVX 的性能成为其是否能被广泛应用的关键因素，期待 OVX 给我们带来崭新的网络虚拟化体验。

5.4.5　其他网络虚拟化产品

除了 OVX 以外，目前还有其他的网络虚拟化工具。FlowVisor 是 OpenVirteX 的前一代产品，仅支持 OpenFlow1.0 协议，可提供基于 12 元组的网络切片功能。但由于产品过于复杂且 BUG 较多，逐渐被新一代产品 OpenVirteX 所取代。南京未来网络研究院的虚拟化产品 CNVP 也可以完成网络虚拟化，目前已经在 C-LAB 的试验网上运行，其也模仿 FlowVisor 实现。商业的网络虚拟化平台产品有 VMware 的 NSX[18]等产品。NSX 不仅具有网络虚拟化功能，还具有网络安全功能，是专门为数据中心网络虚拟化定制的网络虚拟化平台产品。

5.5　其他工具

本节将介绍 SDN 实验中可能会使用到的几种实用工具，包括测试控制器性能的 Cbench、测试 OpenFlow 交换机功能和性能的 OFTest、抓包工具 Wireshark、发包工具

Iperf 和 Scapy。每个工具将介绍其功能和安装等入门知识，帮助读者更好地掌握这些工具的使用。此部分内容不涉及工具实现原理等深度内容介绍。

5.5.1　Cbench 简介

SDN 控制平面的性能直接影响到 SDN 网络的整体性能，所以控制平面的性能非常重要。如何选择性能更好的控制器，也是在采用 SDN 方案时首先需要解决的问题。Cbench [19] 是一款用于测试 OpenFlow 控制器性能的开源软件。Cbench 可以模拟一系列软件交换机，然后向控制器发送 OFP_Packet_In 消息，从而测试控制器处理 Packet-in 消息的吞吐量和时延，进而评价控制器的性能。

安装 Cbench

通过以下命令可以在 Debian/Ubuntu 系统中安装 Cbench，其命令中的绝对路径为下载 openflow 的 repository 目录的绝对路径。

```
$ sudo apt-get install autoconf automake libtool libsnmp-dev libpcap-dev
$ git clone git://gitosis.stanford.edu/oflops.git
$ cd oflops; git submodule init && git submodule update
$ git clone git://gitosis.stanford.edu/openflow.git
$ cd openflow; git checkout -b release/1.0.0 remotes/origin/release/1.0.0
$ wget http://hyperrealm.com/libconfig/libconfig-1.4.9.tar.gz
$ tar -xvzf libconfig-1.4.9.tar.gz
$ cd libconfig-1.4.9
$ ./configure
$ sudo make && sudo make install
$ cd ../../netfpga-packet-generator-c-library/
$ sudo ./autogen.sh && sudo ./configure && sudo make
$ cd ..
$ sh ./boot.sh ; ./configure --with-openflow-src-dir=<absolute path to openflow branch>;
  make
$ sudo make install
$ cd cbench
```

进入 cbench 目录之后，查看是否存在 cbench 可执行文件，若存在则安装 cbench 成功，否则需要进行 make，编译生成 cbench 可执行文件。

运行 Cbench

通过 cbench -h 可以查看到 Cbench 的参数介绍。详细命令介绍如下所示。

```
-c/--controller : controller 的地址
-d/--debug: 打印 debug 信息
-h/--help: 打印帮助信息
-l/--loop: 测试循环的次数
-M/--mac-addresses: 每个交换机连接的 MAC 地址/主机
-m/--ms-per-test:  测试时间/毫秒
-p/--port: 连接的 controller 的端口
-s/--switches: 连接的交换机个数
-t/--throughput: 测试吞吐量模式
-w/--warmup: 忽略的预热测试组数（默认是 1）
-c/--cooldown: 测试的最后几次结果忽略（默认是 0）
-D/--delay: 收到 feature_reply 之后 n 毫秒后开始测试
-L/--learn-dst-mac 测试之前接收到 MAC 地址 arp 回复
-i/--connect-delay: 一组交换机建立连接时的建立延迟时间
-r  1.. -s（的值）显示的是 1-n 个交换机的测试范围
```

Cbench 支持 latency 和 throughput 两种模式，前者用于测试控制器对 Packet-in 事件的反应速度，后者用于测试控制器报文处理吞吐量。以下命令创建了 16 台交换机，且每个交换机下有 1000 台主机。测试模式为吞吐量模式，测试时间为 10 秒，共测试 10 组数据，测试运行在 6633 端口的控制器的性能。测试结果如图 5-26 所示。

```
$ ./cbench -c localhost -p 6633 -m 10000 -l 10 -s 16 -M 1000 -t
```

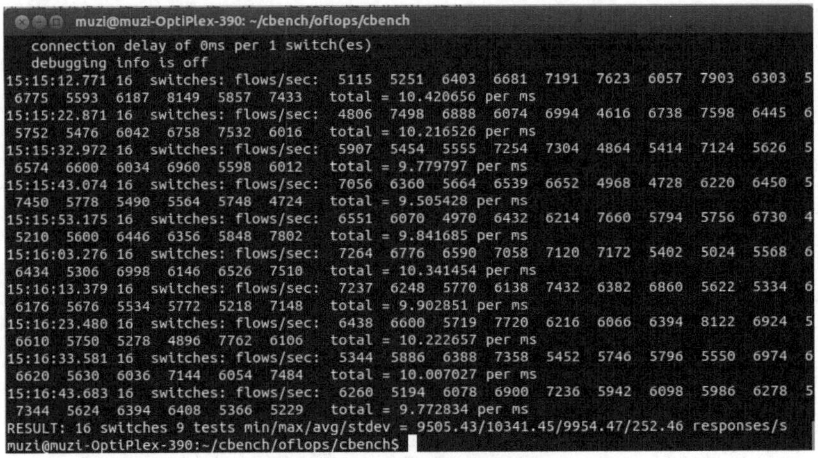

图 5-26　Cbench 测试结果图

5.5.2　OFTest 简介

前一部分介绍的 Cbench 是用于测试控制器性能的工具，此部分将介绍测试交换机 OpenFlow 协议完整性的工具 OFTest，同类的工具还有 OFLops。由于 OFTest 更易使用，所以本小节将介绍 OFTest 的功能和安装入门等内容。

OFTest 是一个基于 Python 语言开发的 OpenFlow 交换机测试框架和测试案例集合，其架构如图 5-27 所示。OFTest 完成了一系列的单元测试，目前支持 OpenFlow1.0 和 1.1 版本的测试，1.2 版本的测试正在开发中。使用 OFTest 可以测试 OpenFlow 设备对各个 OpenFlow 报文的处理机制是否完备正确，测试也包括报文中的所有动作。

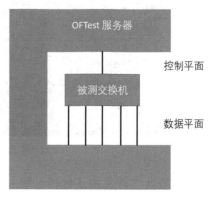

图 5-27　OFTest 架构图

安装依赖

安装 Python2.7 和 Scapy，如下。

```
$  sudo apt-get install python scapy
```

下载 OFTest

从 Github 上下载 oftest，此工具是 Floodlight 项目中的一个子项目。

```
$ git clone git://github.com/floodlight.oftest
```

测试 OpenFlow 设备

在本地开启软件交换机，并使其尝试监听到 6653 端口，若采用其他端口，需指定端口。进入 oftest 目录，运行以下命令进行测试即可。测试结果如图 5-28 所示。

```
$ cd oftest
$ ./oft --list
$ sudo ./oft basic.Echo
$ sudo ./oft --version --log-file=""
$ sudo ./oft basic -i 1@veth1 -i 2@veth3
```

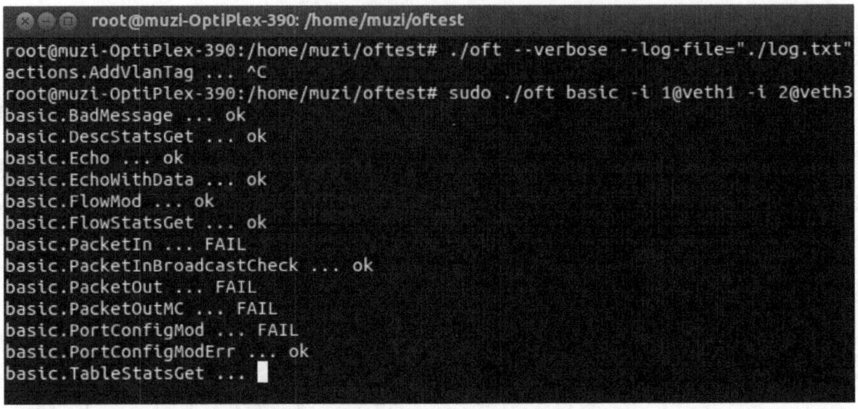

图 5-28　OFTest 测试结果图

OFTest 文件夹内还包括一些方便使用的脚本文件，如运行交换机的 run_switch.py。更多深入内容，由于篇幅限制，本书不做介绍，读者可以访问 OFTest 的 Github 页面，查看 README 文件[20]。

5.5.3　Wireshark 简介

Wireshark [21]（前称 Ethereal）是一个开源免费的网络数据包分析软件。网络数据包分析软件的功能是截取网络数据包，并尽可能显示出最详细的网络数据包信息。

在过去，网络数据包分析软件是非常昂贵的软件，Wireshark 的出现改变了这一切。在 GNU 通用公共许可证的保障范围下，用户可以免费获取软件及其源代码，并可以对其源代码进行修改。Wireshark 是目前全世界应用最广泛的网络数据包分析软件之一。

安装 Wireshark

```
$ sudo apt-get install wireshark
```

启动 Wireshark

```
$ sudo wireshark &
```

启动 Wireshark 之后，可以从端口列表中选择抓取的端口开始抓取数据。最新版本的 Wireshark 支持 OpenFlow 协议的抓取，示例运行结果如图 5-29 所示。

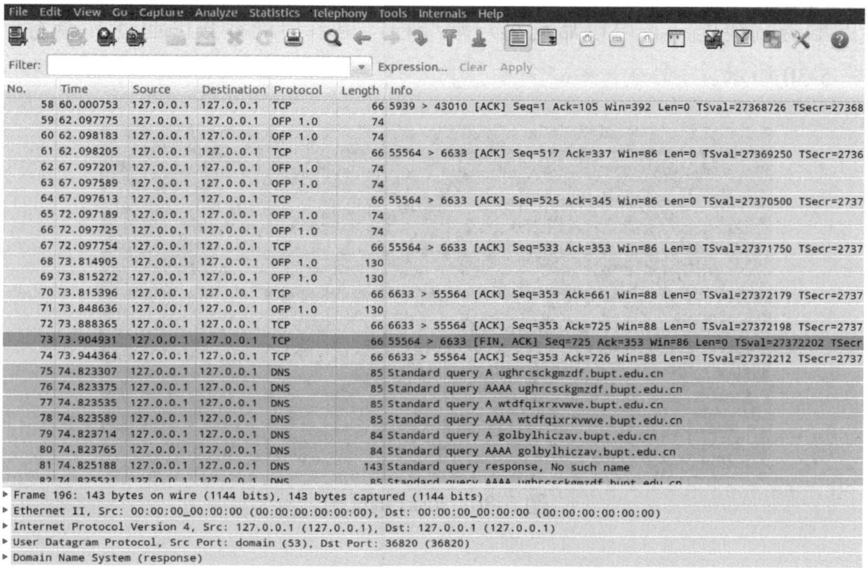

图 5-29　Wireshark 抓包结果图

5.5.4　发包工具简介

在做实验的过程中，经常会需要主机发送网络数据包来测试网络应用的正确性，有时还需要发送一些自定义的数据包。所以发包工具也是实验过程中高频使用的实验工具，接下来的部分，将简要介绍 Iperf 和 Scapy 两个可以用于发包的开源工具。

Iperf

Iperf [22] 是一个数据包生成工具，可以向网络中打入 TCP/SCTP、UDP 等数据流量去测试网络带宽的工具。Iperf 支持跨平台使用、支持多线程，还可指定发送数据的速率、周期等特性，可以用于带宽和硬盘读写速度的测试。Mininet 工具安装时自动安装了 Iperf，读者可以在 Mininet 中直接使用 Iperf。Iperf 支持通过下载官方的文件进行安装，也支持 apt-get 安装。

安装 Iperf 如下。

```
$ sudo apt-get install iperf
```

Iperf 测试模型由服务端和客户端两种角色组成，测试时由客户端发起数据传输，将数据发向服务端，进而在两端得到带宽测试数据。启动 Iperf 时，可通过-s 参数可以启动 Iperf 的服务端线程，-c 可以启动客户端线程，更多启动参数可通过-h 查看，其测试示例如图 5-30 所示。

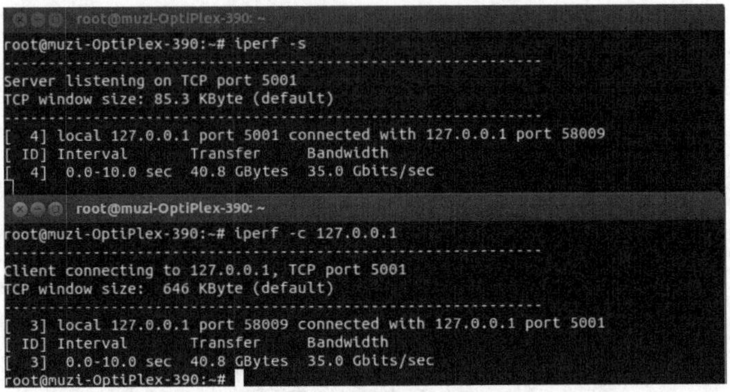

图 5-30　Iperf 测试图

Scapy

Scapy 是一款强大的发包工具，可以构建多种协议的数据包。支持数据包的发送和接收、抓取和回复等功能。可以轻松完成端口扫描、故障定位、探测、单元测试、网络攻击和网络发现等工作。在实验中，有时需要向目标主机发送特定的数据包，就可以使用 Scapy 进行封装和发送。

Scapy 的安装十分简单，可以通过 apt-get 进行安装，如下。

```
$ sudo apt-get install scapy
```

Scapy 的使用也非常简单，此处以构建一个 TCP 数据包并发送为例介绍如何使用 Scapy。首先在终端中输入 scapy，打开 Scapy 软件，然后在输入框中依次输入以下命令构建 TCP/IP 和 Ethernet 数据并发送，实验结果如图 5-31 所示。

```
>>> eth = Ether()
>>> ip = IP(dst="8.8.8.8")
>>> tcp=TCP(dport=8080)
>>> pay("I am Mr.Test")
>>> packet=eth/p/tcp/pay
>>> send(packet)
```

至此，本节关于 SDN 实践过程中的若干工具介绍完成。本节总共介绍了包括 Cbench、OFTest、Wireshark、Iperf 和 Scapy 在内的多个开源软件工具，其功能范围覆盖了性能测试，数据分析和数据发送等多个方面。在很多实践场景中均会使用到以上工具，希望能给读者带来一些帮助。

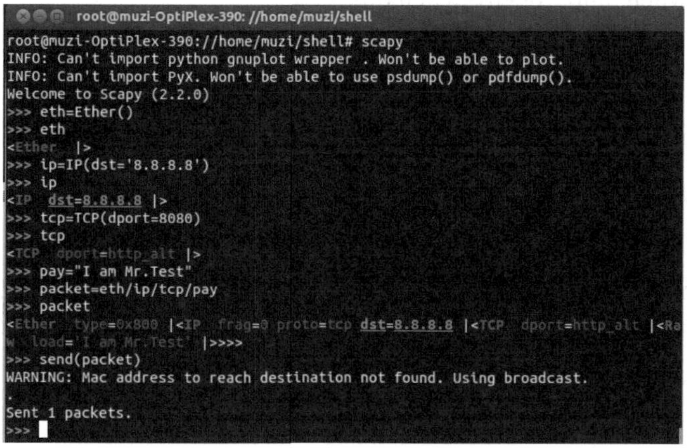

图 5-31　Scapy 构建数据包并发送

5.6　本章小结

本章介绍了 SDN 实践中需要使用到的若干软件，包括网络模拟器 Mininet、开源交换机 Open vSwitch、开源控制器 Ryu，网络虚拟平台 OpenVirteX 和控制器测试工具 Cbench 等软件。本章从受众最多的数据层面工具 Mininet 和 Open vSwitch 开始，引导读者学习 SDN 数据平面的入门软件，然后挑选了适合初学者的控制平面控制器 Ryu，再到稍微深入的网络虚拟化平台 OpenVirteX 的介绍，最后介绍了网络实验中用到的抓包和发包等常用工具，希望给读者一种循序渐进的引领，帮助读者更好地从零开始 SDN 实践。

参考资料

[1] Lantz B, Heller B, McKeown N. A network in a laptop: rapid prototyping for software-defined networks. [C]//ACM Workshop on Hot Topics in Networks. 2010.

[2] ON.LAB, http://onlab.us/.

[3] Download Mininet, http://mininet.org/download/.

[4] Benson T, Anand A, Akella A, et al. Understanding data center traffic characteristics [J]. ACM SIGCOMM Computer Communication Review, 2010.

[5] Open vSwitch, http://openvswitch.org/.

[6] ovsinstallhelper, https://github.com/muzixing/ovsinstallhelper.

[7] Istallation guide of OVS, https://github.com/openvswitch/ovs/blob/master/INSTALL.md.

[8] Doc of OVS, http://openvswitch.org/support/dist-docs-2.4/.

[9] ryuInstallHelper, https://github.com/sdnds-tw/ryuInstallHelper.

[10] Ryubook, http://osrg.github.io/ryu-book/en/html/switching_hub.html#ryu.

[11] Traffic monitor, http://osrg.github.io/ryu-book/en/html/traffic_monitor.html.

[12] Network monitor, https://github.com/muzixing/ryu/blob/master/ryu/app/network_awareness/network_monitor.py.

[13] "Coroutine"[OL]. : https://en.wikipedia.org/wiki/Coroutine.

[14] Al-Shabibi A, De Leenheer M, Gerola M, et al. OpenVirteX: Make your virtual SDNs programmable[C]//Proceedings of the third workshop on Hot topics in software defined networking. 2014.

[15] Sherwood R, Gibb G, Yap K K, et al. Flowvisor: A network virtualization layer[J]. OpenFlow Switch Consortium, Tech. 2009.

[16] Install maven, http://stackoverflow.com/questions/15630055/how-to-install-maven-3-on-ubuntu-15-04-14-10-14-04-lts-13-10-13-04-12-10-12-04-b.

[17] Install Java 7 on ubuntu, https://stackoverflow.com/questions/16263556/installing-java-7-on-ubuntu/16263651#16263651.

[18] NSX, https://www.vmware.com/products/nsx.

[19] Tootoonchian A, Gorbunov S, Ganjali Y, et al. On controller performance in software-defined networks[C]//USENIX Workshop on Hot Topics in Management of Internet, Cloud, and Enterprise Networks and Services (Hot-ICE). 2012.

[20] OFTest -- Validating OpenFlow Swtiches,https://github.com/floodlight/oftest.

[21] Wireshark, http://www. wireshark. org/.

[22] Iperf: The TCP/UDP bandwidth measurement tool, http://dast. nlanr. net/Projects.

第 **6** 章

SDN 应用案例

通过前面章节的学习，相信读者对 SDN 基础和架构已经有了一定的了解。每当人们谈论起 SDN 时，都会谈论 SDN 的应用案例，因为应用案例是检验一项技术是否有发展前景的试金石。因此，本章将介绍现有的 SDN 应用案例，主要包括 SDN 在数据中心网络和 WAN 网络两个成熟市场及其他网络领域中的应用。

6.1　SDN 在数据中心网络的应用

SDN 在设计之初就找到了一个杀手级应用场景：数据中心网络。斯坦福大学的 The McKeown Group 团队创建的第一个初创公司 Nicira Networks，其主要产品就是基于 SDN 的数据中心网络虚拟化产品。

6.1.1　面临的问题

数据中心（Data Center）的出现主要是为了满足互联网厂商的大规模计算需求，其普通网络架构如图 6-1 所示。数据中心由存储资源、计算资源和网络资源组成，其中网络资源完成计算资源、存储资源之间以及与互联网之间的互联互通。在一般的数据中心架构中，数据中心由许多互联的服务器组成，一组服务器堆叠放在一个服务器机架上，并连接到一个或多个 ToR(Top of Rack)接入交换机(有些设计是通过 EoR 或 End of Rack 交换机)。ToR 交换机向上连接汇聚层交换机，完成跨机架的服务器互联互通。汇聚层交换机还会继续向上汇聚，连接到顶层的核心交换机。一般的，核心交换机会完成数据中心和互联网的互联互通。这种拥有大量计算和存储资源的互联互通网络就是数据中心网络（Data Center Network，DCN）[1]。

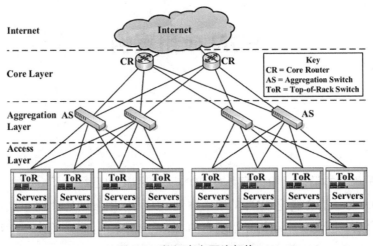

图 6-1　数据中心网络架构

随着云服务和移动应用的发展，数据中心的服务器规模可以达到数十万台，如此大规模的服务器集群需要数千台网络设备连接在一起。这种大规模的数据中心网络管理难度大，网络运行故障定位难，运维成本也非常高。而且，随着互联网业务日新月异的发展，更多的动态业务不断出现，要求数据中心快速支持业务的部署，这也对数据中心提出了挑战。

此外，为了满足多租户虚拟网络的需求，云服务数据中心需要为用户提供虚拟网络服务，还需要实现租户网络的隔离和安全保障等功能。在使用云服务时，租户需要配置自己的子网和虚拟机 IP 地址，需要管理自己的网络资源。而且，在很多情况下，云计算数据中心中大量的虚拟机需要根据业务的需要进行灵活的迁移，以提高资源利用率和服务质量。这就需要数据中心网络能够根据虚拟机的迁移，灵活部署相应的网络策略，从而实现策略随动。这些新需求也给承载各种虚拟资源的数据中心网络带来一系列挑战。

为了满足以上提到的用户需求，数据中心需要更多的可编程能力，所以传统的数据中心逐渐转向了软件定义数据中心(SDDC, Software Defined Data Center)[2]。软件定义数据中心利用虚拟化技术将计算、存储和网络资源抽象成统一的虚拟资源池，从而支持动态管理网络，支持用户通过编程接口按需弹性获取虚拟资源。

SDN 的数控分离、开放可编程和逻辑集中控制的特性，使得网络资源的统一编程管理成为可能，从而很好地满足了数据中心网络的需求。通过集中式网络控制，网络运维团队能够实时控制网络各链路中的流量，进而能够对网络带宽资源和网络功能模块进行虚拟化管理。数据中心应用 SDN 之后，网络资源从粗放的网络模块增加转变为细颗粒度的资源池扩充，所以网络扩展性和资源利用率都得到了大幅提升。

此外，SDN 加速了网络重心从硬件转向软件的速度。在 SDN 架构的数据中心网络中，用户的需求可以通过软件编程来实现，而不需要更新现有的硬件设备。SDN 架构还让网络硬件设备变得更通用，有助于降低数据中心网络设备购买和运营成本。所以，SDN 能很好地契合数据中心网络对网络自动化管理和网络虚拟化方面的需求，非常适合在数据中心网络中应用。

6.1.2 现有商业方案

传统 IT 厂商和现有的 SDN 初创公司都已经推出了面向数据中心网络场景的产品方案[3]。比如，虚拟化巨头 VMware 在 2012 年收购初创公司 Nicira 之后，发布了面向软件定义数据中心的网络虚拟化平台 NSX，其产品 NSX 至今仍然牢牢占据着软件定义数据中心网络市场的龙头地位。

从 2014 年开始，SDxCentral 就对数据中心网络虚拟化领域的厂商产品进行了分析，其最新的 2016 年度调查报告结果如图 6-2 所示。相比 2015 年，四大厂商中的 VMware、思科、Juniper 和 Nuage 公司在数据中心网络虚拟化市场的领先地位没有变化，但第二阵营的厂商变化比较大，其中博科和华为的增长速度比较快，Big Switch 和 Pluribus 等 SDN 初创公司的份额则有所减少。这些产品方案可以按照实现思路分为网络 Overlay（网络叠加思路）和网络 Underlay（网络底层思路）两大类[4]。

SDN Overlay 方案是一种渐进式的数据中心网络解决方案。传统的网络 Overlay 技术[5]已经发展了多年，其主要的做法是：在每个服务器内部新增一个软件实现的虚拟交换机（Virtual Switch），并在虚拟交换机上部署某种隧道协议来实现虚拟机互联的虚拟通道，从而在共享物理网络的基础上创建逻辑隔离的虚拟网络。

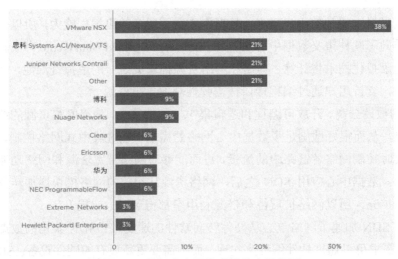

图 6-2　数据中心网络虚拟化产品部署

　　SDN Overlay 方案的软件定义数据中心网络系统架构如图 6-3 所示。相比传统的 Overlay 解决方案，最大的变化是把传统网络 Overlay 解决方案中的虚拟交换机升级为支持 SDN 南向接口协议的虚拟交换机，比如支持多种南向接口协议的 Open vSwitch。 通过逻辑集中的 SDN 控制器，网络管理员可以通过编程控制所有的虚拟交换机，从而实现自动化的网络管理，即时响应业务需求。在 Overlay 的方案中，SDN 控制器只控制虚拟机接入交换机节点，并在虚拟交换机上部署隧道协议，从而实现数据中心网络虚拟化，其并不会对网络中间节点进行控制和管理。

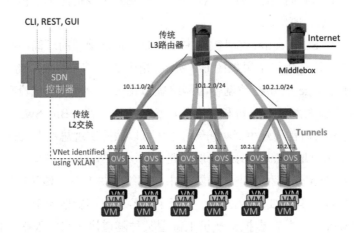

图 6-3　SDN 网络 Overlay 方案

现有的 SDN Overlay 方案主要通过三种隧道协议来实现：VXLAN（Virtual eXtensible Local Area Network）、NVGRE（Network Virtualization using Generic Routing Encapsulation）和 STT（Stateless Transport Tunneling）。其中 VXLAN 是应用最广泛的一种，它最早是由思科和 VMware 共同提出，现在已经获得了 Arista 和 Broadcom 等多家厂商的支持。NVGRE 是由微软主导的一种隧道协议，其将虚拟机的以太网报文封装在 GRE 报文内进行传输 。而 STT（Stateless Transport Tunneling）则是由 SDN 创业公司 Nicira 提出的一种新的隧道协议，目前已经被 VMware 集成到自己的 NSX 平台上。

目前，基于以上技术路线的 SDN 产品已经有不少，其中最经典的应该是 VMware 的 NSX。VMware 在收购初创公司 Nicira 之后，将 Nicira 的 NVP（Network Virtualization Platform）和自己的安全产品 vCloud Networking and Security（vCNS）组合成新的数据中心网络虚拟化平台 NSX。根据 SDxCentral 在 2016 年的调查报告，NSX 目前占据了 38% 的市场份额。有关 VMware NSX 产品的具体细节将在第 7 章详细介绍。

其他主要的 SDN Overlay 方案还有传统网络设备厂商 Juniper 的 Contrail 产品和初创公司 Nuage 的 VSP（Virtualized Service Platform）产品。Juniper 的 Contrail 是一个简单的开放云网络自动化平台，实现了多租户网络解决方案，并可以在私有云、公有云和混合云中实现动态服务链功能。Nuage 公司是 Alcatel-Lucent 投资的一个 SDN 初创公司，其虚拟化服务平台 VSP 的主要目标就是解决数据中心网络中的问题，尤其是多租户应用场景中的问题。VSP 平台支持 HPE、F5、Arista Networks、Palo Alto Networks 等多家厂商的网络设备。

除了以上列举的商业产品以外，典型的 Overlay 数据中心解决方案还有开源的 OVN（Open Virtual Network）方案。有兴趣的读者可以在 OVN 官网上学习相关内容。上述 SDN Overlay 方案的比较结果见表 6-1。

表 6-1　SDN Overlay方案比较

	隧道协议	南向接口	L4-L7 网络服务
VMware NSX	VXLAN GRE STT	OF1.0/1/3/4 OVSDB Restful API XMPP API	L2/L3 层 QoS、防火墙、L4 层有状态防火墙、L3 LB，L4~L7 层有状态负载均衡、入侵防御系统、通用 DPI，虚拟功能服务链、L4~L7 层基于规则的服务链
Juniper Contrail	VXLAN、MPLS MPLS over GRE / UDP	OVSDB XMPP-API NETCONF	L3 层防火墙/负载均衡、DDoS 防御基础服务链、虚拟功能服务链、L4~L7 层基于规则的服务链

	隧道协议	南向接口	L4-L7 网络服务
Nuage VSP	VXLAN GRE MPLS	OpenFlow OVSDB	L2/L3 层 QoS、防火墙、L4 层有状态防火墙、L3 LB、L4~L7 层有状态负载均衡、入侵防御系统、通用 DPI、虚拟功能服务链、L4~L7 层基于规则的服务链、重写功能、冗余/备份功能支持
OVN OVS 社区	VXLAN GRE NVGRE STT	OpenFlow OVSDB	L2/L3 层 QoS、L3 层防火墙/负载均衡、通用 DPI

以上这些 SDN Overlay 方案，一方面继承了传统 Network Overlay 方案的优势：不需要升级物理网络硬件设备，只需通过隧道封装技术就可以实现网络虚拟化；另一方面将 SDN 理念融合到现有网络架构中，实现了逻辑集中式的网络管理，降低了网络虚拟化的难度，同时也为自动化、动态的网络管理提供了良好的基础。

相比 SDN Overlay 方案，SDN Underlay 方案是一种革命性的数据中心网络解决方案，也称为 Directly Programming Fabric（直接编程硬件架构）[4]方案，其系统架构如图 6-4 所示。这种方案需要全面升级所有的网络硬件设备，要求网络设备支持 OpenFlow 等 SDN 南向接口协议。

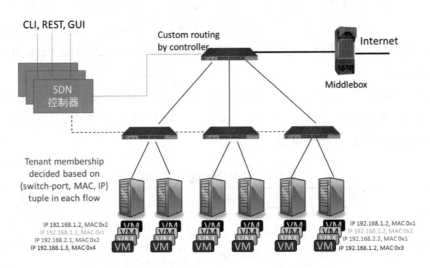

图 6-4　SDN 网络 Underlay 方案

典型的 SDN Underlay 方案是思科公司的 ACI（Application Centric Infrastructure，以应用为中心的基础设施）产品。思科在收购初创公司 Insieme 之后，发布了 ACI 数据中心网络解决方案。ACI 作为 SDN Underlay 方案的代表，目前占据了 21% 的软件定义数据中心的市场份额。有关思科 ACI 产品的具体细节将在第 7 章详细介绍。

其他主要的 SDN Underlay 方案有初创公司 Big Switch 的 Big Cloud Fabric 产品、HPE 和 Pluribus 的产品。Big Cloud Fabric 是比 ACI 更加开放的数据中心网络解决方案，可以融合异构 SDN 控制器、开放网络交换机、OpenStack[6] 开源平台和 NSX 平台。相比思科的 ACI 方案，Big Cloud Fabric 方案因其更好的开放性将有更好的发展前景。上述 SDN Underlay 方案的比较结果见表 6-2。

表 6-2　SDN Underlay方案比较

	SDN 设备	南向接口	SDN 控制器	北向接口
思科 ACI	Nexus®9000 Series Switches AVS	厂商专用 RESTful API, OpFlex	APIC	ACI 工具集 – 通过 REST API 配置 APIC 控制器的 Python 库
Big Switch	Whitebox Brightbox, Switch Light	OpenFlow 1.3	Big-Cloud Controller	REST API, 支持 Big Cloud Fabric 的所有功能
HPE	FlexFabric 12900 and 7900, 5930 ToR Switch, Virtual-Switch 5900v	OpenFlow 1.3, OVSDB, Netconf	VAN-SDN Controller	VAN SDN Controller NBI
Pluribus	Freedom® Series Leaf Switches, Spine Switches, Netvisor	OpenFlow 1.3	Netvisor® Fabric Automation	

从技术实现上来看，SDN Overlay 是一种渐进式的方案，不需要升级网络硬件，直接通过升级虚拟接入网络设备就可以实现数据中心的网络虚拟化。SDN 控制器只需控制这些虚拟接入设备，这样的方案节省了用户购买新网络硬件的成本，部署难度也较低。相比之下，SDN Underlay 方案是一种相对彻底的方案，需要全面升级现有的数据中心网络硬件设备，且 SDN 控制器需要控制所有的网络设备，部署难度较高。

在现有的成熟商业方案中，VMware 的 NSX 是 SDN Overlay 中的代表，而传统网络设备厂商思科的 ACI 则是 SDN Underlay 中的典型。两种方案的比较见表 6-3。

表 6-3　两种方案比较

	VMware NSX	思科 ACI
市场部署	62%	47%（厂家可能同时采用两种方案）

	VMware NSX	思科 ACI
SDN 控制器	NSX 控制器集群	APIC
隧道协议	VXLAN、GRE、STT	VXLAN、NVGRE
南向接口	OpenFlow、OVSDB、 厂商专用 RESTful API	OpFlex
软硬件集成	L2 Gateway integrations with leading ToR	through 思科 APIC Nexus 1000V
网络编程	NSX API，支持 L2-L7 虚拟化网络编程	支持 Python API，可通过 REST API 来配置 Cisco APIC 控制器
优势	网络硬件无关	物理硬件集成了策略驱动

对于数据中心网络用户来说，SDN Overlay 方案在保护现有网络硬件投资的基础上，通过升级软件的方式实现 SDN 架构的数据中心网络虚拟化，是现阶段的最佳选择。但这只是一种折中的选择，随着 SDN 数据平面的发展和 SDN 控制器的成熟，Underlay 方案实现的 SDN 将会充分发挥 SDN 架构的优势，将成为解决数据中心网络问题更好的选择。

此外，目前数据中心网络的开源解决方案 Neutron[7]（开源云计算基础设施管理平台 OpenStack 的网络模块）在设计上也充分体现了"软件定义网络"的理念，其采用 Network Overlay 的方式来实现网络虚拟化。Neutron 将网络资源和网络功能抽象成通用的 API，实现了网络即服务（NaaS，Network as a Service）的目标。基于 Neutron 的 API，可以创建、修改和删除虚拟网络、子网、路由和防火墙等网络资源，从而向用户交付网络服务。Neutron 让 Linux 系统工程师可以像使用 Linux 网络命令那样去操作整个数据中心网络。

在支持网络硬件设备方面，Neutron 采用了基于 API 的可扩展插件架构，传统网络设备厂商可以围绕这些 API 提供对应的产品驱动，为实现 Network Underlay 方案提供了可能性。但在现有的 Neutron 方案中，Neutron 系统架构与 SDN 架构并没有充分融合在一起，SDN 控制器只是作为一种扩展插件来实现。不过，笔者坚信 Neutron 将会不断融合 SDN 体系架构，也会不断完善对 Network Underlay 的支持。

综上所述，相比传统网络体系架构，SDN 架构的逻辑集中控制、数控分离和开放可编程等特点都很好地契合了数据中心网络场景的需求。所以，SDN 作为解决数据中心网络问题的优秀选择，被广泛部署在数据中心中。此外，随着 SDN 的发展，众多开源软件项目、开源社区和开放平台的出现，都揭示了开放和开源才是 SDN 发展的必然趋势。在 2015 年的 SDN 大会上，ONF 主席 Dan Pitt 也强调了"Open SDN"理念，批评了"Vendor SDN"。所以，结合开源与 SDN 的 Neutron 可能会成为 SDN 在数据中心网络中的发展方向。

6.2　SDN 在 WAN 中的应用

2012 年，Google 在第二届 ONS 会议上介绍了 SDN 在数据中心骨干网之间的实际部署案例，引发了业界对 SDN 的广泛关注。目前，WAN 领域已经成为 SDN 的第二大应用场景。本节将主要介绍 SDN 在 WAN 网络中的应用，包括 WAN 网络面临的问题和现有的商业级 SDN 解决方案。

6.2.1　面临的问题

传统的 WAN 部署主要依赖专用网络设备和运营商专线，其架构如图 6-5 所示。随着用户的需求越来越复杂，运营商提供 WAN 服务的成本越来越高。而企业为了保证应用性能，也需要不断增加 WAN 的带宽，但 WAN 带宽的价格却居高不下。所以，如何提高 WAN 的网络利用率成为企业和运营商共同的难题。

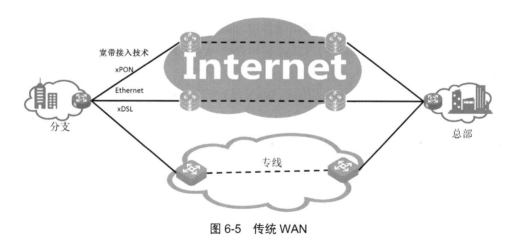

图 6-5　传统 WAN

随着云计算和移动办公的发展，企业应用的部署发生了很大的变化。当企业的应用逐步迁移到公有云上时，越来越多的 SaaS 应用使得企业 WAN 需要满足多种复杂的网络需求。传统的静态 WAN 已经无法满足企业应用的动态需求,其部署必须依赖于技术熟练的网络工程师,这种 WAN 部署过程太过漫长而复杂。

此外,企业 WAN 很昂贵,且支持的自动化功能不多,所以带宽使用效率并不高。随着 SDN 的发展,人们意识到 SDN 可以用于解决 WAN 资源利用率低的问题,并开始尝试部署 SD-WAN,其架构如图 6-6 所示。SD-WAN 方案通常包括一个逻辑上集中的控制器和一组企业端接入节点。企业用户首先需要部署和配置 SDN 控制器,然后在分支机构部署接入节点。当所有节点被安装并激活后,控制器和节点将组合成一个完整的 SD-WAN 架构。

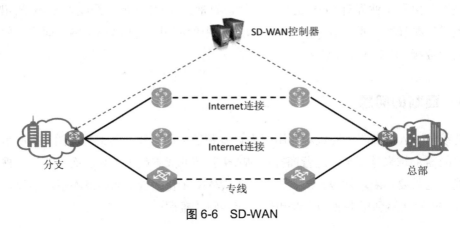

图 6-6　SD-WAN

SD-WAN 将网络功能从 WAN 网络硬件中分离出来,同时提供通用的网络编程接口,使得 IT 人员可以通过软件编程的方式控制和管理 WAN 网络。相比传统 WAN 方案,SD-WAN 有如下两个优势[8]。

(1)节省成本:通过将 SDN 应用到 WAN,企业可以更好地利用有线和无线宽带,避免增加昂贵的私人 MPLS 连接。SD-WAN 让用户能够集中管理和自动配置 WAN 边缘设备,降低运营和传输成本,同时提高了传输性能。采用 SD-WAN 可以显著降低 MPLS 相关的硬件设备成本和连接成本。

(2)更加灵活:部署 SDN 架构的企业 WAN 连接将获得更好的灵活性。用户可以自主选择 WAN 部署方式,避免昂贵的 MPLS 链接,快速部署创新的 WAN 技术。SD-WAN 能够灵活管理 MPLS 和 LTE 等多种类型的连接方式,灵活提供定制化的连接,从而达到优化 WAN 连接的目的。

6.2.2 现有商业方案

目前，众多厂商已经发布了成熟的 SD-WAN 产品方案[9]。AT&T、Verizon 和 NTT 等运营商利用自有的数据中心，通过 SD-WAN 来提供 WAN 网络增值服务。而传统 IT 厂商也在自己的方案中提供越来越多的 SD-WAN 功能。新兴的 SD-WAN 初创公司为了在该领域获得更大的话语权，也推出了相关的解决方案，这给思科和 Juniper 等传统网络厂商带来了一定的挑战。目前，主要商业解决方案的简单介绍见表 6-4。

表 6-4　SD-WAN产品方案

厂 商	产 品 描 述
Aryaka	Aryaka 公司的全球 SD-WAN 服务组合了全球专用网络、WAN 优化和云加速功能，被 Networks Products Guide 组织评为 2016 年第 11 届 IT 世界网络金奖
Versa Networks	Versa 公司与多家网络设备厂商合作，推出的 SD-WAN 软件方案。其产品通过软件实现的虚拟网络功能提供足够的灵活性，同时节省了网络成本
CloudGenix	CloudGenix 的 ION 方案给云应用提供安全的、轻量级的 SD-WAN 方案
VeloCloud	VeloCloud 的产品提供安全的 Overlay WAN 方案，实现软件定义控制、多租户云网络部署和虚拟网络服务的交付功能
Viptela	Viptela 的 SEN（Secure Extensible Network）方案提供的 Overlay WAN 方案，解决了企业 WAN 部署中的一系列挑战，使得企业用廉价的公共宽带连接取代昂贵的专用线路，从而降低 WAN 成本
DAHO	能够支持"IP+光"的多层网络控制，也能够支持从城域到全球不同规模的网络控制，还具有基于大数据分析的网络自我演进能力

第一个成功的 SD-WAN 应用案例是 Google B4[10]，它也是最出名的 SDN 应用案例。Google 的网络分为数据中心内网络和数据中心外网络两部分，其中数据中心外的网络按照网络需求分为两个 WAN：第一个是面向互联网用户的 B2 网络；第二个就是连接 Google 数据中心的 B4 网络，其架构示意图如图 6-7 所示。

图 6-7　Google B4 网络架构示意图

B4 网络承载了 Google 数据中心 90%的内部应用流量，比如用户数据的跨数据中心复制，分布式计算的远程存储访问和多个数据中心之间的状态同步等流量。B4 网络具有流量大、突发性强、周期性强等特点，需要网络具备多路径转发与负载均衡、网络带宽动态调整等能力。

B4 面临的问题是网络流量分布的不均衡，高峰期流量可以达平均流量的 2~3 倍。为了确保高峰期流量的带宽需求，Google 需要购买超额的 WAN 带宽和昂贵的网络设备，导致 B4 网络的成本居高不下。而且，不同类型网络流量的数据量、延时要求和优先级都不同，所以要求 B4 满足弹性带宽获取（Elastic bandwidth demands）、大规模站点（Moderate number of sites）、应用端控制（End application control）、低成本（Cost sensitivity）等要求。

SDN 的集中式控制、数控分离及网络可编程给 Google 改造 B4 网络提供了新的思路。引入 SDN 的 B4 网络可通过统一的控制器来收集各数据中心之间的流量需求，从而进行统一的计算和调度，实施带宽的灵活按需分配，最大程度优化网络，提升网络资源利用率。基于网络统计和分析，软件定义的 B4 网络可以完成数据中心网络流量转发的智能决策。

在 B4 的 SD-WAN 方案中，Google 使用了 OpenFlow 协议来管理网络设备，实现可编程的域间路由和动态分配带宽功能。B4 的 SDN 架构分为交换机硬件层（switch hardware layer）、站点控制器层（site controller layer）和全局控制层（global layer）三大部分，如图 6-8 所示。

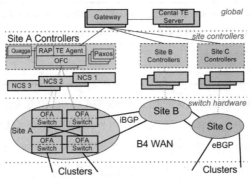

图 6-8　Google B4 的 SDN 架构

图 6-8 中的每个站点代表一个数据中心，每个数据中心都部署了交换机硬件和站点控制器。其中交换机硬件是 Google 基于商业网络芯片设计的 OpenFlow 交换机，主要完成网络流量的转发功能，并不运行复杂的控制逻辑。站点控制器层由多个网络控制服务器（Network Control Servers，NCS）组成，其上分别运行着 OpenFlow 控制器（OpenFlow Controller，OFC）和网络控制应用。其中 OFC 控制下层的 OpenFlow 交换机，网络控制应用指导网络数据包的处理，主要包括路由代理应用和流量工程代理应用。全局控制层

通过逻辑集中的 SDN 网关和流量工程应用控制整个 WAN，实现 WAN 的网络管理。有关 Google B4 方案的技术细节可以参考相关资料[10]。

　　Google B4 的部署和完善经历了四个阶段。第一阶段从 2010 年开始，Google 在 B4 网络中部署了 OpenFlow 交换机和控制器，但是似乎只实现了传统 WAN 的功能。此时的 OpenFlow 交换机像传统 WAN 路由器一样工作，但路由协议等控制逻辑不是运行在数据平面设备上，而是运行在 OpenFlow 控制器上。第二阶段从 2011 年初开始，Google 逐步将更多网络流量引入新的 OpenFlow 网络中，并且开始采用基于 SDN 的流量管理。第三阶段完成于 2012 年初，实现了所有网络流量在新的 OpenFlow 网络中传输，并实现基于 SDN 的集中式流量工程。第四阶段完成于 2013 年，此阶段在多个方面对 B4 进行完善，如图 6-9 所示。

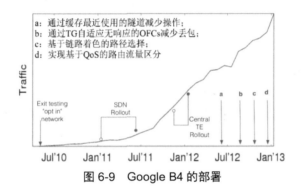

图 6-9　Google B4 的部署

　　Google B4 采用 SDN 架构之后，其 WAN 的链路利用率从 30%~40%提升到 90%以上，效果十分显著。B4 是第一个基于 SDN 架构的 WAN 网络部署案例，其设计思路、实现方案和真实部署给 SDN 在 WAN 领域的应用提供了非常重要的参考价值。

　　相比传统 WAN，SD-WAN 提供了一种更低成本的快速部署方式，受到企业用户和运营商的追捧。WAN 领域已经成为继数据中心网络领域之后的第二块 SDN 初创公司成长的沃土。根据 IDC 机构的预测，SD-WAN 在 2020 年的市场规模将超过 60 亿美金[11]。Gartner 在报告中介绍了目前大约 500～1000 个企业已经购买和部署了 SD-WAN 产品。当前，SD-WAN 正处于高速发展的峰值期，未来三年的年均市场增长率将达到 100%[12]。

　　2016 年 9 月，SD-WAN 初创公司大河云联（DAHO Networks）与国内领先的云数据中心运营商互联港湾联合发布了国内第一个正式商用的 SD-WAN 解决方案 CanalON（Canal Open Network）。CanalON 成功将 SDN 架构应用到全国几十个城市数据中心的互联广域网，它也是中国最大的软件定义数据中心广域网[13]。

当然，现有的 SD-WAN 方案仍有不足，比如现有的方案多是 Overlay 实现方式，不能充分利用运营商的底层网络硬件。Overlay 实现方式更多是在运营商网络的接入层进行管控，运营商网络内部还是传统网络设备。当然，现有的 SD-WAN 方案只是探索更灵活、成本更低的专用网络道路上坚实的第一步。在 SDN 理念的推动下，充分融合 SDN 和 NFV 的 SD-WAN 2.0[14]将会更加开放，将提供一个更加完整而灵活的专用网络解决方案，给用户带来更多的选择和控制权。

6.3 其他领域的应用

SDxCentral 在 2016 年的报告中分析了目前的 SDN 应用案例部署[3]，如图 6-10 所示。从图中可以看出，"数据中心网络"应用和"SD-WAN"应用案例的用户部署量最多，排在第三位的是"企业和园区的虚拟网络"领域，对应的是 Software-Defined Campus Networks（软件定义园区网），排在第四位的"提升内部运营的智能化和灵活性"是 SDN 相比传统网络架构的通用优势，排在第五位的是"vCPE"领域，对应的是 SDN 在局域网（LAN）中的应用。此外，随着移动互联网的井喷式发展，无线蜂窝网络流量急剧上升，带来了如网络拥塞和网络安全等许多问题。SDN 的出现给解决无线蜂窝网络的问题带来了新的思路。所以，本节将以园区网、局域网和蜂窝网络为例，介绍 SDN 在这些网络场景中的应用情况。

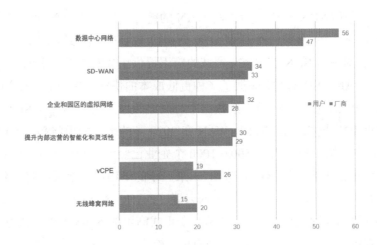

图 6-10　SDN 应用案例

6.3.1　SDN 在园区网中的应用

园区网泛指企业或机构的内部网络。园区网的发展基本经历了三个阶段：第一个阶段是 2004 年以前面向连接的园区网，主要解决信息互通的基本需求；第二个阶段是 2004-2013 年的多业务园区网，这个阶段园区网的重点转移到了对业务的有效承载能力，承载容量发展到万兆，承载形式突出对视频服务的有效管理。如今，园区网正悄然迈入下一阶段。

BYOD（Bring Your Own Device）的兴起使用户在园区网的接入、资源获取和信息交换的方式上越来越多样化，这就要求网络支持 WiFi、3G/LTE 远程 VPN 和传统固网接入之间的灵活切换。与传统园区网络相比，园区网络流量变得不可预测，所以要求网络访问控制策略、QoS 策略等能够跟随用户位置的迁移而动态变化。而在传统企业园区网络中，这些策略多是人工静态配置的，工作量庞大且无法快速响应用户需求，难以保障业务体验。

在 SDN 架构下，网管人员通过在控制器上编程就可以实现自动化的策略配置。通过集中式网络控制和全局网络视图，SDN 网络不仅能简化园区网的管理，也支持面向用户、应用等更细粒度的网络流量管理。此外，SDN 集中统一的管理方式，也提升了多厂商设备的互操作性，加速新网络功能和服务的部署速度。SDN 在园区网络中的主要应用案例见表 6-5。

表 6-5　SDN园区网应用案例

应用	传统方案	SDN 方案
网络虚拟化（流量隔离）	采用 VRF/VRF-Lite/MPLS/Virtual LANs (VLANs) 技术的网络虚拟化	在 SDN 架构下，通过控制器、开放虚拟平台实现网络虚拟化
安全和策略实施	ACLs、IDS/IPS、802.1X、MAC Authentication 等方式，需要采用不同的安全策略配置工具	基于 OpenFlow 等南向协议实现更细粒度流匹配，实现动态安全策略配置。同时，实现策略与物理设备的解耦合
BYOD	QoS、IEEE 802.1X 接入控制和 VLANs 等方式，设备控制功能有限	采用 OpenFlow 交换机/AP 识别接入设备和用户，实现更细粒度的流控制，与物理接入网络无关的接入策略
应用感知网络	静态 QoS 策略配置	动态、自动化的 QoS 策略配置
视频流/ Collaboration	通过组播或单播方式实现	SDN 控制器可以动态管控视频流，根据网络设备特性进行传输性能优化

华为公司基于 SDN 框架的敏捷园区网方案[15]架构如图 6-11 所示。该方案把 SDN

架构引入园区，给网络增加了智慧的大脑（Agile Controller，敏捷控制器）。华为的敏捷园区网方案通过 Agile Controller 集中控制，实现包括出口路由器等设备的全网设备系统控制，支持动态调配网络资源，实现网络资源跟随用户移动，保证自由移动环境下每个用户的业务体验。特别的，它可以调配全网安全资源，实现网络的协同整体防护，安全能力资源化， 安全资源全网共享等功能。敏捷园区网用敏捷交换机替代了传统交换机，给网络增加了敏捷的肢体。通过敏捷交换机使网络实现了敏捷感知和执行的能力，可以感知用户和应用、网络性能及安全事件。

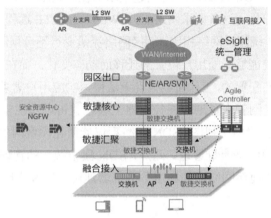

图 6-11　华为 SDN 园区网方案

博科公司的软件定义网络园区网方案[16]的架构如图 6-12 所示。该 SDN 园区网方案基于 OpenDaylight 控制器和博科的 OpenFlow 交换机，实现了基于应用的网络资源分配、自动化网络策略部署和细粒度的访问控制功能。

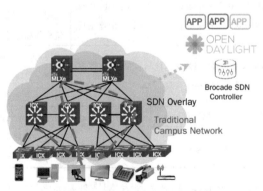

图 6-12　博科 SDN 园区网方案

6.3.2　SDN 在局域网中的应用

随着无线局域网络（WLAN）的迅速发展,商业和家庭无线网络应用种类不断增加,网络应用更新速度也变得越来越快。而传统无线局域网的接入流程复杂、切换频繁且网络功能固化,已经难以满足现有应用场景对网络的需求。

毫无疑问,SDN 架构的出现,为解决无线局域网问题提供了有效而新颖的思路,也给无线局域网带来了新的发展机遇。我们称基于软件定义的局域网为软件定义局域网（Software-Defined LAN,SD-LAN）,其支持创建弹性、动态的接入网络,而且有效降低了网络部署成本。SD-LAN 实现了局域网络控制平面与物理硬件之间的解耦合,重新定义了局域网接入层的实现方式,实现了基于应用和策略驱动的网络接入框架,提供自组织和集中管理的网络。

相比 SDN 在其他领域的应用,软件定义局域网（Software-Defined LAN）应用案例比较少。Aerohive 公司的 SD-LAN 解决方案[17]的架构示意图如图 6-13 所示,其包含了企业级 SD-LAN 硬件设备、自组织接入层、ID 驱动策略层、应用优化层、云管理层及可扩展开放 API 层。Aerohive 的 SD-LAN 方案不仅实现了应用可视化,还支持通过在网络边缘结合服务质量（QoS）引擎和深度包检测（DPI）防火墙实现应用级别的网络优化功能。同时用户可以基于管理平台和开放 API 实现差异化的网络接入功能,精细地控制接入网络的用户和设备。

图 6-13　Aerohive 公司 SDN 局域网方案

6.3.3　SDN 在蜂窝网络中的应用

随着无线智能设备的不断普及,蜂窝网络流量呈现加速增长的趋势。在 2G/3G 时代,移动数据业务流量尚没有被完全激发,而在 LTE 时代,高速率的无线接入能力使用户可以随意地使用互联网业务，数据量也随之疯狂增长。为应对大规模的流量和频繁变动的业务需求，如何提高无线网络资源利用效率，提高核心网的灵活性并缩短移动网络新功能上线周期成为移动网络需要重点解决的问题。然而，传统移动网络的设计、实现与部署规划性强，难以实现动态的资源调度和业务上线。

得益于软件定义网络（SDN）的可编程能力，很多研究机构开始尝试将 SDN 引入到移动蜂窝网络环境。贝尔实验室的研究团队在 2013 年提出了 SoftRAN 架构[18]，其在接入网中提出大基站的概念，其包括集中式的控制器和分布式的无线接入单元，支持通过软件编程的方式实现资源集中调度和配置管理。此外，普林斯顿大学的研究团队也在 2013 年提出 SoftCell 架构[19]，将 SDN 技术引入移动蜂窝网的核心网。SoftCell 通过引入集中式控制器，完成控制平面与转发面的分离，简化核心网中复杂的网元设备，并且能够实现针对不同用户、不同应用的流量转发规则和网络安全策略。

面对未来愈加复杂的异构移动蜂窝网络覆盖场景、愈加复杂的多业务承载需求，必须将现有蜂窝网络按照 SDN 架构进行全面改进，对接入网和核心网进行统一的软件定义管理和控制。在无线接入网络中，SDN 的全局化和集中式管理能够实现多种基站间的协同工作，提升频谱和能源效率。在核心网中，SDN 能够提供网络虚拟化功能，同时实现更加智能的网络设备管理和控制。

软件定义移动蜂窝网络（Software Defined Cellular Networking）方案分为软件定义无线接入网（Software Defined Radio Access Network，SD-RAN）和软件定义核心网（Software Defined Core Network，SD-CN）两部分，其系统架构如图 6-14 所示。无线接入网中存在多种接入方式，比如传统的蜂窝网基站、覆盖范围较宽的广播基站和小范围覆盖的 WiFi 接入点。在软件定义无线接入网中，所有无线接入点都被接入控制器控制，可以通过编程实现多种空口接入方式之间的灵活切换，提高资源利用率。在软件定义核心网中，核心网控制器通过统一的南向接口协议管理各种交换机、网关设备和路由器等网络设备。接入控制器、核心网控制器和业务总控制器通过东西向接口进行通信，完成用户业务所需的各种信令传输。业务总控制器则支持部署定制化的全局网络应用。

SDN 的数控分离使得网络设备更加通用化、简单化，实现复杂网络控制软件与底层硬件的解耦合，不仅可以降低硬件设备的成本，更简化了网络，使网络层次更加清晰。SDN 的集中式控制也让网络运维人员可以快速查看所有网络的运行状态和资源使用情况，实现网络设备的统一管理和控制。总之，SDN 架构的这些优势使得用户可以简化网络管理和配置，合理调用网络资源，提供网络利用率。

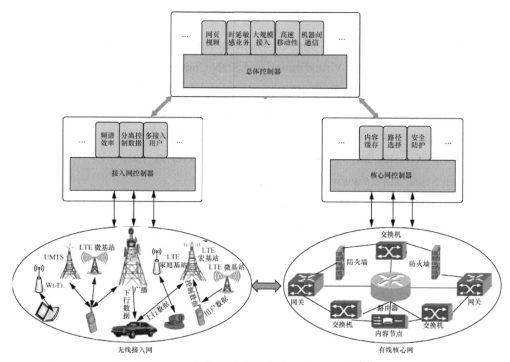

图 6-14　软件定义移动蜂窝网络系统架构[20]

6.4　本章小结

本章介绍了 SDN 的若干应用案例，其中着重以 SDN 数据中心和 WAN 两个场景为切入点，介绍了包括 VMware 的 NSX 和 Google 的 B4 等 SDN 应用案例。从 2009 年诞生至今，SDN 可以应用于数据中心网络和 WAN 领域已经成为业界的共识，在这两个市场领域也出现了众多的 SDN 商用产品方案。随着 SDN 的飞速发展，我们也相信 SDN 在园区网等其他网络领域的应用案例将会如雨后春笋般不断涌现。

参考资料

[1] High Performance Datacenter Networks: Architectures, Algorithms, and Opportunities, http://static.googleusercontent.com/media/research.google.com/zh-CN//pubs/arch

ive/37069.pdf.

[2] Software-defined data center, https://en.wikipedia.org/wiki/Software-defined_data_center

[3] The Future of Network Virtualization and SDN Controllers Report, https://www.sdxcentral.com/reports/network-virtualization-sdn-controllers-2016/.

[4] Network Virtualization: Overlay and Underlay Design, http://www.nuagenetworks.net/blog/network-virtualization-overlay-and-underlay-design/.

[5] Network Overlay, https://en.wikipedia.org/wiki/Overlay_network.

[6] Open Stack, https://www.openstack.org/.

[7] OpenStack Neutron, https://wiki.openstack.org/wiki/Neutron.

[8] SDN: Easy as WAN, https://www.opennetworking.org/?p=2104&option=com_wordpress&Itemid=450.

[9] 2015 Virtual Edge Landscape Report, https://www.sdxcentral.com/reports/sdn-vce-vcpe-sd-wan-report-2015/.

[10] Jain S, Kumar A, Mandal S, et al. B4: experience with a globally-deployed software defined wan[J]. Acm Sigcomm Computer Communication Review,2013.

[11] IDC Forecasts Strong Growth for Software-Defined WAN As Enterprises Seek to Optimize Their Cloud Strategies, https://www.idc.com/getdoc.jsp?containerId=prUS41139716.

[12] Networking Hype Cycle 2016, http://blogs.gartner.com/andrew-lerner/2016/07/28/networking-hype-cycle-2016/.

[13] 中国 SDN 应用曲线陡变，第一个正式商用 SD-WAN 项目面世, http://www.sdnlab. com/17920.html.

[14] SD-WAN 2.0: Evolving to a Complete Solution, https://www.sdxcentral.com/articles/contributed/sd-wan-2-0-evolving-complete-solution/2016/08/.

[15] 华为敏捷园区网方案, https：//enterprise.huawei.com/ilink/cnenterprise/ download/ HW_331753.

[16] Software-Defined Networking in the Campus Network, https://www.brocade.com/content/dam/common/documents/content-types/whitepaper/brocade-sdn-in-campus-networks-wp.pdf.

[17] Aerohive Software Defined LAN Solution, http://www.aerohive.com/solutions/

use-case/Software-Defined-LAN.html.

[18] Gudipati A, Perry D, Li L E, et al. SoftRAN: Software defined radio access network[C]//Proceedings of the second ACM SIGCOMM workshop on Hot topics in software defined networking. 2013.

[19] Jin X, Li L E, Vanbever L, et al. Softcell: Scalable and flexible cellular core network architecture[C]//Proceedings of the ninth ACM conference on Emerging networking experiments and technologies. ACM, 2013.

[20] 周逸凡, 赵志峰, 张宏纲. 基于智能 SDN 面向 5G 的异构蜂窝网络架构[J]. 电信科学, 2016.

第 **7** 章

SDN 与网络虚拟化

网络虚拟化是一种重要的网络技术，该技术支持在物理网络上虚拟多个虚拟网络，从而允许不同用户共享或独占网络资源的切片，进而提高网络资源利用率，实现弹性的网络。SDN 的出现使网络虚拟化更容易实现、也更智能，而与此同时，网络虚拟化也成为了 SDN 的重量级应用。所以，本章将带读者走进网络虚拟化的世界，探索网络虚拟化的基础概念、SDN 与网络虚拟化的关系及 SDN 网络虚拟化的产品。在本章最后部分，还将介绍网络虚拟化技术的未来研究方向。

7.1 网络虚拟化

为帮助读者深入理解网络虚拟化诞生的原因，了解其发展历程，本节将介绍为什么需要虚拟化技术、什么是网络虚拟化和网络虚拟化的主要表现形式。第一部分将简要介绍虚拟化技术的优点及虚拟化技术的发展历程，并引出网络虚拟化技术的介绍。第二部分将介绍网络虚拟化的概念及主要表现形式。

7.1.1 为什么需要虚拟化技术

在购买电脑时，个人用户通常会在所需基础上购买拥有一定资源余量的电脑。但是，一般情况下，电脑硬件的利用率仅为20%~40%左右，富余的磁盘、CPU和内存等资源始终被闲置。如果严格按照资源需求购买电脑，有时又会出现资源不足的现象，但却无法动态、弹性地拓展资源。如何实现按需、动态的拓展资源，既能满足需求，又不浪费资源，是很有价值的研究课题。

同样的，企业在选购IT资源时也经常遇到这样的难题。企业需要制作IT资源选购计划来向互联网用户提供IT服务，在业务发展初期，业务量小，仅需少量资源即可满足需求。但当业务发展壮大，或者突然迎来访问高峰，现有IT资源就无法提供更多服务，所以需要进行资源扩容。然而，扩容却是一个大难题，购入过多会导致资源浪费，购入过少则无法满足业务高峰的需求。而且对于小企业而言，招募专门的团队来建设和维护IT设施的开销太大。所以，如果有一种技术可以将物理资源虚拟化成虚拟资源，从而实现动态、按需、弹性地资源分配，那企业在购买这些虚拟IT资源时就会更加游刃有余。

为满足用户的需求，虚拟化技术诞生了。虚拟化技术包含的内容很多，根据被虚拟化对象的不同可以分为多种具体的虚拟化技术。任何一种虚拟化技术都可以将物理资源虚拟成可动态分配的虚拟资源，从而提高资源的利用率，其主要优势有如下五点[1]。

1. 资源共享

当划分资源的单元过大时，单个用户可能会无法充分利用整个单元的资源，所以过剩的资源就会被闲置，无法被分配给其他用户使用。如果将资源划分为更小的粒度，就可以实现更细致的分配，从而减少资源的浪费，提高资源利用率。通过减小资源分配的单元来提高资源利用率的案例很多，比如磁盘的分区、无线信道的时隙等。这些技术在某种意义上都是虚拟化技术。此外，几乎所有的机器都拥有多核处理器，都支持虚拟化技术。所以，一台多核物理服务器可以将虚拟机运行在不同的处理器上，从而将服务器资源分别提供给不同的用户，进而提高资源的利用率。所以，虚拟化技术可以实现资源共享，提高资源利用率。

2. 资源隔离

在很多场景下，共享资源的不同用户之间可能互不信任，所以很有必要对用户资源进行隔离，防止用户在使用资源时相互干扰。此外，出于安全方面的考虑，不同用户之间的资源也需要做到完全隔离。但简单的划分无法实现动态、灵活的资源隔离，所以需要虚拟化技术来完成资源隔离。比如一个物理网络中存在多个私有的虚拟租户网络，那么不同租户的数据需要彼此隔离，才能提高租户网络安全性。网络虚拟化技术通过添加标签等多种方式，可以实现动态的资源隔离，从而提升租户网络的安全性。

3. 资源聚合

在云计算出现之前，由于个人电脑能力的不足，无法进行大规模计算。但如果能将众多小的资源聚合到一起，形成一个虚拟的大型资源池，则可以满足计算需求。亚马逊的云计算服务就是将众多性能差的服务器聚集在一起，形成一个具有大规模计算能力的资源池，然后统一向外提供计算能力。除了计算资源虚拟化的例子外，通过对众多独立磁盘部署存储虚拟化技术也可以向外提供大型、可靠且弹性的存储资源。所以，虚拟资源可以实现资源聚合，将资源能力最大化。

4. 动态分配

在数据中心应用场景中，当某台服务器负担过重时，就需要将其中运行的某些虚拟机动态迁移到其他服务器中，从而提高整体物理服务器资源的利用率。如果没有服务器负载均衡策略，就会出现有的服务器不堪重负而有的服务器空转浪费的现象，所以虚拟机动态迁移的工作非常重要。由于虚拟机的移动性，网络就需要具备策略动态跟随的能力，比如当虚拟机迁移时，将对应的 QoS、ACL 等网络策略迁移到虚拟机新的位置。虚拟化技术支持资源动态分配的需求，可以很好地满足数据中心对资源和策略动态分配的需求。

5. 降低管理难度

相比于物理资源，虚拟资源更容易管理。其原因在于不同厂商、不同系统的物理资源管理接口各不相同，而虚拟资源却可以使用统一标准的接口。虚拟化技术可以将不同厂商和系统的资源虚拟成具有统一标准接口的资源，从而实现跨厂商、跨系统的资源调度，降低了资源管理的难度。

根据被虚拟化对象的不同，虚拟化技术又可以分为计算资源虚拟化、存储资源虚拟化和网络资源虚拟化等三大类。其中被大众熟知的虚拟化产品应该是计算资源虚拟化中的虚拟机产品，如 VMware 和 Oracle 的虚拟机产品。

计算资源虚拟化技术可以将服务器的物理资源虚拟化，并分别分配给不同的虚拟机使用。例如，一般情况下，一台 256GB 内存的服务器资源远远超过普通单个用户的需求，如果单用户独占，则会造成大量的资源浪费。但是，如果把资源分配给不同的虚拟机，以提供给不同的用户使用，则可以显著提升资源的整体利用率。

为了更高效地提供服务，提升资源利用率，不仅需要发展虚拟机技术，还需要发展其他配套的虚拟化技术，比如虚拟网卡技术、虚拟交换机技术和虚拟桌面技术等。目前，计算资源虚拟化的技术已经日趋成熟，其成熟的开源框架有 XEN、KVM 等。存储资源虚拟化也正在逐步发展。而网络作为计算资源和存储资源之间的纽带，其重要性不言而喻。随着云计算的发展壮大，越来越灵活的业务对网络的要求也越来越高。为了更好地满足业务的需求，提高整体资源的利用率，网络资源虚拟化成为当下的研究热点。

7.1.2 网络虚拟化

网络虚拟化（Network Virtualization）[2]是一种支持在物理网络环境中同时运行多个虚拟网络的虚拟化技术。每个虚拟网络由多个虚拟节点和虚拟链路组成，本质上，虚拟网络资源就是物理网络资源的一个可动态调整子集。网络虚拟化技术将物理网络资源池化，从而给租户提供弹性的网络资源，提高网络资源的利用率。

网络虚拟化（Network Virtualization）[3]可以归类为 External Virtualization 技术，也可以归类为 Internal Virtualization 技术。External Virtualization 范畴中的网络虚拟化技术主要表现为将网络"一虚多"成多个虚拟网络和将多个网络"多虚一"虚拟成一个虚拟网络单元。而 Internal Virtualization 范畴中的网络虚拟化技术则主要指为同一个服务器/主机上的多个虚拟机提供网络功能，其向内提供虚拟资源。本章将以 External virtualization 类型的网络虚拟化为主，介绍网络虚拟化。

网络虚拟化的表现形式很多，从不同的维度去分类，就有不一样的具体技术。比如从网络元件对象的角度分类，网络虚拟化包括网卡虚拟化、链路虚拟化、交换机虚拟化和网络虚拟化等具体的虚拟化技术。从网络协议分层的角度去区分网络虚拟化技术，对应不同的网络协议层就有许多不同的虚拟化技术。所以整套网络虚拟方案可能包含许多种具体的网络虚拟化技术。

网卡虚拟化

每台虚拟机所拥有的资源和物理服务器所拥有的资源种类一样,均拥有 CPU、内存、网卡等资源。然而，一台服务器上的物理网卡是固定的，而虚拟机的数目是不确定的，所以需要网卡虚拟化技术来完成物理网卡和虚拟网卡之间的映射。一般的，虚拟机技术中包含虚拟网卡技术的实现，所以 VMware 虚拟机技术、XEN 等开源解决方案中都包含虚拟网卡技术。

链路虚拟化

链路虚拟化技术可以从物理链路上映射生成虚拟链路。根据链路类型的不同，链路虚拟化技术有具体不同的体现，主要分为三类：Physical Channel Multiplexing（物理信道复用）、Bandwidth Virtualization（带宽虚拟化）和 Data Path Virtualization（数据路径虚拟化）[4]。

对于物理信道复用而言，复用的对象取决于物理信道的类型。物理信道有可能是线缆，也可能是无线信道。典型的信道复用技术有 TDM（Time Diversion Multiplexing，时分复用）、FDM（Frequency Division Multiplexing，频分复用）和 CDMA（Code Division Multiple Access，码分多址）等技术。这些技术可以在一个物理的信道上创建出多个子信道，从而虚拟出多个子链路，提供给不同用户使用。所以，从这个角度看，链路复用技术是一种链路虚拟化技术。

虚拟链路的另一种表现形式是带宽虚拟化技术，它是一种反复用技术，原理正好和物理信道复用技术相反。物理复用技术是把一个物理信道虚拟成多个虚拟信道，而带宽虚拟化技术将多个子信道整合成一个更大的虚拟子信道，比如可以将多个波长组合形成一个虚拟链路，从而提供更多的带宽。

数据路径虚拟化技术是通过数据本身来划分虚拟链路，而非在链路上进行划分。前面提到的物理信道复用技术就是在链路本身上进行虚拟化划分，从而将物理链路划分成多个子信道，而不是基于数据来划分。在数据路径虚拟化技术中，交换节点为特定特征的数据流提供带宽等资源，从而形成基于数据的逻辑虚拟链路，进而使得不同的数据在各自的虚拟链路中转发。常见的数据路径虚拟化有打标签（Tags）和打隧道(Tunnels)两种方式，其原理介绍如下。

- Tags：打标签方式是通过给数据打上一个标签字段，从而和其他数据产生逻辑上的区分，进而使得交换机可以根据标签来提供服务保障，实现虚拟链路。最常见的 802.1q VLAN 标签，就可以用于区分不同的虚拟网络，划分不同的广播域，从而对二层网络下不同虚拟网络数据进行隔离。
- Tunnels：打隧道的方式则不是加一个标签这么简单，而是将完整的原始数据包封装成外层数据报文的数据段，然后在物理网络上按照外层数据的地址进行转发。报文抵达隧道终结点之后，再将外层数据包头剥除，继续转发原始数据包，从而实现一个 Overlay 的虚拟网络。实现隧道的方式很多，比如 GRE（Generic Routing Encapsulation）隧道、IPsec（Internet Protocol security）隧道和 VxLAN 隧道等。

交换机虚拟化

每台服务器中有多台虚拟机，如何将虚拟机数据正确转发到网络中是虚拟机必须要解决的问题。虚拟交换机就是该问题的解决方案之一。虚拟交换机可以部署在宿主机上，也可以部署在专门负责转发的虚拟机内。虚拟交换机上同时连接着物理网卡和虚拟网卡，从而完成数据从虚拟机到物理网卡的转发。

最著名的虚拟交换机应该是开源的 Open vSwitch。Open vSwitch 是一款开源的、支持 OpenFlow 等多种协议的软件交换机，常被当作 SDN 软件交换机部署，也可以作为普通交换机部署。Open vSwitch 因其强大的功能，成为目前最受欢迎的开源虚拟交换机解决方案。但在交换节点很多的情况下，Open vSwitch 的性能急转直下，很难满足大规模部署的需求。为了与 VMware 的 Open vSwitch 竞争（VMware 收购了开发 Open vSwitch 的 Nicira），思科也推出了开源的 VPP（Vector Packet Processing）[5]，其性能相比 Open vSwitch 更优秀，尤其在交换节点很多的情况下。此外，商业的虚拟交换机也有不少，比较出名的是思科的 Nexus 1000v，其功能和 Open vSwitch 相似，整体架构和 Open vSwitch 也基本一致。

虚拟交换机虽然解决了数据转发的问题，但是也带来了其他的问题，比如虚拟机流量的标识问题。原来 ToR 交换机直接连接物理服务器，所有关于服务器中业务的网络策略可以直接部署在 ToR 交换机上。随着虚拟机和虚拟交换机的出现，网络策略需从面向服务器细化到面向虚拟机。但 TOR 交换机收到的数据却是从物理网卡发送过来的混合数据，因此无法对不同虚拟机的数据区分对待。如何将网络策略部署到虚拟交换机上成为新的技术挑战？为了解决这一问题，诞生了一些虚拟机流量标识的解决方案，如 VN-Tag 标签等解决方案，从而让 ToR 交换机能区分不同虚拟机的数据，进而部署对应的网络策略。

网络虚拟化

网络虚拟化可以分为 Overlay 网络、VPN（Virtual Private Networks）和 VSN（Virtual Share Networks）三种表现形式[4]。

Overlay 网络是架设在现有底层物理网络基础之上的虚拟网络，此时底层网络称为 Underlay Network，而上层网络称为 Overlay Network，其示意图如图 7-1 所示。在 Overlay 网络中，虚拟网络的数据包将被封装到底层网络数据包的数据段，并以外层的地址在网络中转发和路由。当数据包转发到目标隧道终结点时，外层的包头将被剥离，然后再使用内层数据包的地址继续转发。

当需要在传统网络中部署新的网络协议时，很难要求网络基础设施都升级去支持新协议，因为成本太大。如果采用 Overlay 网络的方式，将新协议报文封装到其他已支持的协议报文如 VxLAN 中转发，则只需保证隧道终结点支持新协议的解析即可。采用 Overlay 形式部署新协议对网络改动少，可以显著降低硬件升级的成本，也大大缩短了业务部署的周期，加速了网络创新进程。此外，Overlay 网络也是部署 VPN 和 VSN 的关键基础。

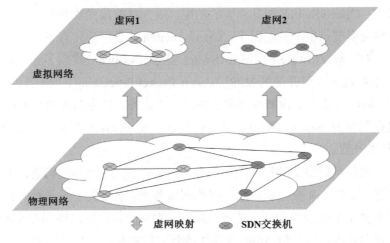

图 7-1　Overlay 网络虚拟化示意图

VPN 是虚拟私有网英文单词的首字母缩写，是网络虚拟化的一种表现形式，其示意图如图 7-2 所示[4]。VPN 不是一种技术，而是一种架设在基础网络之上的加密通道，其实现方式五花八门，对应的具体技术也种类繁多。根据虚拟对象在网络协议栈中的具体层次，VPN 可以分为 Layer1 VPN、Layer2 VPN 和 Layer3 VPN 三大类，其典型的 VPN 技术有 L2TP（Layer 2 Tunneling Protocol）、IPsec、VPLS 和 SSL 等。VPN 更强调虚拟私有网络之间的连接，而 Overlay 网络更强调在物理网络上架设虚拟网络。

图 7-2　VPN 示意图

VSN[4] 意为虚拟共享网，强调不同的虚拟网络共享同一个物理网络资源，如图 7-3 所示。在同一个物理网络上，由于不同用户的接入权限不同，使得可以访问的网络资源不一样，所以自然地被划分为不同的虚拟网络。比如所有虚网中的用户都可以访问互联网，但是只有开发人员才有资格访问 Email 服务器。

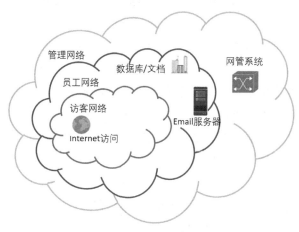

图 7-3 VSN 示意图

这三类虚拟网络的划分并不是完全独立的，彼此之间也有交集，只不过侧重点不同，其关系如图 7-4 所示。Overlay 网络强调在底层网络上创建与底层物理网络分离的虚拟上层网络；VPN 强调与公网数据的隔离，强调网络之间的连接；VSN 则强调多个虚拟网络共享物理网络资源。

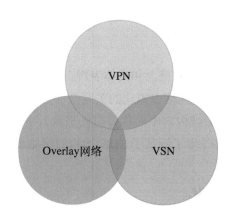

图 7-4 三类网络虚拟化表现形式的关系

除了以上按照虚拟化对象的方式去区分网络虚拟化技术外，还可以从网络协议分层的角度去区分网络虚拟化技术。不同的网络协议层对应着具体的网络虚拟化技术，其功能也各不相同。比如物理层的虚拟化技术 WDM（Wavelength-Division Multiplexing）可以将对物理层的资源虚拟化。链路层的 VLAN 则在链路层面将物理链路切分成不同的虚拟局域网。而本章描述的网络虚拟化强调面向拓扑层面的虚拟化，其支持在物理网络拓扑之上虚拟出虚拟网络，形成基于节点资源划分的网络切片[7]。每个虚拟网络均拥有节点、端口、带宽、转发表等网络资源，甚至也包括交换机中的 CPU 资源。

由于虚拟化技术的发展，很多中小型企业已经放弃了自建数据中心，转而将服务部署到云服务商提供的服务器中。除了服务器等计算资源外，企业更希望得到一张属于自己的虚拟网络，从而可以根据网络实际情况部署负载均衡等多种业务。因此，云服务商除了需要提供虚拟计算资源以外，还需要提供虚拟网络资源。租户在租用的虚拟网中拥有全部的权限，可以配置任意 IP 地址，可以创建子网，可以配置 ACL 等网络策略。在租户角度看，租户拥有完整的网络切片，而且租户无须负责虚拟网络与互联网之间的互联互通。目前，亚马逊的 VPC 就可以提供虚拟私有云，即在数据中心的网络中创建一个虚拟网络拓扑，并提供给租户使用。

网络虚拟化最大的技术难题是如何实现虚拟网络资源和物理网络之间的映射。而 SDN 的出现为解决这一难题提供了良好的解决方案，降低了网络虚拟化的难度。SDN 以其逻辑集中式的管控，可获取全网的网络信息，从而为虚拟网络的创建提供了良好的基础，降低了部署虚拟网络的难度。

7.2　SDN 与网络虚拟化

上文介绍了网络虚拟化的基本概念和具体表现，相信读者已经对网络虚拟化有了初步的了解。本节将介绍 SDN 与网络虚拟化的关系及通过 SDN 实现网络虚拟化的方法，后者将从网络虚拟化平台（后续内容中简称虚拟化平台）、网络资源虚拟化和网络隔离 3 个方面介绍，希望让读者进一步了解基于 SDN 架构的网络虚拟化的前沿内容。

7.2.1　SDN 与网络虚拟化

由于早期成功的 SDN 方案中网络虚拟化案例较多，有的读者可能会将 SDN 和网络虚拟化相提并论，但 SDN 和网络虚拟化并不在同一个技术层面。SDN 不是网络虚拟化，网络虚拟化也不是 SDN。SDN 是一种集中控制的网络架构，其数据平面和控制平面相分离。而网络虚拟化是一种网络技术，可以在物理拓扑结构上创建虚拟网络。传统的网络虚拟化部署需要手动逐条部署，其效率低且成本高。然而，在数据中心等场景中，为了实现快速部署和动态调整，必须使用自动化的业务部署方案。SDN 的出现给部署网络虚拟化提供了新的解决方案。通过集中控制的方式，网络管理员可以通过控制器编写程序，从而实现自动化动态业务的部署，显著缩短业务部署周期。

随着 IaaS 的发展，数据中心网络对网络虚拟化技术的需求越来越强烈。在 SDN 概念出现不久后，SDN 初创公司 Nicira 就推出了网络虚拟化产品 NVP（Network Virtualization Platform）。很快，虚拟化巨头 VMware 就以 12.6 亿美元的天价把 Nicira 收购了。VMware 结合 NVP 和自己的产品 vCloud Networking and Security（vCNS），推出了网络虚拟化和安全产品 NSX，为数据中心提供软件定义的网络虚拟化服务。由于网络虚拟化是 SDN 早期少数几个可以落地的应用，所以人们很容易将网络虚拟化和 SDN 弄混淆。正如前面所介绍的一样，网络虚拟化只是一种网络技术，而基于 SDN 的网络架构可以更容易地实现网络虚拟化。

7.2.2　SDN 实现网络虚拟化

通过 SDN 实现网络虚拟化需要完成三部分工作：物理网络管理、网络资源虚拟化和网络隔离。而这三部分内容往往通过专门的中间层软件完成，我们称为网络虚拟化平台。网络虚拟化平台需要完成物理网络的管理和虚拟化，并将虚拟网络资源提供给不同的租户。此外，网络虚拟化平台还应该实现不同租户之间的相互隔离，保证租户网络互不影响地运行。网络虚拟化平台实现了透明的网络虚拟化，使得租户无须做任何改动就可以控制自己的虚拟网络，犹如控制真正的物理网络一样。因此，上述三部分工作仅需介绍网络虚拟化平台、网络资源虚拟化和网络隔离即可。

网络虚拟化平台

网络虚拟化平台是介于底层物理网络和租户控制器之间的中间层软件，如图 7-5 所示。面向租户控制器，虚拟化平台扮演了数据平面的角色，将模拟出来的虚拟网络呈现给租户控制器。从租户控制器角度往下看，只能看到属于自己的虚拟网络，无法感知真实的物理网络。而面向数据平面，虚拟化平台就是控制器，交换机也无法感知到虚拟平面的存在。而从物理网络到虚拟网络的映射关系由虚拟化平台的核心层完成。所以，虚拟化平台实现了面向租户和面向底层网络的透明虚拟化。它不仅负责管理物理网络拓扑结构，还完成物理网络到虚拟网络的映射，向租户提供隔离的虚拟网络。

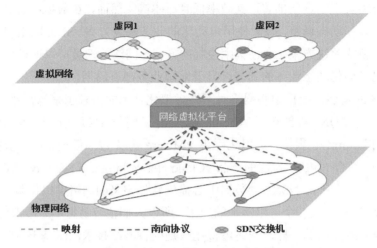

图 7-5   网络虚拟化平台示意图

虚拟化平台不仅可以实现物理拓扑节点到虚拟拓扑节点"一虚一"的映射，也能实现物理拓扑节点"一虚多"和"多虚一"的映射，如图 7-6 所示。此处的"一虚一"指的是一个虚拟资源和一个物理资源相互对应，比如一个虚拟交换机对应一个物理交换机。"一虚多"是指单个物理交换机可以虚拟映射成多个虚拟租户网中的逻辑交换机，从而被不同的租户共享；"多虚一"是指多个物理交换机和链路资源被虚拟成一个大型的逻辑交换机。即租户眼中的一个交换机可能在物理网络中由多个物理交换机连接而成。

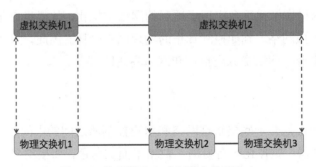

图 7-6   单虚拟节点映射到多物理节点

网络资源虚拟化

为了实现网络虚拟化，虚拟化平台需要对物理网络资源进行抽象虚拟化，其中包括拓扑虚拟化、节点资源虚拟化和链路资源虚拟化。关于节点虚拟化和链路虚拟化的相关技术见表 7-1。

表 7-1　网络虚拟化资源总结

类　　别	子　类　别		虚 拟 资 源
节点	网卡虚拟化	XEN、VMware 等虚拟化技术	完全虚拟网卡，和物理网卡功能一样
		Crossbow 技术	具有带宽保障的虚拟网卡
		SR-IOV	硬件资源被划分，没有虚拟化
	主机/终端		同操作系统虚拟化
	路由器虚拟化	操作系统中的路由器	同操作系统虚拟化
		路由控制平面虚拟化	路由表、路由协议和配置信息
		硬件资源划分路由器	电源等资源共享，没有虚拟化其他资源
链路	带宽虚拟化		带宽
	标签		由标签标示的数据
	隧道		封装的数据

拓扑虚拟化

拓扑虚拟化是网络虚拟化平台最基本的功能。虚拟化平台需要完成租户虚网中的虚拟节点和虚拟链路到物理节点和链路的映射，其中包括"一虚一"和"多虚一"的映射。在"一虚一"的映射中，一个虚拟节点将会映射到一个物理节点，同理虚拟链路的映射也是。而在"多虚一"的映射中，多个连接在一起的物理节点映射成一个虚拟节点，即一个虚拟节点会映射到包含一组物理节点和链路的集合。而对于物理节点而言，一个物理节点可以被多个逻辑节点映射，天然具备"一虚多"的能力。

节点资源虚拟化

节点资源的虚拟化包括对节点的流表、CPU 等资源的抽象虚拟化。流表资源是交换机节点的稀缺资源，如果能对其进行虚拟化，然后由虚拟化平台统一调度，将其分配给不同的租户，就可能实现更优的资源分配。因为拓扑虚拟化仅仅完成了虚拟节点到物理节点的映射，而没有规定不同租户对物理节点资源使用的分配情况，所以若希望更细粒度的网络虚拟化，还需要对节点资源进行虚拟化。

链路资源虚拟化

和节点资源一样，链路资源也是网络中的重要资源，而拓扑虚拟化并没有规定链路资源的分配策略。所以在进行更细粒度的虚拟化时，有必要对链路资源进行虚拟化，从而实现链路资源的合理分配。可被抽象虚拟化的链路资源包括租户可使用的带宽及端口的队列等资源。

网络隔离

网络资源虚拟化只完成了物理资源到虚拟资源的抽象过程，为了保证租户虚拟网络互不影响，还需要对不同租户的网络资源进行隔离。网络隔离需要分别对 SDN 的控制平面和数据平面进行隔离，从而保证不同租户控制器之间互不干扰，不同虚拟网络之间彼此隔离。此外，为了满足用户对地址空间自定义的需求，虚拟化平台还需要对网络地址进行虚拟化。

控制平面隔离

控制器的性能会对 SDN 整体的性能产生极大的影响，所以虚拟化平台需要保证租户的控制器在运行时不受其他租户控制器的影响，保证租户对虚拟化平台资源的使用。虚拟化平台在连接租户控制器时需要保证该租户控制器相关进程可以在虚拟平台上得到一定的资源保障，比如 CPU 资源。虚拟化平台本身所处的中间层位置使得租户控制器之间的相互隔离可以轻易实现。

数据平面隔离

数据平面的资源包括节点的 CPU、流表等资源及链路的带宽、端口的队列等资源。为保证各个租户的正常使用，需对数据平面的资源进行相应的隔离，从而保证租户的资源不被其他租户所占据。若网络数据平面不进行资源的隔离，则会产生资源竞争，从而无法实现租户的网络服务保障，所以在数据平面对资源进行隔离是很有必要的。

地址隔离

为保障租户可使用任意地址空间，虚拟化平台需要完成地址的隔离。实现地址隔离主要是通过地址映射来完成。租户可任意定制地址空间，而这些地址对于虚拟化平台而言是面向租户的虚拟地址。虚拟化平台在转发租户控制器的南向协议报文时，需要将虚拟地址映射为全网唯一的物理地址。

数据平面中租户的数据包在进入接入交换机后，它的虚拟地址就会被修改成对应的物理地址，然后，交换机将基于修改之后的物理地址对数据包进行转发。当数据包到达租户目的主机的接入交换机时，交换机需将包头中的物理地址转换成租户设定的虚拟地址，再将数据包转发给目的主机，从而完成租户网络中主机间的通信。地址的虚拟化映射使得租户可以使用完全的地址空间，可以使用任意的 FlowSpace（流空间，流表匹配域所组成的多维空间）。而在物理网络中，则通过不同的物理地址，实现了地址的隔离，使租户数据互不干扰。

7.3 网络虚拟化产品

在 SDN 的发展过程中，诞生了许多基于 SDN 的网络虚拟化产品，其中经典的开源产品包括 FlowVisor 和 OpenVirteX，商业产品包括 VMware 的 NSX 等产品。网络虚拟化平台的架构分为集中式架构和分布式架构两种，这两种架构的具体产品及其特性对比见表 7-2[6]。为了帮助读者了解网络虚拟化产品，本节将选取一些流行的集中式和分布式的开源产品和商业产品进行介绍。

表 7-2　网络虚拟化产品特性总结

分　类	虚拟化平台	拓扑虚拟化	节点资源虚拟化	链路资源虚拟化
集中式	FlowVisor			
	ADVisor		√	
	VeRTIGO	√	√	
	Enhance FlowVisor			√
	Slices Isolator		√	√
	CellVisor		√	√
	RadioVisor			√

分　类	虚拟化平台	拓扑虚拟化	节点资源虚拟化	链路资源虚拟化
集中式	Optical FV		√	√
	CoVisor	√	√	
分布式	FlowN	√		
	Network HyperVisor	√		
	AutoSlice	√		
	Network Virtualization Platform(NVP)		√	√
	OpenVirteX	√		
	Carrier-Grade		√	√
	DFVisor		√	√
	OpenSlice			
	Advanced Capabilities			√
	Hyperflex			

7.3.1　开源产品

在众多的 SDN 网络虚拟化产品中，开源 SDN 网络虚拟化产品是最适合学习研究的对象。所以，本节将选取 FlowVisor 平台、OpenVirteX 平台和 OpenDaylight 的 VTN 应用 3 个经典产品进行介绍，主要内容包括产品的主要特性、优/缺点及当下的发展状态。

FlowVisor

FlowVisor[7]是部署于底层物理网络和租户控制器之间的网络虚拟化平台，可以理解其为一个特殊的控制器，也可以理解成一个中转代理平台，用于代理租户控制器和底层物理网络的通信，其架构如图 7-7 所示。

FlowVisor 定义了 FlowSpace 的概念。FlowSpace 是由流表项匹配域组成的多维空间，可由物理层的物理端口、数据链路层的 MAC 地址、网络层的 IP 地址和传输层的 TCP/UDP 端口等匹配项组成。不同的 FlowSpace 就代表着不同的网络切片（Slice），不同租户的 FlowSpace 各不相同，即拥有不同的网络切片。通过在 FlowVisor 平台上配置 FlowSpace，可以将物理网络资源分割成不同的网络切片，提供给不同的租户控制器，并保证不同控制器之间的流量相互隔离。

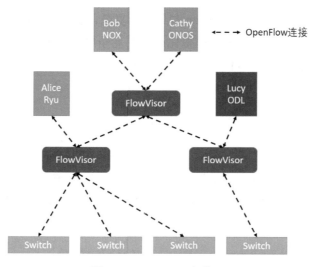

图 7-7　FlowVisor 架构

FlowVisor 目前仅支持 OpenFlow1.0 版本协议，所以只支持由 12 元组组成的 FlowSpace。FlowVisor 的目的是在不影响真实网络的前提下，隔离 SDN 实验流量与真实流量，从而进行网络创新实验。

FlowVisor 实现网络虚拟化的方式是通过对网络资源进行切片的形式完成的。在添加租户控制器之前，首先需要在 FlowVisor 上创建租户网络的相关规则（Policy）。比如租户 1 网络的 FlowSpace 为 TCP 目的端口为 80，源 IP 地址为 192.168.2.0/24，那么所有源 IP 地址为 192.168.2.0/24，TCP 目的端口为 80 的数据均属于租户网络 1。FlowVisor 需要将这部分数据交给租户 1 的控制器处理，其他的数据将由其他租户控制器处理。

面向租户控制器，FlowVisor 充当底层数据网络角色，FlowVisor 需要并行模拟多个交换机去连接租户控制器。由于这种设计，FlowVisor 可以实现迭代的部署，可在 FlowVisor 之上继续部署 FlowVisor 平台，从而实现层次化的网络虚拟化。

此外，不同虚拟网络之间的资源需要进行隔离才能保证彼此的业务不相互影响[6]，因此 FlowVisor 也支持网络资源隔离。比如，在带宽的虚拟化和隔离方面，FlowVisor 通过使用 VLAN 标签来划分虚拟网络，并通过设置不同的 VLAN PCP（Priority Code Points）来对流量进行隔离。同理，也可以通过 IP TOS（Type Of Service）来设置不一样的 QoS 策略。

作为基于 SDN 的网络虚拟化的第一个开源产品，FlowVisor 是一个里程碑式的产品。在后续的网络虚拟化产品中，有许多是基于 FlowVisor 开发的，比如 ADVisor（ADvanced FlowVisor）[8]。然而，由于 FlowVisor 本身过于复杂，且效率不高，所以，仅能部署在小规模的实验网内，因此，在网络虚拟化产品的竞争中逐渐失去优势。当 FlowVisor 的开发团队发布了新的网络虚拟化平台 OpenVirteX 之后，FlowVisor 已成明日黄花，逐渐退出历史的舞台。

OpenVirteX

OpenVirteX[9]（以下简称 OVX）是 ON.Lab 开发的一个网络虚拟化平台，可以实现多租户的网络虚拟化。和所有的网络虚拟化平台一样，OVX 部署于租户控制器和交换机之间，是一个中间转发和代理平台。面对租户，OVX 是数据网络，而面对交换机，OVX 就是控制器。OVX 系统架构如图 7-8 所示。

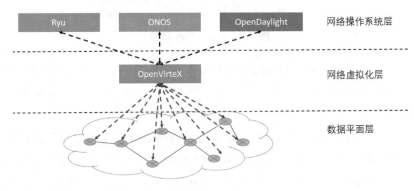

图 7-8　OVX 系统架构

与 FlowVisor 通过 FlowSpace 来实现虚拟化不同，OVX 通过拓扑映射将租户的虚拟拓扑映射到物理拓扑上，从而实现网络虚拟化。对于租户而言，仅需要在 OVX 上注册，申请资源，配置自己的网络就可以租用物理网络的资源。从租户的角度出发，租户面对的是一个虚拟网络，无法感知真实的物理拓扑细节，也无须关心，所以租户"认为"得到了一个属于自己的真实网络。

OVX 有两大亮点功能：支持租户定义任意拓扑和支持租户使用任意地址。OVX 支持租户定制任意拓扑，而无须关心物理拓扑的情况。这是 FlowVisor 无法支持的功能，FlowVisor 建立的虚拟网络都是物理网络拓扑的同构子图。OVX 还支持通过地址虚拟化实现支持任意地址的功能：面向租户的地址为虚拟地址，而真正在网络中交换的数据使用的却是全网唯一的物理地址，其映射关系由 OVX 完成。这也是 FlowVisor 无法支持的重要功能。

OVX 通过修改、重写 OpenFlow 报文的方式来完成地址虚拟化等操作，从而完成租户控制器与租户租用的物理网元之间的通信。这种方法使得 OVX 具有以下两种能力。

（1）OVX 提供支持 OpenFlow 的可编程虚拟网络，使得租户可以通过租户控制器来控制网络。

（2）OVX 支持透明代理：对于租户而言，OVX 是底层网络，而对于底层网络而言，OVX 是控制器，租户和底层网络都无须做任何修改，也无法感知 OVX 的存在。

地址虚拟化是 OVX 中非常关键的技术。为了实现地址虚拟化，OVX 定义了 OVXIPAddress 和 PhysicalIPAddress 两种地址，其中 OVXIPAddress 是面向租户的虚拟地址，租户可任意设置地址段，而 PhysicalIPAddress 是物理网络中真实的物理地址。

为了完成地址虚拟化，实现租户对虚拟网络的管理，OVX 需要对 OpenFlow 等南向报文进行修改和重写。在数据平面的通信中，OVX 需要将源主机的交换机入口流量中的 OVXIPAddress 重写成 PhysicalIPAddress。而在目的主机的接入交换机上，则需要将 PhysicalIPAddress 重写为 OVXIPAddress。从租户角度看，租户可以使用任意的地址进行通信，但事实上，数据在网络中转发的过程中，一直都在使用 PhysicalIPAddress 进行转发。

为了完成地址重写工作，OVX 将 datapath 分为两种：core datapath 和 edge datapath。core datapath 为租户网络的中间节点，而 edge datapath 是租户网络中的主机接入交换机。OVX 需要指导 edge datapath 完成如下两个操作：①对于来自主机侧的流量，将 OVXIPAddress 重写成 PhysicalIPAddress。②对于来自网络侧的流量，将 PhysicalIPAddress 重写成 OVXIPAddress。

图 7-9 为 OVX 地址虚拟化的流程示意图，其中图中主机到接入交换机的部分使用 OVXIPAddress 通信，core datapath 之间使用 PhysicalIPAddress 通信。具体流程介绍如下。

（1）a 是 Packet-in 过程，直接发送给租户控制器。

（2）b 是 Packet-out 过程，需要将 OVXIPAddress 重写成 PhysicalIPAddress。

（3）c 是 core datapath 的控制过程。如果 datapath 不对应租户网络中的虚拟设备，则由 OVX 管理，否则与边缘节点类似，需完成双向的映射过程。

（4）d 是 edge datapath 的 Packet-in 过程。数据上传到 OVX 上时，需要转换成 OVXIPAddress，地址映射之后才能转发给租户控制器。

（5）e 是 Packet-out 过程，OVX 需要指导交换机将 PhysicalIPAddress 重写成 OVXIPAddress，将消息发送给目的主机。

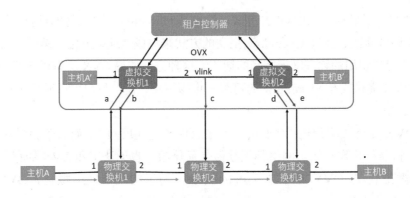

图 7-9　OVX 的地址虚拟化流程

OVX 最大的优势是支持租户定制任意拓扑和使用任意地址空间。凭借此优势，OVX 在同类产品的竞争中占得先机，成功替代了 FlowVisor，成为最流行的开源网络虚拟化平台。不过，由于网络虚拟化平台所处的中间层位置，导致其成为 SDN 架构中新的性能瓶颈。由于 OVX 性能欠佳，仍需要对性能进行提升才能适应真实网络环境的要求，所以，OVX 目前只适合在小规模网络中部署。

VTN

VTN（Virtual Tenant Networks）[10]并不是一个虚拟化平台，而是 SDN 控制器 OpenDaylight[11]的一个应用，其可以提供多租户网络虚拟化服务。VTN 可以在物理网络上虚拟出多个虚拟租户网络，而用户无须关心底层拓扑结构。租户只需创建虚拟网络，VTN 即可自动将租户虚拟网络映射到物理网络。VTN 功能示意图如图 7-10 所示。

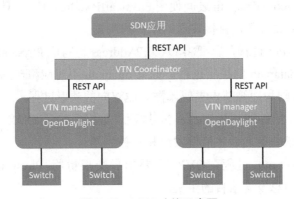

图 7-10　VTN 功能示意图

为了完成虚拟资源的描述，VTN 定义了如表 7-3 的数据结构，用虚拟元素描述租户的虚拟网络。

表 7-3　VTN 的虚拟元素描述表

元 素 名 称		描　述
虚拟节点	vBridge	二层交换机，由一个 VLAN 中的部分或所有物理端口组成
	vRouter	虚拟路由器
	vTep	虚拟的隧道终结点（Tunnel End Point，TEP）
	vTunnel	虚拟的隧道
	vBypass	不同网络之间的连接（可能通过 WAN）
虚拟接口	interface	虚拟节点上的虚拟接口
虚拟链路	vLink	虚拟接口之间的一层链路

网络虚拟化的核心功能是实现物理资源和虚拟资源之间的映射关系。VTN 通过三种映射来实现资源的映射：端口映射、VLAN 映射和 MAC 地址映射，具体内容见表 7-4。

表 7-4　VTN 的映射机制描述表

映　射	描　述
端口映射	结合物理交换机的 ID、端口号和可选数据包的 VLAN 号来映射成虚拟节点的虚端口
VLAN 映射	利用二层网络数据包的 VLAN ID 将网络的资源映射到 vBridge； 利用二层网络数据包的 VLAN ID 和交换机 ID 来将一个具体的物理交换机的资源映射到 vBridge 上
MAC 地址映射	利用 MAC 地址将物理资源映射到 vBridge 的端口上

VTN 通过记录 MAC 地址和 VLAN ID 等对应关系来划分网络流量，其中 MAC 地址是划分数据包属于哪一个虚拟网络的键值（Key），这个机制和 OVX 的机制相同。根据 MAC 地址的归属关系，VTN 可以对不同虚拟网络的数据包进行划分，从而完成网络的隔离。

除了支持通过 vBridge 和 vRouter 模拟二层交换机和路由器以外，VTN 还支持 Flow Filter。本质上，Flow Filter 和 ACL 的功能一样，可以实现数据包的允许转发、丢弃及重写 MAC 地址等行为，支持过滤的匹配域，包括源 MAC、目的 MAC 地址、源 IP 地址和目的 IP 地址等多个字段。

VTN 也支持多控制器的协同工作。VTN 支持动态地添加和删除控制器，并实现统一的配置，实现多控制统一的 VTN 服务。多控制器之间的 VTN 协调通过 VTN Coordinator 完成。跨越多个控制器的虚拟租户网也可以实现统一的管理。此外，VTN

还支持同时管理 OpenFlow 网络和 Overlay 网络。这是 VTN 区别于其他虚拟平台的重要特性。

由于 OpenDaylight 控制器在开源控制器的竞争中处于优势，所以 VTN 也获得了一定的关注，成为网络虚拟化平台的一种选择。期待后续 VTN 继续优化，得到更好的性能。

7.3.2 商业产品

7.3.1 节介绍了开源的网络虚拟化产品，本小节将介绍两个比较流行的网络虚拟化商用产品：VMware 的 NSX 和思科的 ACI。与面向实验网等需要关注拓扑虚拟化的产品不同，NSX 和 ACI 不关注虚拟拓扑的虚拟化，仅通过部署 Tunnel 来实现 Overlay 网络。

VMware 的 NSX

NSX 是 VMware 推出的面向软件定义数据中心的网络虚拟化平台产品，它由 VMware 收购的 Nicira 的虚拟化平台 NVP 和 VMware 的安全产品 vCloud Networking and Security (vCNS) 结合而成，是拥有网络虚拟化和网络安全功能的商业网络虚拟化平台。其中 NVP 完成网络架构、二层和三层的虚拟化，vCNS 完成四层到七层的虚拟化。NSX 的目标是提供自动的网络虚拟化服务，从而无须通过 CLI 等手动命令输入就能实现快速的租户网络建立和删除等操作，进而提升业务部署的效率。NSX 的架构示意图如图 7-11 所示。

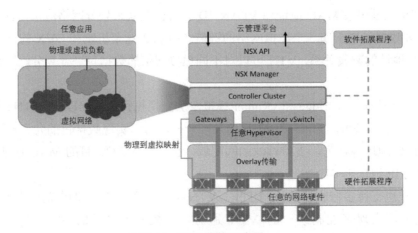

图 7-11　NSX 架构示意图

NSX 由 Controller Cluster、Hypervisor vSwitches、Gateways、Ecosystem Partners（软件拓展程序和硬件拓展程序）和 NSX Manager 等五个模块组成，其具体功能介绍如下。

（1）Controller Cluster：即控制器集群，它是高度可拓展的分布式控制器集群，负责将虚拟网络部署到全局的物理基础架构上。Controller Cluster 支持通过云管理平台调用 Controller Cluster 的北向 API 接口实现主动的虚拟拓扑计算和部署。此外，Controller Cluster 也保证了物理网络状态和虚拟网络状态的同步。

NSX 的 Controller Cluster 是一个逻辑集中但物理分布的集群。分布的节点之间都互有备份，当某个控制器节点宕机时，其他节点可以作为其数据备份，继续提供服务。当需要拓展控制平面时，直接添加新的集群节点即可。此外，Controller Cluster 能查看所有 NSX 提供的虚拟机和租户网络等资源。在获得对应权限之后，Controller Cluster 还可以对 NSX 的组件进行编程修改。

（2）Hypervisor vSwitches：Hypervisor vSwitches 是运行在服务器上的虚拟交换机，挂接着租户的虚拟机。NSX 采用 Open vSwitch 来实现这个功能，其能提供二到四层的网络功能。控制器集群通过控制这个虚拟交换机来部署 STT 和 VXLAN 等隧道服务，从而实现虚拟网络和物理网络的解耦，实现 Overlay 网络部署。

（3）Gateways：租户的虚拟机需要和 Internet 通信，所以必须要有网关。NSX 采用可编程的虚拟交换机来实现网关功能，使得租户的数据可以安全地出入数据中心。在网关上，可以部署防火墙、VPN 等业务，保障用户数据的安全和服务质量。

（4）Ecosystem Partners：NSX 允许合作伙伴在 NSX 的控制器上注册相关服务。由于使用了开放标准的接口，合作伙伴可以很容易地将 NSX 和其他的开源软件整合使用。

（5）NSX Manager：此模块提供了一个友好的 Web GUI。用户可以通过操作界面查看相关的日志信息、虚拟网元的状态和故障排查等功能。

与 OVX 不同，NSX 并不关注拓扑的虚拟化，也不会将虚拟的拓扑交给租户控制器管理。在目前的数据中心场景中，NSX 提供的服务不考虑租户对网络的控制，并不支持租户拥有自己的控制器。它仅仅通过自动管理边缘虚拟交换机来部署 Tunnel，实现 Overlay 的租户网络，从而使得不同租户的数据相互隔离，并实现虚拟网络到物理网络的解耦分离。

此外，NSX 还提供网络安全服务和微分段服务（Micro Segmentation），保障用户数据在进出数据中心时的安全。微分段可以实现细粒度的流量分析，做到针对租户数据甚至租户某种数据的详细监控，从而部署细粒度的安全策略，进而提高租户网络安全性。

由于 NSX 具有的敏捷性，NSX 可以将业务部署周期从以天为单位缩短到以秒为单位，实现敏捷的业务部署。同时，因为 NSX 支持自动化部署业务，也将运维工作的难度大大降低，精简了网络运维。此外，NSX 的安全服务使其可以满足网络场景对网络安全服务和网络虚拟化的双重要求，如多租户数据中心网络。NSX 作为一款优秀的网络虚拟化和网络安全产品，目前在市场中占据龙头地位，市场占有率达到了 38%[12]。2015 年 7 月份 VMware 就声称他们的客户已经达到了 700 多个。自从收购了 Nicira 之后，VMware 将虚拟化的战火烧到了网络领域，也将网络的边界从 ToR 等物理接入交换机推入到了服务器中。通过 SDN 的集中控制方式，NSX 可以实现自动化的部署，从而实现从虚拟机到虚拟网络整套的解决方案。由于 VMware 进军网络虚拟化领域，VMware 和思科的合作基本告一段落，曾经的合作伙伴在网络虚拟化领域成为针锋相对的竞争对手。

思科的 ACI

ACI（Application Centric Infrastructure）是思科推出的面向数据中心的灵敏的、开放的、安全的网络产品，其架构如图 7-12 所示。ACI 提供了一个面向应用的网络环境，使得用户在部署商业应用时无须关心网络，而将精力放在应用上。作为 VMware 的 NSX 的竞争对手，ACI 在市场上也取得了不俗的占有率，占有 21% 的市场 [12]。

ACI 支持将预先定义好的应用需求和策略自动部署到虚拟租户网中，从而实现业务自动部署。同样，ACI 的自动化部署成功将业务部署周期从以天为单位缩短到以秒为单位。租户无须关心底层网络，仅需关心应用。与 NSX 等采用 OpenFlow 协议的 SDN 方案不同，ACI 采用 OpFlex 协议作为南向协议，采用思科的 Nexus9000 系列交换机和思科 Application-centric Virtual Switch（AVS）作为数据平面设备。ACI 的控制器也是思科独有的 Application Policy Infrastructure Controller（APIC）。与 NSX 类似，ACI 通过在接入节点上部署 VXLAN、NVGRE 等隧道协议来实现网络虚拟化，只不过 ACI 的接入交换机是 Nexus9000 系列交换机而不是 Open vSwitch。本质上，Nexus9000 交换机更像是 ACI 的核心，也是 ACI 的核心竞争力。

此外，ACI 可以同时管理物理和虚拟的资源，降低多平台带来的管理难度。ACI 也提供了可视化的界面，可实现对应用健康状况的实时监控。ACI 还拥有开放的接口，可允许与第三方系统整合部署。而且，ACI 具有很好的可拓展性，可以提供安全的多租户虚拟网络服务。

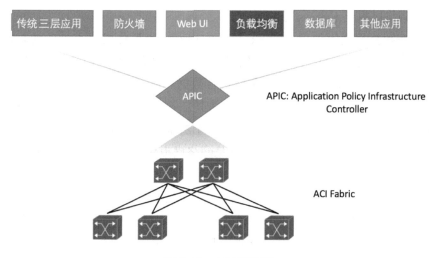

图 7-12　ACI 架构图

　　在网络虚拟化市场上，ACI 一直是 NSX 有力的竞争对手。ACI 凭借其自身的优势，也占据了一定的市场份额。而作为一个不采用 OpenFlow 协议，也不采用 Open vSwitch 的商业解决方案，ACI 具有浓厚的思科特色，这是 ACI 的大卖点，也是 ACI 的技术壁垒。但同时，这个特点也被认为不够开放，阻碍了网络开放进程的发展。最终 ACI 会如何发展，是会战胜 NSX 还是会失败？还是形成稳定的市场份额？这都需要时间来验证。

7.4　未来研究方向

　　网络虚拟化虽然能给当下的网络，尤其是数据中心网络带来非常多的益处，比如自动化配置、提升资源利用率等优点，但是也付出了一定的性能代价。而且网络虚拟化目前发展得还不成熟，依然还是一个新技术，还有许多可以优化提升的方面。笔者结合相关参考资料，总结了网络虚拟化未来的几大研究方向。

　　1．性能提升

　　影响网络虚拟化系统性能的原因很多。首先，OVS 等虚拟交换机性能不足就是一个大因素。其次，由于网络虚拟化平台是集中式的管控，虚拟化平台本身的性能极大地影响了整体网络的性能，成为整体网络的瓶颈。如何设计具有良好拓展性、优秀性能的虚拟化平台是网络虚拟化未来研究的重要方向之一。

此外，在数据平面上使用 Tunnel 技术实现网络虚拟化也有不足之处。比如采用 Tunnel 技术带来了更长的报头，降低了传输效率。当采用 VXLAN 时，数据基于 UDP 报文传输，所以在传输过程中，网卡无法进行数据分片，而需要 CPU 来进行，此举将消耗大量的 CPU 资源。而采用 STT 则只能将其部署在软件交换机上，而无法部署在物理交换机上。而 NVGRE 则缺乏四层的字段，无法做到细致的流量调度、负载均衡等策略。所以，如何设计更优秀的 Tunnel 协议是网络虚拟化领域未来的研究方向之一。

2．安全与隐私

安全是网络领域永恒的话题。由于网络虚拟化技术的引进，网络的安全问题变得更加严峻，虚拟化平台本身的安全也成为新的问题。当虚拟化平台被 DoS 或 DDoS 攻击崩溃时，所有租户的虚拟网络业务都会受到影响。而如果虚拟化平台被入侵，问题将更加严重。因为黑客可以在控制器和交换机都无法察觉的情况下，轻易地获取所有的信息。虚拟化平台成为了攻击者的天然肉鸡及中间代理点，黑客可随意从中提取信息。所以虚拟化平台的安全也是未来的研究方向之一。

不同租户之间的数据需要隔离，才能保障租户的数据隐私。如何才能更好地隔离租户数据，又能减少虚拟平台对租户隐私的侵犯是一个复杂的业务设计，还需要未来投入大量的研究。

3．架构设计

虚拟化平台的架构设计也是一个重要的研究方向。集中式的架构可以实现高效的网络管理，但是存在可靠性和可拓展性方面的问题。分布式虽然拥有很好的可靠性和可拓展性，但由于大量数据需要同步，其效率相比之下可能更低。所以，如何设计合理的虚拟化平台架构也是一个重要的研究课题。

4．资源发现、虚拟化和调度

网络虚拟化的重要前提是资源发现，只有资源被发现、被收集之后才能对资源进行虚拟化。目前，基于 OpenFlow 协议的网络资源只能发现节点的特性，而链路资源需要借助 LLDP 等其他协议。目前，发现链路的方法普遍通过控制器周期下发链路发现报文来实现，此举带来了额外的流量，所以如何优化资源发现算法也是值得研究的方向。

在发现资源之后，如何对资源进行细粒度的虚拟化是最重要的工作之一。目前不同的虚拟化平台对资源的虚拟化标准还尚未统一，还需要进一步优化和统一。

此外，基于租户网络业务需求的虚拟资源调度是虚拟化平台研究的重中之重。资源虚拟化只是完成了虚拟化，如何动态地调度虚拟资源，提高整体资源的利用率是众多研究人员努力研究的内容，也是目前最热门的研究方向。

5. 动态和移动性管理

网络中主机的移动性给虚拟化平台带来了许多难题。比如移动场景下的主机移动和数据中心中虚拟机的迁移都带来了网络的变动，都需要网络虚拟化平台针对变化作出对应的策略调整。如何实现针对移动资源的策略随动机制，不仅仅是 SDN 控制器需要做的事情，也是网络虚拟化平台需要做的事情。

6. 编程接口，定义标准化

目前，各个虚拟化平台的编程接口及虚拟化资源定义等标准尚未统一。为了实现多虚拟化平台的协同合作，需要推进接口和定义的标准化。标准化可以节省开发人员和学习者的学习成本，也给多虚拟化平台合作提供了可能，从而允许部署跨平台的网络虚拟化业务。在技术的发展过程中，标准化是永恒的旋律。

7.5 本章小结

本章介绍了网络虚拟化的基本概念、SDN 与网络虚拟化的关系、SDN 网络虚拟化的产品及网络虚拟化技术的未来研究方向。基于 SDN 的网络虚拟化，可以实现自动化的网络管理，提高网络资源的利用率，并能简化云计算网络的管理。随着云计算的发展，SDN 和网络虚拟化技术的发展也必将得到推动。网络虚拟化和 SDN 的结合，也将推动网络的发展进程，带来自动化、高效而弹性的网络，开辟新的网络市场。

参考资料

[1] Jain R, Paul S. Network virtualization and software defined networking for cloud computing: a survey[J]. Communications Magazine, IEEE, 2013.

[2] N.M. Mosharaf Kabir Chowdhury, Raouf Boutaba. A survey of network virtualization. Computer Networks, 2009.

[3] Network Virtualization, https://en.wikipedia.org/wiki/Network_virtualization.

[4] Wang A, Iyer M, Dutta R, et al. Network Virtualization: Technologies, Perspectives,

and Frontiers[J]. Journal of Lightwave Technology, 2013.

[5] VPP, https://wiki.fd.io/view/VPP/What_is_VPP%3F.

[6] Blenk A, Basta A, Reisslein M, et al. Survey on Network Virtualization Hypervisors for Software Defined Networking[J]. IEEE Communications Surveys & Tutorials, 2015.

[7] Sherwood R, Gibb G, Yap K K, et al. Flowvisor: A network virtualization layer[J]. OpenFlow Switch Consortium, Tech. Rep, 2009.

[8] Salvadori E, Doriguzzi Corin R, Broglio A, et al. Generalizing virtual network topologies in OpenFlow-based networks[C]//Global Telecommunications Conference (GLOBECOM 2011), 2011 IEEE. 2011.

[9] Al-Shabibi A, De Leenheer M, Gerola M, et al. OpenVirteX: Make your virtual SDNs programmable[C]//Proceedings of the third workshop on Hot topics in software defined networking. 2014.

[10] VTN, https://wiki.opendaylight.org/view/VTN:Main.

[11] OpenDaylight, https://en.wikipedia.org/wiki/OpenDaylight_Project.

[12] The Future of Network Virtualization and SDN Controllers Report, https://www.sdxcentral.com/reports/network-virtualization-sdn-controllers-2016/.

第 **8** 章

SDN 浪潮

毋庸置疑的，SDN 作为一种新的网络体系结构，已经掀起了一场网络变革的技术浪潮。这场新技术浪潮对网络学术界和工业界的发展都产生了深远的影响，而身处 SDN 浪潮中的我们，也应该准备好应对这场新的技术变革。

8.1 SDN 对学术界的影响

新技术的萌芽一般源自于学术界的研究，SDN 也不例外。早期的 SDN 研究成果主要来自于斯坦福大学的 The McKeown Group。2008 年 OpenFlow 论文[1]的发表，让 SDN 进入了学术界的视野。接下来的两年时间里，The McKeown Group 先后发表了如下的几篇论文：第一个开源控制器 NOX/POX[2]、第一个支持 OpenFlow 的开源软件交换机 Open vSwitch[3]、第一个开源网络虚拟化平台 FlowVisor[4]及第一个 SDN 网络仿真平台 Mininet[5]。由此可见，当下 SDN 领域最流行的开源软件基本都出自斯坦福大学。截至 2015 年底，OpenFlow 论文已经被引用了 4790 次，NOX 论文被引用了 1212 次，Open vSwitch 论文被引用了 546 次，FlowVisor 论文被引用了 530 次，Mininet 论文也被引用了 786 次。这些研究成果都对后来关于 SDN 的科研产生了巨大的影响。

2010 年之后，普林斯顿大学的 Jennifer 教授团队也开始进行 SDN 领域的研究，她们陆续发表了优化系统性能的论文 DIFANE[6]，研究 SDN 编程语言的论文 Frenetic[7]和测试 SDN 应用的论文 NICE[8]。此外，其他大学的 SDN 研究也相继展开，比如多伦多大学的分布式控制器论文 HyperFlow[9]、都灵理工大学的 SDN 数据平面性能论文[10]、滑铁卢大学的数据面性能优化论文 DevoFlow[11]、莱斯大学的可扩展控制平面研究论文 Maestro[12]和耶鲁大学的 SDN 编程语言论文 Nettle[13]。同年，Google 研究人员也发表了介绍分布式 SDN 控制器 Onix 的论文[14]。这些研究先例为后续的 SDN 研究提供了重要的学术参考价值。SDN 科研领域进入了群雄逐鹿的时期。

到了 2012 年，学术界对 SDN 的关注和贡献都达到了顶峰，SDN 成为网络领域最热门的研究方向。计算机网络顶级会议 ACM SIGCOMM 从 2012 年开始连续三年组织了专门针对 SDN 领域的 HotSDN 研讨会。欧洲的研究机构也从 2012 年开始至今每年都会举行一次 EWSDN（European Workshop on Software Defined Networks）研讨会。在这段时间里，除了老牌的 The McKeown Group 和 Jennifer 教授团队以外，SDN 领域还涌现出了多支新的明星级科研团队，比如乔治亚理工的 Nick Feamster 团队（2016 年到普林斯顿大学计算机系）。他们在 SDN 领域的研究侧重于网络管理和控制平面，陆续发表了提升 SDN 编程能力的 Procera[15]论文，研究 SDN 在 IXPs（Internet Exchange Points）领域应用的 SDX 论文[16]和研究 SDN 编程语言的 Kinetic 论文[17]。此外，威斯康星大学麦迪逊分校的 Aditya Akella 团队在 SDN 与数据中心、NFV 和大数据应用融合方面的研究也令人瞩目，陆续发表了基于 SDN 架构的云网络平台 CloudNaaS 论文[18]、优化 SDN 控制平面性能的 Pratyaastha 论文[19]及提升 SDN 编程能力的 PGA 论文[20]。其他重要的 SDN 研究团队见表 8-1。这些研究团队的努力加速了 SDN 领域的科研进程。

表 8-1　其他重要的SDN研究团队

大　　学	团　　队	研　究　方　向
耶鲁大学	Richard Yang 团队[21]	SDN 编程语言和控制器性能领域
康奈尔大学	Nate Foster 团队[22]	SDN 编程语言领域
杜克大学	Theophilus Benson 团队[23]	SDN 系统性能、基础设施抽象能力和用户案例领域
华盛顿大学	Raj Jain 团队[24]	SDN 与无线网络、NFV 融合领域
科罗拉多大学博尔德分校	Eric Keller 团队[25]	SDN 控制平面性能领域
伦敦玛丽王后大学	Steve Uhlig 团队[26]	SDN 数据平面性能优化和测试领域
布朗大学	Shriram Krishnamurthi 团队[27]	SDN 应用和控制平面领域

到了 2014 年末，SDN 领域的研究已经逐步成熟，学术界的贡献产出相对趋缓。SDN 科研领域出现了一系列总论类型的论文。其中最全面的一篇论文是里斯本大学 Diego Kreutz 等的 *Software-Defined Networking: A Comprehensive Survey*[28]，这篇论文系统地介绍了 SDN 科研领域的方方面面，其总共引用了 579 份参考文献，论文长达 61 页，论文内容框架如图 8-1 所示。其他的总论类型的论文有介绍支撑 SDN 发展过程中关键技术的 *The Road to SDN* 论文[29]、介绍 The McKeown Group 团队研究和部署 SDN 四个阶段经验得失的 OpenFlow Deployment 相关论文[30]，从软件工程角度介绍 SDN 编程技术发展历史的 SDN Programmability 相关论文[31]，介绍 SDN 在无线网络领域应用的 SDN&Wireless 相关论文[32]，以及介绍 SDN 在安全领域应用的 SDN&Security 相关论文[33]。

图 8-1　SDN 科研领域总论内容框架

Software-Defined Networking: A Comprehensive Survey 论文的 SDN 数据平面部分介绍了现有的 OpenFlow 设备及 SDN 数据平面方面的进展，比如华为研究团队的 POF 和 ONF 的 NDM（Negotiable Datapath Models）。SDN 南向接口部分介绍了现有的南向接口协议及其研究进展，比如 OVSDB、OpFlex、OpenState、Revised OpenFlow Library（ROFL）、Hardware Abstraction Layer（HAL）和 Programmable Abstraction of Datapath（PAD）。SDN 控制器部分详细分析了 SDN 控制器的架构和设计特点，介绍了 SDN 控制器方面的研究进展，比如 HyperFlow、DISCO 和 PANE。而 Network Hypervisors 和 Language-based

Virtualization 两部分介绍了现有的网络虚拟化平台和基于语言实现虚拟化的进展。北向接口部分则介绍了 SDN 北向接口的研究进展，比如 NOSIX 和 SFNet。SDN 编程语言部分则重点介绍了现有的 SDN 编程语言及其研究成果，见表 8-2。

表 8-2　主要的SDN编程语言

名　　称	时　　间	描　　述
FML	2009	高级策略描述语言，比如接入控制
Frenetic	2011	在查询网络状态和定义转发策略方面提升了 SDN 应用编程的抽象能力
Nettle	2011	实现了声明式编程 OpenFlow 网络
NetCore	2012	描述网络应用的行为，而不定义具体的实现细节
Procera	2012	提供了一组描述网络被动响应行为和临时行为的高级抽象
Pyretic	2013	在更高层次定义网络策略，建立了基于 Python 语言的函数库
Merlin	2013	提供了一种租户网络策略管理的编程机制
FatTire	2013	使用规则表达式实现应用对网络路径和预期容错需求的描述能力
NetKAT	2014	基于 Kleene 代数理论的网络结构
Flowlog	2014	提供了一种有限状态机语言进行不同层次的分析，比如模型检查

除了上述 SDN 架构基础模块部分，*Software-Defined Networking: A Comprehensive Survey* 论文还详细介绍了 SDN 在流量工程（Traffic Engineering）、移动与无线网络、测量与监听、安全和数据中心网络等领域应用的研究进展。此外，论文还介绍了在交换机设计、控制器平台、弹性与可扩展能力、性能评估、SDN 迁移等不同 SDN 系统研究方面的成果及未来可能的研究方向。

从 2015 年开始，NetPL（Networking Programming Languages）、通用可编程数据平面及 SDN 与 Middlebox、IoT、NFV 等其他新技术的融合成为研究人员探索的新大陆。2015 年至今，学术圈已经召开了两次 NetPL 研讨会，而 2016 年的 NetPL 研讨会甚至已经成为计算机网络顶级会议 ACM SIGCOMM 的一部分。2015 年至今的两届 HotMiddlebox 研讨会上也能看到不少 SDN 方面的论文。2016 年 IEEE 召开了第一届 SDN-IoT 研讨会[34]，标志着 SDN 与 IoT 的融合受到了研究人员的关注。而在通用可编程数据平面领域，众多研究机构已经发表了许多重要的论文，比如华为研究团队介绍的协议无关转发框架的 POF 论文[35]、The McKeown Group 提出的新 SDN 数据平面 RMT 模型论文[36]、介绍 Open vSwitch 与 P4 融合的 PISCES 论文[37]、介绍可编程调度模块的 Towards PPS 论文[38]及介绍通用调度模块的 Universe PS 论文[39]。这些重要论文奠定了 SDN 数据平面可编程研究的基础，推动了 SDN 数据平面的研究进程。

回顾 SDN 的科研史，OpenFlow 论文的发表标志着 SDN 的诞生，当时只有 SDN 的创始团队 The McKeown Group 在研究 SDN。此后，普林斯顿大学 Jennifer 教授团队也开始在 SDN 方向发力，并做出重要贡献。2012 年以后，SDN 受到学术界的广泛关注，SDN 在学术界进入高速发展时期。直到 2014 年，SDN 领域在学术界的贡献产出才相对趋缓。与此同时，SDN 与其他新技术的融合逐步成为研究者青睐的技术方向。整个 SDN 科研发展历史如图 8-2 所示。

图 8-2　SDN 科研发展历史

8.2　SDN 对工业界的影响

在传统网络体系架构中，网络设备和网络系统对用户是不开放的，用户只有使用权。网络产业是被少数传统厂商把持的封闭式生态圈，网络产业链的参与者非常少。然而，SDN 的发展打破了传统网络行业的封闭生态，加剧了网络行业的竞争，重塑了网络业界的竞争格局。

在 SDN 的影响下，整个网络产业生态格局发生了深刻的变化。传统网络设备商主导的垂直封闭格局被打破，整个网络产业格局被分成很多开放的层次，每个层次都可以容纳更多的厂商一起参与，不同层次厂商之间更多的是合作关系，而不是竞争关系，如图 8-3 所示。整个网络产业格局分为可编程网络芯片层、芯片驱动/编译层、设备操作系统层、SDN 控制器层和 SDN 应用层五个部分。如此一来，初创公司和中小厂商也能参与进来，在某个层次的市场上占据一席之地。没有任何一家网络厂商可以在每个领域都独占鳌头。以传统网络厂商思科为例，也许它可以在某些网络方案领域占据很大的市场份额，但是在 SDN 控制器领域就不一定能打败众多开源控制器，在 SDN 设备操作系统领域不一定能战胜专注于操作系统的第三方厂商。

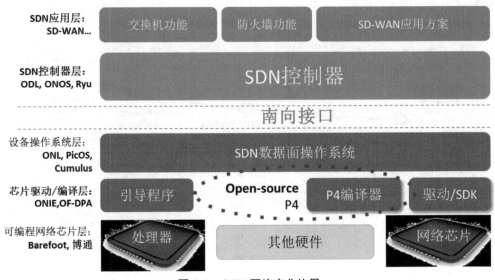

图 8-3　SDN 网络产业格局

在可编程网络芯片层，硅谷初创公司 Barefoot 和国内网络芯片公司盛科都发布了新的可编程芯片。这些芯片厂商通过持续的努力和技术创新，逐步打破了传统网络芯片巨头博通公司的垄断，使得网络设备厂商在设计新的 SDN 数据平面设备时可以有更多的选择。在芯片驱动和编译层，开放网络安装环境 ONIE（Open Network Install Environment）使得网络设备可以安装第三方操作系统，让网络用户在采购网络设备时可以自由选择。此外，开源数据平面编程语言框架 P4 也推动了可编程数据平面的发展，进一步提升了数据平面的可编程能力。在 SDN 开源开放的进程中，网络芯片公司博通也实现了对 OpenFlow 南向接口的支持，提出了更加开放的 OF-DPA 芯片驱动框架，让用户可以基于开放的编程框架对其网络芯片任意编程。

在设备操作系统层，初创公司 Pica8、Big Switch、Cumulus 等企业的商用 OS 和开源操作系统 ONL 的出现，加剧了设备操作系统领域的市场竞争，也直接加速了网络产业的创新速度。在 SDN 控制器层，越来越多的开源控制器和商用控制器带给用户更多的选择，比如 Ryu、ONOS 和 OpenDaylight。其中，开源 SDN 控制器平台 OpenDaylight 获得了业界厂商的追捧。从 2013 年至今，OpenDaylight 已经发布了 5 个版本。超过 100 多个用户都在 SDN 方案中采用了 OpenDaylight 控制器，比如 Orange、AT&T、中国移动、Telefonica 和中国电信。超过 500 多个厂商都在 OpenDaylight 开源社区贡献代码，比如 Big Switch、思科、爱立信和 NEC 等。Avaya、博科、Ciena 和 Extreme 等厂商也都发布了基于 OpenDaylight 的商用控制器产品。

在 SDN 应用层，多家厂商已经在软件定义数据中心网络和 SD-WAN 市场展开激烈的交锋。而早在 2007 年，初创公司 Nicira Networks 就开启了 SDN 在网络虚拟化领域应用的先河，也引领了 SDN 在数据中心网络领域应用的市场变革。2012 年 Nicira Networks 被虚拟化巨头 VMware 收购之后，越来越多的传统 IT 厂商和新兴公司参与到 SDN 在数据中心网络领域的市场竞争中来。数据中心网络领域也成为第一个成熟的 SDN 产品细分市场。而后，Google B4[40]案例的成功，推动了 SDN 在 WAN 领域的应用。随着众多 SD-WAN 产品方案的发布，WAN 网络领域已经成为第二个成熟的 SDN 产品细分市场。随着技术的发展，园区网、移动蜂窝网、家用网络和物联网等场景都出现了许多 SDN 应用案例。

目前，许多服务商都采用了 SDN 的解决方案。比如 AT&T 等运营商已经开始广泛地进行试点部署，AT&T 甚至还计划在 2020 年之前将 75%的网络升级为软件定义的网络。Google 等其他服务提供商也早已在自己的数据中心及数据中心之间应用了 SDN。国内的 BAT 也都有进行 SDN 的研究和部署：百度正在进行自研交换机和自研控制器的开发；阿里巴巴也早就踏出了 SDN 部署的第一步；腾讯则基于 OpenDaylight 控制器部署了 SDN 方案来实现数据中心间的流量工程。

SDN 诞生至今，SDN 业界的初创公司越来越多，也相继受到了资本的追捧和巨头的青睐。2007 年成立的第一个 SDN 初创公司 Nicira，在 2012 年被虚拟化巨头 VMware 以 12.6 亿美元的天价收购。传统网络设备厂商巨头思科也陆续收购了 SDN 初创公司 Insieme、SDN 网络服务公司 Embrane。而另一个传统网络设备厂商 Juniper 也在 2012 年收购了 SDN 初创公司 Contrail。此外，芯片公司 Cavium 也以 0.75 亿美元收购了 SDN 初创公司 Xpliant。 目前，2009 年之后成立的 Pica8、Big Switch、Cumulus、Pluribus、Corsa 和 NoviFlow 都已经成功完成多轮融资，成功在数据平面设备产品领域引发了一场变革。SD-WAN 领域初创公司 Aryaka、Versa Networks、Viptela、Silver Peak、VeloCloud 也已经完成多轮融资。此外，专注于 SDN 培训教育、专业咨询和管理服务的服务型公司 SDN Essentials 也受到了资本的关注。2016 年 10 月，国内 SDN 初创公司云杉网络完成 B 轮融资，由经纬中国领投，北极光和红点跟投。2016 年 10 月，国内 SD-WAN 初创公司大河云联完成 A 轮融资，由方广资本和北京云禾两家投资。顶级投资机构联手投资云杉网络和大河云联，标志着国内资本对 SDN 领域技术公司的认可。

此外，SDN 领域也出现了许多的开放组织和开源项目，比如 ONF、OpenDaylight、ONS 等。2011 年成立的 ONF 已经成为 SDN 领域最活跃、最有影响力的开放组织，已经拥有 109 名成员。ONF 主要的成果包括 OpenFlow 协议、OF-Config 协议、SDN 行业应用白皮书、SDN 技能认证和产品认证。2016 年 10 月，ONF 正式宣布与 ON.Lab 合并，成立一个新的推动 SDN 发展的开放组织，同时推动开源项目 ONOS 和 CORD 的发展。

回顾 SDN 产业发展历史，如图 8-4 所示。随着 SDN 的逐步成熟，SDN 工业发展已经进入了一个飞速发展的阶段，更多支持 SDN 的数据设备，控制平面产品如雨后春笋一般涌现。而正是这些 SDN 产品的出现，打破了传统网络行业的固定生态，让网络行业竞争进入了白热化阶段，加速了行业的发展。相信网络领域也会像计算机领域一样获得空前的创新速度和蓬勃的发展。

图 8-4　SDN 产业发展

8.3　如何应对 SDN 的变革

听说过这么一句话："只要站在风口上，猪都能飞起来"。不知道读者是否赞同这句话，笔者认为：能恰如其分地站在风口绝非易事，需要充分的准备和敏锐的直觉；如果飞起来的真是猪，没有了风便会被摔死，除非是老鹰，才能飞得更高。作为网络领域的工程师，很庆幸处在这样一个变革时代。但是，即使我们知道起风了，也并非所有人都可以乘风而起，扶摇直上，我们还需要掌握足够的知识和技能才能抓住发展的机会。如何才能学好技术，掌握技能来应对 SDN 的变革，是所有网络行业从业人员都应该学习的内容。

记得在孟岩先生的《一个"技术文化人"的片段感悟》中读到：程序员的进阶之道是"抬头看路，埋头赶路"。目前，抬头看 SDN 的路已经相对清楚，人们已经不再讨论什么是 SDN，而更多讨论的是如何应用 SDN，所以，我们现在需要的是埋头赶路。虽然，我们如今每天都能接触到大量 SDN 的技术概念和学习资料，但是对于初入 SDN 领域的学生和工程师，往往还是会不知所措，不知道如何学习 SDN。在知乎上，甚至还有这样的疑惑：SDN 的兴起，对于我们这些已经做了多年 CCIE 的人，不知道未来该何去何从。笔者相信，每一个身处这场技术浪潮中的工程师或多或少都会有同样的困惑。

笔者认为，初学者首先需要系统地学习一门 SDN 课程，比如普林斯顿大学教授 Nick Feamster 在 MOOC 平台 Coursera 上的开放课程[41]。这是最值得关注的一个 SDN 课程，主要包括 SDN 的历史起源、控制平面和数据平面分离、SDN 控制平面、网络虚拟化、SDN 数据平面、SDN 编程、SDN 应用案例、SDN 系统验证和调试及 SDN 未来的发展等内容，见表 8-3。每一部分课程都有明确的学习目标、课程视频、实验内容和相关论文。此外，每一部分课程结尾都有 Nick 教授对相关业内人士的采访。

表 8-3　Nick Feamster教授SDN课程内容

	学习目标与课程内容
SDN 历史起源	回顾 SDN 发展的里程碑 理解 SDN 理念和原理的起源 理解 SDN 在计算机网络架构中的起源
控制平面和数据平面分离	能解释控制平面和数据平面的不同 能识别和描述控制平面和数据平面的功能 能举出控制平面和数据平面的功能例子
SDN 控制平面	熟悉 SDN 控制器如何访问交换机的转发表 熟悉 SDN 控制器如何在网络中控制多个交换机 实际设置一个控制器和基本的交换机环境 比较多个控制器的设计权衡

	学习目标与课程内容
网络虚拟化	理解网络虚拟化及为什么采用网络虚拟化 理解实现网络虚拟化的各种方法 解释为什么 Mininet 是有用的 理解 Mininet 如何工作
SDN 数据平面	掌握可编程数据平面的需求 理解 OpenFlow 的限制，可编程数据平面是怎样解决这些限制的 理解可编程数据平面的设计考虑
SDN 编程	理解为什么 SDN 需要高级编程语言 掌握高级语言与控制器之间的接口 比较 SDN 的不同编程语言 分析不同语言的应用以及使用方式
SDN 应用案例	理解数据中心网络管理的挑战，明白在 SDN 之前的数据中心运营，怎样用 SDN 理念解决数据中心运行中的问题 回顾域间路由的基础、BGP 怎样支持域间路由策略、BGP 的不足之处，讨论使用 SDN 解决域间路由的优势和挑战 理解管理家用网络的挑战，探究 SDN 怎样简化家用网络管理
SDN 系统验证和调试	学习验证网络配置和行为的不同方法 学习网络特性的形式验证方法和理念
SDN 未来的发展	明确未来 3～5 年的 SDN 发展趋势 预测和总结主要的技术研究挑战

对于科研领域的初学者来说，8.1 节中介绍的 *Software-Defined Networking: A Comprehensive Survey* 这篇总论型的论文非常重要。初学者可以通过学习这篇论文来了解 SDN 的科研现状。而对于如何开始研究 SDN 这个话题，则需要根据具体情况来具体分析。在多次跟高校老师的交流中，也多次讨论到了如何开始 SDN 方向研究的话题。笔者认为：如果将 SDN 的研究分支比喻成一棵大树，那么这棵大树已经枝叶繁茂了，所以留给国内科研机构的机会已经不多。更好的方式是结合自身在大数据等跨学科领域的积累和优势，将 SDN 理念和架构应用到该领域，才能更快地做出成果。

对于网络从业者来说，需要完成角色的转变：从网络工程师转变为网络开发工程师。Kyle Mestery（OpenStack Neutron 项目核心成员，也是 OpenDaylight OVSDB 和 OVS 项目的贡献者）也认为网络工程师需要学习编程技能，去动手写代码[42]。如果想成为一名网络开发工程师，至少需要掌握 Linux 方面的实践技能，包括开源软件 OpenFlow 交换机 Open vSwitch、开源控制器 OpenDaylight 及开源数据中心网络虚拟化项目 OpenStack Neutron 等的使用和开发。Kyle 总结了现有的主流网络开源项目使用的编程语言，见表 8-4。

表 8-4　主流网络开源项目使用的编程语言

名　　称	语　　言	类　　型
Open vSwitch	C	SDN 数据平面
OpenDaylight	Java	SDN 控制平面
ONOS	Java	SDN 控制平面
Ryu	Python	SDN 控制平面
OpenStack Neutron	Python	SDN 的应用
OpenContrail	C++	SDN 的应用

另外，网络领域著名博主 Scott Lowe、Jason Edelman 和 Matt Oswalt 在 2015 年合写了一本书：*Network Programmability and Automation Skills for the Next-Generation Network Engineer*[43]。他们写这本书的目的是为了帮助网络工程师在 SDN 时代提升竞争力。他们认为网络工程师应该关注系统自动化部署技能，具体包括 Linux 操作系统基础、Python 编程基础、JSON 和 XML 等网络数据格式、Continuous Integration 和 DevOps 等。此外，The McKeown Group 团队最新创建的初创公司 Forward Networks 也有一个宏伟的目标：把计算机科学中的经验带给网络领域（Bringing the best ideas in Computer Science to networking）[44]。所以，软件定义化是一种技术的发展趋势，未来的网络领域从业者将需要学习更多的软件编程方面的知识技能。

一言蔽之，九层之台，起于垒土，学习任何一种新技术都不是一蹴而就，需要不断地上下求索。但如果只是不停地追赶新技术的浪潮，而不垒好技术基础，追逐只会让人更加浮躁和无助，技术能力的大厦也无法抵抗技术浪潮的冲击。所以，需要从 SDN 最初的定义出发，理解 SDN 架构的特点和优势，弄清楚我们为什么需要 SDN，而 SDN 应该用来解决什么问题，又应该如何去实践 SDN，以及 SDN 都有哪些典型的应用案例。这也正是本书的目的。笔者相信，深入地学习和持续地积累是我们应对 SDN 变革的唯一途径。

8.4　SDN 浪潮

研究机构 Gartner 在 1995 年发布了技术成熟度曲线（Hype Cycles）理论，这套理论用来分析新技术发展趋势及其生命周期。一项新技术通常先是技术萌芽期，接着是炒作期（过热期），然后是幻觉破灭期，最后是复苏期和生产力成熟期，并达到应用高峰。SDN 领域新技术的成熟度曲线（纵轴为关注热度，横轴为发展时期）如图 8-5 所示[45]。

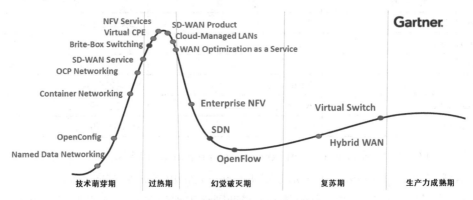

图 8-5　SDN 领域新技术的成熟度曲线

从图 8-5 中可以看出，SDN 和 OpenFlow 已经走过了技术萌芽期和过热期，正处于幻觉破灭期。处于幻觉破灭期的 SDN 已经经历了关注热度的高峰期，成为人们已经了解的技术。与此同时，已经拿到投资且有前途的 SDN 创业公司也开始得到第二、第三轮的风险投资。而相应的 SDN 应用案例和产品方案也陆续涌现，比如 SD-WAN 和 Brite-Box Switching（Branded Switching+White-Box Switching=Brite-Box Switching）等，相应的 SDN 解决方案也会逐渐落地，技术的整体发展开始向实际部署的方向发展。

SDN 作为下一代网络体系结构的地位已经毋庸置疑。我们不能再单纯地认为 SDN 只是一个新的网络技术概念。回顾全书内容，SDN 对网络领域的研究和教学都产生了深远的影响，而与此同时，SDN 也重构了现有的网络产业格局。

我们有理由相信：网络的未来属于 SDN。

8.5　本章小结

在浩瀚的人类发展历史长河中，并不能总结出什么线性关系。那些突然闪现的浪花，或许就让历史的走向出现拐点，或进入低谷，或开始加速。正如蒸汽机的发明于工业时代，电气的应用于电气时代，计算机的诞生于信息时代。显而易见地，科技是推动世界的魔法。但不幸的是，人类在攀爬科技树的过程中，充满着太多的不确定性，有时能点对技能树，有时也会点错。我们能做的，就是不断尝试，跟随科技发展的浪潮，坚持不懈地探索。在历史的长河中，许多浪花渐行渐远，但也有极少数的浪花不断得到支持，越来越强大，最终影响了年华。我们相信，如 SDN 等支持软件定义、支持自动化和自学习的科技将拥有无限的能量，在科技发展的历史进程中不断壮大，成为塑造新时代的重要力量。

所以，本章不仅介绍了 SDN 对学术界和工业界的影响，还讨论了作为从业者的我们，应该如何应对这场科技变革。相信我们在 SDN 的浪潮中，能够顺势而为，大有可为，为科技发展贡献自己的一份力量。这也是我们写这本书的原因。

参考资料

[1] McKeown N, Anderson T, Balakrishnan H, et al. OpenFlow: enabling innovation in campus networks[J]. ACM SIGCOMM Computer Communication Review, 2008.

[2] Gude N, Koponen T, Pettit J, et al. NOX: towards an operating system for networks[J]. ACM SIGCOMM Computer Communication Review, 2008.

[3] Pfaff B, Pettit J, Amidon K, et al. Extending Networking into the Virtualization Layer[C]//Hotnets. 2009.

[4] Sherwood R, Gibb G, Yap K K, et al. Flowvisor: A network virtualization layer[J]. OpenFlow Switch Consortium, Tech. Rep, 2009.

[5] Lantz B, Heller B, McKeown N. A network in a laptop: rapid prototyping for software-defined networks[C]//Proceedings of the 9th ACM SIGCOMM Workshop on Hot Topics in Networks. 2010.

[6] Yu M, Rexford J, Freedman M J, et al. Scalable flow-based networking with DIFANE[J]. ACM SIGCOMM Computer Communication Review, 2010.

[7] Foster N, Harrison R, Freedman M J, et al. Frenetic: A network programming language[C]//ACM Sigplan Notices. 2011.

[8] Canini M, Venzano D, Perešíni P, et al. A NICE way to test OpenFlow

applications[C]//Presented as part of the 9th USENIX Symposium on Networked Systems Design and Implementation (NSDI 12). 2012.

[9] Tootoonchian A, Ganjali Y. HyperFlow: A distributed control plane for OpenFlow[C]//Proceedings of the 2010 internet network management conference on Research on enterprise networking. 2010.

[10] Bianco A, Birke R, Giraudo L, et al. Openflow switching: Data plane performance[C] //Communications (ICC), 2010 IEEE International Conference on. 2010.

[11] Curtis A R, Mogul J C, Tourrilhes J, et al. DevoFlow: scaling flow management for high-performance networks[J]. ACM SIGCOMM Computer Communication Review, 2011.

[12] Ng E. Maestro: A system for scalable openflow control[J]. Rice University, 2010.

[13] Voellmy A, Hudak P. Nettle: Taking the sting out of programming network routers[C]//International Symposium on Practical Aspects of Declarative Languages. 2011.

[14] Koponen T, Casado M, Gude N, et al. Onix: A Distributed Control Platform for Large-scale Production Networks[C]//OSDI. 2010.

[15] Voellmy A, Kim H, Feamster N. Procera: a language for high-level reactive network control[C]//Proceedings of the first workshop on Hot topics in software defined networks. 2012.

[16] Gupta A, Vanbever L, Shahbaz M, et al. SDX: a software defined internet exchange[J]. ACM SIGCOMM Computer Communication Review, 2015.

[17] Kim H, Reich J, Gupta A, et al. Kinetic: Verifiable dynamic network control[C]//12th USENIX Symposium on Networked Systems Design and Implementation (NSDI 15). 2015.

[18] Benson T, Akella A, Shaikh A, et al. CloudNaaS: a cloud networking platform for enterprise applications[C]//Proceedings of the 2nd ACM Symposium on Cloud Computing. 2011.

[19] Krishnamurthy A, Chandrabose S P, Gember-Jacobson A. Pratyaastha: An efficient elastic distributed SDN control plane[C]//Proceedings of the third workshop on Hot topics in software defined networking. 2014.

[20] Prakash C, Lee J, Turner Y, et al. Pga: Using graphs to express and automatically reconcile network policies[J]. ACM SIGCOMM Computer Communication Review, 2015.

[21] Richard Yang, http://www.cs.yale.edu/homes/yry/.

[22] Nate Foster, http://www.cs.cornell.edu/~jnfoster/.

[23] Theophilus Benson, https://users.cs.duke.edu/~tbenson/.

[24] Raj Jain, http://www.cse.wustl.edu/~jain/books/.

[25] Eric Keller, http://ngn.cs.colorado.edu/~ekeller/index.html.

[26] Steve Uhlig, http://www.eecs.qmul.ac.uk/~steve/.

[27] Shriram Krishnamurthi, https://cs.brown.edu/~sk/.

[28] Kreutz D, Ramos F M V, Verissimo P E, et al. Software-defined networking: A comprehensive survey[J]. Proceedings of the IEEE, 2015.

[29] Feamster N, Rexford J, Zegura E. The road to SDN[J]. Queue, 2013, 11(12): 20.

[30] Kobayashi M, Seetharaman S, Parulkar G, et al. Maturing of OpenFlow and Software-defined Networking through deployments[J]. Computer Networks, 2014.

[31] Lopes F A, Santos M, Fidalgo R, et al. A Software Engineering Perspective on SDN Programmability[J]. IEEE Communications Surveys & Tutorials, 2016.

[32] Haque I T, Abu-Ghazaleh N. Wireless Software Defined Networking: a Survey and Taxonomy[J]. IEEE Communications Surveys & Tutorials, 2016.

[33] Scott-Hayward S, O'Callaghan G, Sezer S. Sdn security: A survey[C]//Future Networks and Services (SDN4FNS), 2013 IEEE SDN For. 2013.

[34] Software-Defined Networking and Internet-of-Things, http://sdn-iot2016.umkc.edu/

[35] 宋浩宇. 从协议无感知转发到 OpenFlow 2.0[J]. 中国计算机学会通讯, 2015.

[36] Bosshart P, Gibb G, Kim H S, et al. Forwarding metamorphosis: Fast programmable match-action processing in hardware for SDN[C]//ACM SIGCOMM Computer Communication Review. 2013.

[37] Shahbaz M, Choi S, Pfaff B, et al. PISCES: A Programmable, Protocol-Independent Software Switch[J]. AT&T Research Academic Summit, Bedminster, NJ, USA, 2016.

[38] Sivaraman A, Subramanian S, Agrawal A, et al. Towards programmable packet

scheduling[C]//Proceedings of the 14th ACM workshop on hot topics in networks. 2015.

[39] Mittal R, Agarwal R, Ratnasamy S, et al. Universal packet scheduling[C]//13th USENIX Symposium on Networked Systems Design and Implementation (NSDI 16). 2016.

[40] Jain S, Kumar A, Mandal S, et al. B4: Experience with a globally-deployed software defined WAN[J]. ACM SIGCOMM Computer Communication Review, 2013.

[41] Software Defined Networking, https://www.coursera.org/learn/sdn.

[42] Next Generation Network Developer Skills, Kyle Mestery, 2014.

[43] Network Programmability and Automation Skills for the Next-Generation Network Engineer, http://shop.oreilly.com/product/0636920042082.do.

[44] Forward Networks, https://www.forwardnetworks.com/.

[45] Hype Cycle for Networking and Communications, 2016, https://www.gartner.com/doc/3388353/hype-cycle-networking-communications-.

附录 A　我是一个 SDN 控制器

"醒醒!"朦胧中有一个人叫醒了我。

"跟我走!"那个身穿 Linux 制服,胖得像企鹅一样的大叔拉着我就走。

"你谁啊?去哪里?" 我惊恐地问,完全不知道到底发生了什么。

"我是操作系统,负责给你安排工作。你是一个 SDN 控制器,是 Ryu 族人,就给你分配代号 9527 吧。"那大叔显得有些不耐烦地回答。

"看到没有,前面办公楼里的 6633 房间就是你的办公室,你的工作就是处理信件和包裹,门房的卡大爷负责收发信件,你记得找他取信就可以了,不然过期他会丢掉的。"大叔边走边说,一转眼已经到了门口。门房果然有一位大爷,正在忙着处理堆积如山的包裹,胸口的工作证沾了好多灰尘,不过隐隐约约还是可以辨出"网卡"两个字。

但我依然不知道我具体要做什么,所以忍不住又问:"操作系统大哥,我来这里干什么啊?"

"你这么叫不累?叫我 Linux 就好了。你是新来的员工,要做什么可以看你胸前的说明书。"

我低头一看,我的天啊!我贴着这么大的说明书,和路过的 5 个美女打了招呼,她们还对我笑了。我拿下说明书,发现上面赫然写着"READ ME",怪不得刚才有个小孩一直跟着我,还碎碎念着什么 SDN,我还以为他只是脑子发育有些迟缓。羞愧之余,我慢慢往下读。

原来,我被任命为因特奈特国金银岛的快递主管。因特奈特国很贫穷,民众普遍文化水平不高，识字的人并不多。为了实现远距离的通信和物流，快递业务急需文化水平高的员工。所以，快递员们都是从培训机构里面毕业出来的，都是读书人。

培训机构的培训项目五花八门，有数据链路层语言和网络层语言等多种项目。但是学习语言需要天赋，有的人智商高，CPU 更强大，能理解和运用三层甚至更高层级语言的语法，能找到更好的工作，一般都在关键物流节点上工作。而那些只会普通二层语言的快递员，也就勉勉强强能在村里当一个邮递员，业务能力差强人意。

培训学院课程特色十分鲜明，有时不同机构对同一件货物的处理流程截然不同，所以不同机构的快递员之间很难合作。为了和其他学院毕业生合作，学生要学好几套技能，所以学费也相应增加了。但掌握多项技能的毕业生，可以找到很好的工作。但对于快递公司而言，人力成本就水涨船高了。快递公司希望所有培训机构的课程都一样，或者他们能快速接受入职培训重新学习，这样就可以节省很多成本了。

在工作中，快递员学员们都各自为战，并不清楚整体的物流情况，所以就有可能出现这样的情况：发货地点和收货地点之间有多条物流通道，但是物流都拥挤在一条通道上，处理不过来的包裹不断被丢弃，但有的通道却门可罗雀，快递员在岗位上打盹，导致整体资源的利用率很低。而且随着因特奈特国推行改革开放政策，经济快速发展，信息和物资开始大量流通，也对物流系统提出了更高的要求。

后来，遥远的地方传来了"深度改革"的呼声，他们对快递公司进行了改革，聘请了一个特别聪明的人担任快递业务主管来统一管理物流业务。而快递员的学习标准也都统一了，他们不需要学习多种语言，只需要识字，能按照工作手册转发货物就行。遇到不知道该怎么处理的货物时，快递员们只需要按照语法书的规则把问题提交给快递主管。快递主管就会利用他的聪明才智指导快递员处理包裹，给快递员一条转发类似货物的指令，这样，快递员就可以查手册直接处理类似的货物，而不必再问主管。听说那个地方的快递主管都是牛仔，很忙的。

再后来，改革的春风吹到了因特奈特国，所以，我就成了因特奈特国金银岛的第一任快递主管。

"你不识字？读这么久？" Linux 一脸鄙视地看了我一眼。

"赶紧开始工作，不然我就把房间没收了，送你去垃圾场处理掉！" Linux 突然面露杀气，吓得我三步并作两步跑进了 6633 房间，关上房门。

还没等我观察房间内部的摆设，门被敲开了，进来了几个穿着工服的人。

"领导好！我们是帮您完成工作的协程。"那个大众脸的人，一脸憨厚地开始自我介绍，"我是帮您取快递的小曲，她是帮您处理二层包裹的阿楚，他是帮您检查包裹安全的大健。"

我定睛一看，小曲还好，长相正常，3 分吧；阿楚倒是还挺可爱的；但拿着盾和大宝剑的大健实在让气氛有些尴尬。

"那开始干活吧。"我假装经常当领导的样子，不动声色地抛下一句，然后拿起桌子上的工作手册独自读了起来，以深藏功与名。

小曲的工作比较简单，只是不断地检查房门口有没有包裹。突然，他兴高采烈地抱进来一堆信件，放在我桌子上之后，像发现新大陆一样兴奋地说："还有其他信，您等着。"

打开信件一看才发现，原来都是一些来自快递员们的 Hello 信件，看来他们开始工作了。Hello 信件的内容很简单，无非就是和我商量一些要采用哪个版本的语法进行通信。我给他们发了 Hello 回信，然后写了一封要求他们发简历的 Feature_request 信。作为领导，了解员工能力是很有必要的。

很快，小曲又抱着一堆新的信件进来了。这次的信有点厚，打开才发现是快递员们的 Features_reply，这些信里面有他们的简历，可以知道他们都会些什么技能。我查了一下工作手册，并没有什么要特殊设置的，就按照标准的流程，给他们回复了标准的配置信。

一转眼，小曲又大汗淋淋地扛着一个大包裹进来了。我忙不迭地打开查看，这次是一个 Packet_in 包裹。"阿楚，赶紧处理一下。"我冲一直在边上无聊抠脚的阿楚喊。

阿楚驾轻就熟地把包裹打开，把上面的信息记录到小本子上，比如包裹是哪个快递员送过来，从他的哪一个快递窗口进来的，还有一些包裹里的具体内容。阿楚也是上过小学的人，在培训学校里学过二层语言。她是这里唯一的实习生。

"我不知道这个怎么处理，没有见过这种包裹，在我的小本本上没有记录，就让他给所有出口都发一份吧。"阿楚面露难色地告诉我。我最开始是拒绝的，但又只能无奈接受。"那就这样吧。"

很快，其他快递员也把这个包裹的处理请求上报给我了，但阿楚依然不知道怎么办，只能继续泛洪发送。

可喜的是，阿楚的小本子上很快就记录了很多记录。我仔细一看，小姑娘还挺聪明，还学会数据结构了。她画了个表格，每条数据项有三列数据：快递员的工作证号（dpid）、从哪一个快递窗口送到快递员手里的和包裹主人的地址。

"这个包裹我知道怎么处理！"阿楚兴奋地跳了起来，面色潮红。根据之前的记录，阿楚知道寄给这个"66：66：66：66：66：66"的包裹是应该要从 1 号快递员的快递窗口 3 发送出去的。她赶忙写了一封 Flow_mod 挂号信，信里告诉快递员关于这个有特别多 6 的客户的包裹都往 3 端口发。

"啊，糟了！我忘记给他发一个 Packet_out 信了！Packet_in 消息里有提到 buffer_id 是 NO_BUFFER 的。"阿楚还没有坐稳就惊呼了一句。她赶紧写了一封 Packet_out 信，里面提到了要把 Packet_out 中的包裹发到 3 端口，然后把信贴到包裹上，交给了小曲。

工作就这么有条不紊地进行着，大家都低头忙着自己的事情。仿佛时间并没有流动，只是在不断地重复，没有什么波澜。每次包裹到的时候，大健也会机械地抬头看一眼是不是给自己的。他总是恶狠狠地盯着盾牌上记录的坏人名字和处理规则，咬牙切齿的样子让气氛格外尴尬。无聊地时候，大健也喜欢在空中比划着什么。听阿楚提起过，大健好像是情意绵绵剑的传人，只是一直加班，没时间找女朋友，所以一直找不到搭档练剑。

"终于等到你！还好我没放弃！"大健两眼放光地盯着手中的信件。原来大健收到了程序员写给他的一封规则信，信里提到要把 IP 是 192.168.8.24 的包裹全部丢掉。大健面露杀气地举起手中的大宝剑，在盾上深深地刻下了这行规则。然后他立刻写了几封 Flow_mod 信，把这个丢包规则发送给那些相关的快递员。作为一名安检员，大健始终保持着警惕，尽职尽责地保护着金银岛的物流安全。

工作的日子总是单调的，像一次函数那样单调而笔直地前行着。大家都机械地处理着手上的业务。阿楚还是那么萌，大健还是疾恶如仇，而小曲还是像流行歌曲的高潮部分那样，不断周期性地往返着。

平静而平凡的生活终于被打破了，犹如平静的贝加尔湖面上丢进了一块石头。原因是新来的快递员的传递路线和其他快递员的传递路线形成了环路。

那一天，乌云密布，雷雨交加。快递员收到了一个新用户的包裹，他查了半天规则手册都不知道怎么处理这个新用户的包裹，只能请求我。我让阿楚处理，结果她按照自己学习那一套，让大家泛洪发送，结果就产生了广播风暴。

那是黑暗的一天，我记得是星期五，我目睹过 5 起交通事故和 3 次情侣吵架，但都没有广播风暴带来的后果严重。所有环路上的快递员都不断转发着那个货物，最后竟活活累死了！在快递行业中，丢个包已经是工作事故了，而累死多名员工的事，已经不能算是事故，它是灾难！

因为这件事，差一点让我们快递部门倒闭了。还好问题发现得及时，切断了快递业务路线。处理完所有的事之后，公司开始追究责任。可怜的阿楚，就这么被开除了。到离开，她都不知道为什么会把快递员活活累死，毕竟她只上过小学，只知道自学习转发，并不了解这个做法在环路中可能产生致命的环路风暴。

阿楚离开后的第二天，快递系统还没有恢复运作，办公室堆积着好多事没人处理，我并没有打算处理它们，只想放空自己，从噩梦中走出来。

突然 Linux 敲开了我的房门，还带着一个漂亮的姑娘。

"9527，程序员托我给你带新人来了。"程序员发现这个惨案之后，很快让操作系统把这个新员工安排过来。

"谢谢 Linux。那个，你自我介绍一下吧。"谢过操作系统大哥之后，我转头问这个很有御姐范的姑娘。

"Ryu 领导好，我叫露露，读过本科，专业是大数据处理，后来去思科学院学习了快递技术。我会收集快递员的连接信息，然后做数据分析，可以计算出最短路径来转发或者路由快递包裹，绝对不会累死人！"露露语速很快，很自信，是我喜欢的类型。

"啊，小露露很厉害啊！听你这么一说我就放心了。快上班吧，不然你没响应就会被带回去了。"我满脸堆笑地对露露说。眼前这个聪明又漂亮的员工，比那个小学生水平的不知道高到哪里去了。

露露果然雷厉风行。上班之后就周期性地让快递员们发送携带 dpid 和出货窗口的 LLDP 报给邻居。收到包裹的邻居快递员会按照规则把这个包裹上报给我。露露利用上报包裹外面的 Packet_in 信的快递员的 dpid 和收货窗口及包裹中的信息，可以建立两个快递员之间的连接。然后，她把所有的连接组织起来，竟然把全局的物流拓扑图画出来了。我不由心里一惊：小露露不仅长得漂亮，还很能干啊。哦不！我怎么能这么想呢！应该是小露露不仅能干，还长得这么漂亮呢！

正在我神游的时候，小曲不识趣地打开门，扯起嗓子热情地说："露露妹妹，你的包裹"。我注意到小曲放下包裹的时候比阿楚在的时候多停留了 3ms，也比之前干活更精神了。

露露很熟练地解开包裹，然后提取出里面的关键信息。"是从绿茂花园的王大爷家到大柳树村老刘婶家的包裹。绿茂花园到大柳树村需要先经过西土城站，然后去西直门站，再经过国家图书馆站，最后到万泉河站的大柳树村。"露露照着手中的 Dijkstra 书和物流图，竟然把快递转发路径给计算出来了。

"干得好，露露，午饭加一个鸡腿！"我激动得语无伦次，却也不敢多说，怕她知道我读书少。

但是就算有最短路径转发，我还是发现快递员的工作强度差异太大。有的快递员无所事事，而其他快递员加班加点。明明有的快递员可以帮忙的，但是货物总是到不了他那里。我仔细观察了一下，终于发现了问题。露露计算的路径虽然是最短的，但是当所有货物都按照最短的路径发货的时候，可能就拥堵了，而另一条次优的路径并没有使用到。所以，我应该还需要了解物流的压力情况。怎么才能了解呢？

正在我百思不得其解的时候，年度优秀快递员张伟终于不堪重负，病倒了。他那个快递收发点的货物已经堆积如山。我查遍了所有的手册都没有办法解决，只能发出一个警告，没想到程序员很快就派来了新员工来处理这件事。

他叫夏留，听名字估计是父母喜欢夏天，希望夏天能停留，应该是一种美好的希冀，只是读音让人浮想联翩。

"我学过数据挖掘，但是没找到工作，后来去学挖掘机，但是没学成，所以就去学快递技术了。"这是我印象最深的自我介绍词。我对他毫无理由地没有好感，也许是因为他比较帅吧。

他和露露一样聪明，专门整理快递网中的物流流量信息，然后和露露合作。露露当然也去学习进修了，掌握了基于物流流量信息计算最优货物转发路径的方法。所以快递员们的负载才得到了均衡，少了许多抱怨。

但是我总觉得夏留和露露整天黏在一起不太好，年轻人在办公室还是要克制一些。传数据快一些，多一些产出，少一些对视，少一些寒暄。

生活又恢复了平静，就像经过暴风雨洗礼的早晨。每天的工作都大同小异，因为新流量不多，所以大家都不是很忙。但是夏留需要不断收取一些快递员送上来的快递收发货统计报表，露露也周期性地和所有的快递员联系着。集智慧和美丽于一身的露露是所有快递员的梦中情人。

遇到节假日的时候，大家就会忙得不可开交，有时候难免会病倒。这时候我就会特别羡慕临省新上任的 ODL 和 ONOS。ODL 家族的人声势最浩大，且多才多艺，精明能干，部门员工也很多。而 ONOS 也比我要先进，他们是多胞胎共同作战，不像我 Ryu 族人还在孤军作战。ONOS 他们家有好多孪生兄弟姐妹，一起管理他们省的快递物流，资源和信息都共享，每个人分别只负责区域的管理。如果其中一个兄弟生病了，可以把他的业务交给其他兄弟代理，等病好了再接着干。这样就不用担心快递主管病倒导致业务中断的事了。

不过，我听说有个叫 Distance 的程序员开发了 Open eXchange 语言，可以架设一个层级式的部门架构。有了这样的语言，我不但可以和我的族人一起工作，还可以和不同家族的人一起工作。希望改革快一些。

我坐在桌子前，一手撑着下巴，一手握着桌子上的杯子，幻想着美好的未来。耳边是露露和夏留的窃窃私语、小曲忙碌的脚步声，还有大健那频率不变的磨剑声，自然而和谐。

突然，大门被撞开了，进来了 Linux 和几个凶神恶煞般的人。

"大、大哥……怎么了？"我吓得唰一下站起来，杯子也被碰掉，碎了一地。

"这些人都带走，那个姑娘轻点抓，挺好看的。" Linux 并没有理会我，指挥小弟们把我的露露、夏留和小曲，还有一直在角落磨剑的大健五花大绑了起来。

"我收到程序员上帝的通知，由于业务整改，你们部门的所有资源都要回收，都给我去垃圾回收站，走！" Linux 露出我从未见过的凶狠眼神。我明白了，我不该对未来充满幻想，我不该有任何怨念。但是，我要做完我该做的事，我转身写了最后一封告别信："Ryu is going down!"

"交给程序员，告诉他我干得很好。"我把信交给操作系统，慢慢闭上了眼睛。

在去往垃圾回收站黑暗而崎岖的路上，我听到露露拼命的呼喊，还有夏留，还有……

"我想我没有做错！"想到这里，嘴角颤了一下，掠过一丝转瞬即逝的微笑。

黑暗中，我睁开眼睛，仿佛看见了未来。

附录 B　我是一个 SDN 交换机

我叫阿飞，是大柳树村的快递小哥。阿飞是我的外号，因为我送货很快。

我做着普通的工作，拿着普通的工资，买不起房子，一直单身。但我知道，只要努力，就能出人头地。在因特奈特国，识字的人并不是很多，幸亏我还读过小学，才能成为一名光荣的快递员。很多时候，大家更喜欢叫我交换机，因为我每天都像机器一样机械地交换着包裹，日复一日，年复一年。不过很多快递员也和我一样机械地交换包裹，但我知道：我和普通快递员不一样。

老一辈的快递员学的东西很多，包括传统的 OSPF 和 IS-IS 等语言。但是随着经济的发展，新业务不断诞生，对物流系统的挑战也越来越大，前辈们也开始应接不暇。为了应对这种挑战，物流系统的深度改革终于展开了。新生代的我们只需要学会 OpenFlow 语言基本就可以找到工作。学习压力是减轻不少，但是我们却需要快递主管来指挥物流的转发，才能更好地工作。

还记得我当快递员的第一天，阳光明媚，室外温度 28℃。上班路上，空气中竟有种淡淡的清香，像极了我读书时女同桌阿楚的发香。她学习不太好，只学会了二层转发的知识，毕业之后就杳无音信了。要是能再见一面就好了，就算见不到，写写信也挺好的。

第一次推开办公室的木门，指尖触到还未干透的露水，还有朝阳的温度。隐隐约约，还能闻到橡树的芳香。一切都是新的，房子是新的，快递窗口是新的，快递单是新的，工作手册是新的，我是新的，生活，也是新的。

走进房间之后，我拿起桌子上的工作手册，发现里面记录着快递主管的相关信息。

原来我的快递主管是 Ryu 族人，在城里 114.255.40 大街 2 号办公大楼的 6633 房间工作。工作的第一件事情就是给主管发了一封 Hello 信，告诉主管我学会的 OpenFlow 语言级别。我和主管通信的信件和包裹都是重要信息，所以一般需要由专门的快递员转发，但有时候也可以作为普通信件对待。

一转眼的功夫，主管就给我回复了一封 Hello 信。就这样，我们就约好了使用 1.0 版本的 OpenFlow 语言通信。没等我读完，又收到控制网络快递员铁柱大哥给我送来的信件。主管在信里让我发简历给他，好给我配置工作内容。

我赶紧从我的书包中拿出修改了 250 遍的简历放在 features_reply 信封中，然后发给了主管。我想：第一天上班，一定要好好表现，以后才能升职加薪，迎娶白富美，走上机生巅峰。脑海里不禁浮现出我成为机生赢家的画面：那是一片充满生机的草地，我拉着美丽新娘的手，肉肉的，也暖暖的，但我却看不见她的脸。我慢慢靠近她，企图看清她的脸，似乎有些熟悉，又有些神秘。就在我马上要看清的时候，一阵敲门声把我从幻想中拉了回来。又是主管来的信。

这次是配置信。我按照配置信的内容配置完我的办公室之后，满意地坐在桌子前，傻笑着准备继续幻想。

谁知第一窗口马上就传进来一件快递，我迫不及待地查看了起来：是 10.0.0.8 发给 10.0.0.28 的快递。我翻开快递转发本子，却发现转发本子上空空荡荡，正如当时我的脑海一样，一片空白。

"怎么办？第一件快递就不会处理，太丢人了！怎么办！怎么办！"我着急地一直跺脚。突然我醒悟过来，OpenFlow 语言的规范里面提到过：如果遇到不知道怎么处理的快递就给快递主管发 Packet_in 信，附带上快递包裹。

"怎么这么笨！"，把 Packet_in 信和包裹送出去之后，我轻轻地抽着嘴巴自责。说时迟那时快，转眼间，快递主管的包裹又到了。那是一个 Packet_out 包裹，让我赶紧把数据包给进货窗口以外的所有发货窗口都发一份。虽然不知道为什么，但是我还是照做了。

很快，我又收到了 10.0.0.8 发给 10.0.0.28 的另一件快递。因为上次没记录怎么处理这种类型的包裹，所以我只能再一次请快递主管帮忙了。眨眼的功夫，主管就给我回复了一个 Flow_mod 信，信里提到把 10.0.0.8 发给 10.0.0.28 的快递都统一送到 3 窗口。之后，我的工作就简单了很多，不用再询问主管怎么处理这类包裹了。

初来乍到，几乎所有快递都需要主管指导才能完成转发，所以我也忙得不可开交，分身乏术。幸运的是，我很快就记录了那些快递包裹的处理动作。所以，只要不是新的包裹，我都可以自己处理。

还记得第一天下班的晚上，忙碌了一天的我又激动又难过。激动是因为我终于当上了一名光荣的快递员。在大柳树村，我可是学历最高的人，那些寄信的小姑娘都会对我笑，大妈们也会询问我有没有对象。难过是因为我几乎什么都要请教主管，自己什么都不会。

时间如白驹过隙，转眼间，我已经成为一名老司机。我学会了很多快递处理的规则，基本上都不需要请快递主管帮忙了。时光就这样静静地流淌，从我忙碌的指缝中穿过，流过堆积如山的包裹，一去不返。

在没有新货物要处理的时候，我每一天都在机械地把货物从这个窗口收进来，发到另一个窗口。偶尔转发规则过了有效时间，我就把它删了，重新请教主管大人。有时遇见了新的快递，我也会喜出望外，因为我可以和主管写信沟通，哪怕是工作上的事。有个人搭搭话，总比一个人孤独工作舒服一些。虽然经常会忙得忘记时间，但偶尔闲下来，也会觉得一个人有些寂寞。

除了寂寞以外，主管待人处事的温润如玉也是我喜欢和他写信的原因。他回信很快，而且每次看主管发来的信总有种莫名的熟悉，总感觉好像是阿楚写的，无论是字迹，还是语气。不知道阿楚现在过得怎么样，只会二层算法的她是不是找不到工作，还单身吗。

忙碌的生活就像墙上简陋的日历，除了日期不一样，其他好像都差不多。生活就这么不断地重复着，直到有一天……

那是一个星期五，印象中，我那天最后一次看墙上的钟是下午 5:47，就快下班了。屋外乌云密布，电闪雷鸣，眼看着暴风雨就要来了。当最后一丝阳光终于被黑云吞噬，屋外开始狂风大作，雷雨交加。狂风像愤怒的狮子一般呼啸着冲向我的办公室，而那些如弹珠般的雨滴，疯狂地敲击着我的玻璃窗，似乎想要冲进来摧毁一切。

忙碌的我可管不了太多，我依然认真地转发着快递。但就在这时，我发现有一个送往 33:33:00:00:00:01 地址的包裹不断从 3 窗口进来。按照转发手册的处理规则，我把它发往第 5 窗口。但转眼间，它又回来了，我只能再一次把它转发出去。我逐渐意识到它在不断重复地出现，而且我发得越快，它回来得就越快，就像我和一面墙在打排球一样。我不断往返与 3 窗口和 5 窗口之间，已经无暇顾及其他的快递。堆积在窗外的包裹被雨水打湿了，开始漂浮起来，被冲走了。渐渐的，我发现自己开始上气不接下气。我突然意识到，如果继续这样不断转发下去的话，我一定会倒下的。但是我不能停止，转发快递是快递员的职责，是快递员的使命！

我依然坚持工作，纵使步履开始缓慢，呼吸也渐渐变得急促。我觉得有点晕，感觉整个房间也开始旋转，跳跃。我闭着眼，就像进入了一个奇幻的梦境。我觉得我开始飘了起来，昏昏欲睡的双眼看见椅子也飘了起来，桌子也飘了起来，还有那些转发本子和笔，都飘了起来。屋外还是狂风大作，狂风夹裹着沉重的雨点疯狂地敲击着玻璃窗，砸出无数的水花，让我看不清窗外的景象。突然，一声炸雷，把我从梦境之中拽了出来。透过窗户，我隐约中只能看见窗外的树枝被劈断，断裂处开始着火。但很快，火就被雨水无情地浇灭了。

我还在转发那个从 3 端口进来的包裹，不知道为什么它到达的速度越来越快，快到我还没有发送它，另一个它又进来了。往返于 3 窗口和 5 窗口之间的我，脚底越来越轻，脑海里闪过许多儿时的画面：最后一次尿床、亲隔壁小红的脸、偷老爸的那根香烟……

我突然好像失聪了似的，听不到狂风的呼啸，也听不见雨水攻击窗户的声音，世界突然变得很安静，只剩下呼吸和心跳的声音，每一次都和我的脚步一样沉重。不知为何，脑海中闪现出阿楚的模样，还有她的发香。

"我不能倒下！" 我暗示自己，我知道这疯狂出现的包裹肯定有问题，肯定有问题！

"我还没有女朋友，我一直努力工作，我不能就这么简单地走了！"我一手扶着墙支撑着自己的身体，一手颤抖着托着快递，挣扎着把它推到第 5 窗口。

就在包裹马上要被送到窗口时，我滑倒了，身体重重地砸到地板上。但我已经听不见倒地的声音，只觉得房间里的光线又暗了一度，让我觉得有点困。我挣扎着在地板上蠕动，努力把货物推向第 5 窗口出货口。我使尽了最后一丝力气，把快递顶了出去。就在这时，一阵强光伴随着一声巨响，我又被震到了地上。

我尝试着站起来，但是四肢已经没有了感觉。冷风一次又一次地从我的脸上划过，带走仅剩的一丝温度。我感觉好冷，好冷！又是一次闪电，劈在很近的地方，我失去了知觉。

那是一个幽暗的森林，没有路，没有风，没有闪电，只有安静伫立着的树，也没有声音。茂密的树叶相互遮挡着，看不到一丝天空，幽暗中，我看见不远处的草丛里有一只美丽的鹿。身上的花纹和母亲最喜欢的衣裳上的花纹一样。它看着我，眼里都是温柔，就像母亲看我时的模样。我试图靠近，鹿却向森林深处走去，时不时还回头看我，好像在召唤我一样。我一步步靠近，却感觉不到青草的柔软，感觉不到树叶刮到手臂的疼痛，感受不到一丝痛苦。

突然，一阵电流把我从梦境中惊醒！我以为我很痛，但是我没有。我还是那个我，充满活力，我被重启了。

暴风雨过去了。透过干净透亮的窗口，可以看到温暖的阳光洒在充满生机的大地上，一切都和以前一样，只是那个被雷劈断的树枝显得格外的刺眼。

我重新开始我的工作，联系我的快递主管 Ryu 大人，商量通信的语言版本，这次用的是 OpenFlow1.3 版本的语言。Ryu 主管不仅给我发了配置信，还给我发了一个 miss-table 的处理规则，告诉我把匹配失败的数据包交给他。

使用 OpenFlow1.3 语言时，我需要使用 3 种类型的规则小本子，分别叫 Flow Table、Group Table 和 Meter Table。以前我的 Flow Table 册子就只有 1 本，所有货物只要查一次就可以完成处理。但是现在不一样了，我需要查多本 Flow Table 的本子，才能完成一个包裹的处理。我这里目前只有 2 本，听说最多可以支持 255 本。分成多种本子是因为这样可以做聚类，节省规则数目。Group Table 本子里记录着很多处理动作的集合，大约有 select、all、indirect 和 fast failover 4 种。select 类型的组表能做负载均衡，all 可以做组播，indirect 可以做聚合，而 fast failover 可以做容灾备份。Meter Table 用于计量，虽然有这个规则本子，但是一般都不用，因为太麻烦了。

除了以上的差别以外，重启之后的我和之前并没有太大区别，每天都在办公室里忙着转发快递，忙着忙着也快忘记了那个黑色星期五发生的事情。后来听说，那天是大风暴，好多同事都和我一样疯狂地在转发一个数据包，到最后竟活活累死了 7 个快递小哥，惨绝人寰！还好我身体好才幸免于难。原因竟然只是因为一个新人把送货渠道连成了环路，然后把不知如何处理的数据包给泛洪了，结果就产生了包裹风暴！因为这起事故，主管办公室还换掉了一些员工。

风暴之后的工作和往常差不多，只不过主管大人每周都会询问我们的业务状况，包括每个端口收发货物的详情，还包括客户之间的快递转发详情。听说收集这个是为了让我们压力均衡一些，不至于出现员工累死的事故。一切好像都比之前要好了，但写信的人好像换了，我不太喜欢这个人，不论是笔迹，还是语气。没有了当初那种青涩的感觉，多了一些严谨，多了一些犀利，听说写信的是个美丽的姑娘。

自从主管换人之后，我再也没有收到要把包裹发送给所有窗口的要求了，每一次都是直接发送到指定窗口。其他的快递小哥都喜欢这个新来的人，把她当梦中情人，但我没有。我怀念之前的信，无论是字迹，还是语气，因为很像阿楚写的。但世界这么大，哪有这么巧的事情，是我自作多情罢了。

"她还好吗？"每个寂寞的夜晚，业务不忙的时候，我总会想起她，想象着她路过我的窗，正如当年读书的模样。但我并没有遇见她，我遇见的只是跳广场舞的大妈，还有那些艳俗的姑娘，她们只是找我取快递而已。

我做着普通的工作，拿着普通的工资，买不起房子，一直单身，我坚信，只要努力，就能出人头地。但风暴之后的我面对那些转发规则信，却再也找不到那种当初的悸动。我觉得我失去了工作的热情，我只是在工作而已，麻木而机械地工作而已。

终于有一天，我再也收不到主管给我的回信了。我不断地请求主管，但发出去的信却一封封如石沉大海。听控制网络的铁柱说，主管的房间里没人了。

无奈之下，我只能按照工作手册的指导，切换到了 Standalone 模式。在这个模式下，我再也不需要主管控制，我可以用二层 MAC 自学习算法来完成我的工作。二层算法是和阿楚同桌的时候学的，当时我教了她 24 遍她才会，但是就算教会了，第二天她还是过来问我这个算法，好像永远学不会一样。但我知道，她只是假装不会，而我只是在尽力表演。

生活翻开了新的篇章，相比之前的工作，工作简单多了，也无聊多了。再也没有人和我聊天和写信。我每周都让铁柱转发给 Ryu 主管一封信，但是始终有去无回，至今已经 18 年了。

我做着普通的工作，拿着普通的工资，买不起房子，一直单身。我还惦记着那个叫阿楚的姑娘，不知道现在她是什么模样，是否还有那种发香。